全国高等院校应用型创新规划教材·计算机系列

C#课程设计案例精编

(第 2 版)

杨 恒 主 编

清华大学出版社
北 京

内 容 简 介

本书详细介绍了C#语言编程的相关知识。

在本书中，我们精选了两个游戏案例、五个信息系统案例和三个系统应用案例，按照软件开发和游戏开发的步骤，详细地阐述系统的开发过程。

本书适合作为大中专院校计算机专业课程的教材，也可供自学者参考使用。

图书在版编目(CIP)数据

C#课程设计案例精编/杨恒主编. --2版. --北京：清华大学出版社，2016（2021.9重印）
(全国高等院校应用型创新规划教材 · 计算机系列)
ISBN 978-7-302-43588-4

Ⅰ. ①C… Ⅱ.①杨… Ⅲ.①C语言—程序设计—高等学校—教学参考资料 Ⅳ.①TP312

中国版本图书馆CIP数据核字(2016)第082141号

责任编辑：孟　攀
装帧设计：杨玉兰
责任校对：李玉萍
责任印制：杨　艳

出版发行：清华大学出版社
网　　址：http://www.tup.com.cn, http://www.wqbook.com
地　　址：北京清华大学学研大厦A座　　邮　　编：100084
社 总 机：010-62770175　　邮　　购：010-62786544
投稿与读者服务：010-62776969, c-service@tup.tsinghua.edu.cn
质量反馈：010-62772015, zhiliang@tup.tsinghua.edu.cn
课件下载：http://www.tup.com.cn, 010-62791865
印 装 者：北京鑫海金澳胶印有限公司
经　　销：全国新华书店
开　　本：185mm×260mm　　印　张：23.75　　字　　数：579千字
版　　次：2008年6月第1版　2016年5月第2版　　印　　次：2021年9月第8次印刷
定　　价：59.00元

产品编号：066504-02

再版前言

C#编程语言是由微软公司专门为.NET 平台设计的语言，它可以使程序员把工作迁移到.NET 上。这种迁移对于广大的程序员来说是比较容易的，因为 C#从 C、C++和 Java 发展而来，采用了这三种语言最优秀的特点，并加入了它自己的特性。

C#是事件驱动的、完全面向对象的可视化编程语言，我们可以使用集成开发环境来编写 C#程序，程序员可以方便快速地建立、运行、测试和调试 C#程序。所以它一经推出，马上就受到广大程序员的青睐。

《C#课程设计案例精编》是清华大学出版社高等院校课程设计案例精编系列教材之一，第 1 版出版至今，已受到读者广泛好评。第 2 版在保持了前一版风格的基础上，根据读者的反馈，对部分内容进行了更新和修订，以达到与时俱进、满足读者需求的目的。

本书内容丰富，案例经典，从实际应用角度出发，涵盖了游戏开发、文件操作、网络编程等范畴，共 12 章，涉及 10 个经典案例，由浅入深、从简单到复杂，详细介绍了使用 C#开发应用程序的方法。本书是一本实践性和应用性很强的 C#语言实用教材。

在基础知识中，我们使用两章的篇幅重点介绍了.NET 框架和 C#语言的基本语法结构，对于初学者来说非常实用，同时也涉及到本书其他章节中所用到的知识点，比如数据库的连接等。

在游戏开发中，介绍了俄罗斯方块、贪吃蛇游戏的设计和实现，告诉读者如何使用 C#语言进行绘图、如何响应键盘按键操作和播放音乐文件；在文件操作中，介绍了目前应用十分广泛的员工管理信息系统、房屋出租管理系统、仓库管理信息系统、研究生管理信息系统、图书馆管理信息系统、影院语音播报系统的设计与实现，在这些案例中包含了数据库的操作、Excel 文件的操作和 Windows 语音功能的调用；在网络编程中，结合物联网的相关内容，介绍了网站监控系统、PM2.5 模拟采集系统的设计与实现，这部分内容涵盖了网络协议、多线程和地图 API 等相关技术。

本书从实践性和应用性出发，所有案例程序的开发都遵循软件工程的方法，即采取分析→设计→编码→运行调试的路线，内容组织合理、分析详细、通俗易懂。

本书中，所有案例均需在 VS 开发环境中进行开发和调试，其中前 7 个案例均在 Visual Studio 2003 中调试通过，后 3 个案例均在 Visual Studio 2013 + Windows 7 中调试通过。此外，文件操作和网络编程部分案例需要安装微软 Office 办公软件中的 Access 数据库和 Excel 电子表格应用。

本书适合作为本科、高职高专院校计算机、机械、电子、自动化等专业的学生进行课程设计的参考教材，可供计算机专业编程人员参考使用，同时，也可以作为 C#语言开发人员和爱好者的参考读物。

第 1 版前言

C#是一种先进的、面向对象的语言，使用 C# 语言可以让开发人员快速地建立大范围的基于 MS 网络平台的应用，并且提供大量的开发工具和服务，帮助开发人员开发基于计算和通信的各种应用。由于 C#是一种面向对象的开发语言，所以 C#可以大范围地适用于高层商业应用和底层系统的开发。即使是通过简单的 C# 构造，也可以让各种组件方便地转变为基于 Web 的应用，并且能够通过 Internet 被各种系统或是其他开发语言所开发的应用调用。

本书精选了八个信息系统案例和两个游戏案例，按照开发信息系统和游戏的步骤详细阐述了系统的开发过程。这十个案例分别是员工管理信息系统、房屋出租管理系统、仓库管理信息系统、研究生管理信息系统、图书馆管理信息系统、宿舍管理信息系统、理财管理信息系统、IT 设备资产管理系统、俄罗斯方块游戏的编制和贪吃蛇游戏的编制。其中，房屋出租管理系统后台数据库采用 Microsoft SQL Server，其他系统后台数据库采用 Microsoft Access。Access 是 Office 系列软件中用来专门管理数据库的应用软件，是一种功能强大并且使用方便的关系型数据库管理系统，一般也称为关系型数据库管理软件。它可运行于各种 Microsoft Windows 系统环境中，由于它继承了 Windows 的特性，不仅易于使用，而且界面友好，如今在世界各地广泛流行。它不需要数据库管理者具有专业的程序设计水平，任何非专业的用户都可以用它来创建功能强大的数据库管理系统。

本书适合作为高等院校计算机、自动化、机械、电子等专业学生课程设计的指导书，也适合作为开发人员的参考书。

本书由段德亮、余健、张仁才等编著。参与编写的人员还包括张伟、陈嗥、蔚辉、张坤、陈运来、田野、仇亚飞、刘广兴、王翠翠、代小华、王莹莹、韩忠明、张辰威。由于编者水平有限，加上时间仓促，书中难免有一些不足之处，欢迎同行和读者批评指正。

编　者

目录

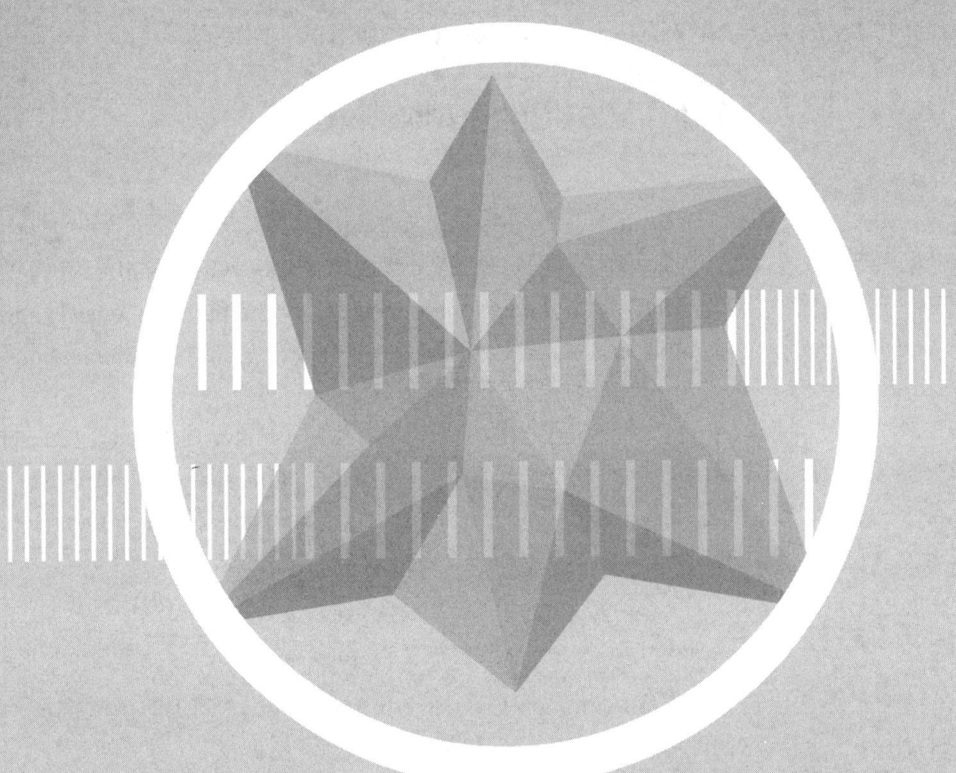

第 1 章

C#基础知识

本章将学习 Microsoft .NET 的基本概念，以及 C#的基本语法知识。

1.1 Visual Studio .NET

1.1.1 什么是.NET

2006 年 6 月 22 日，微软公司正式推出了其新一代计算计划——Microsoft .NET(以下简称.NET)。根据微软的定义(.NET is a revolutionary new platform built on open Internet protocols and standards，with tools and services that meld computing and communications in new ways)，.NET = 新平台 + 标准协议 + 统一开发工具。

.NET 首先是一个开放平台，它定义了一种公用语言子集(Common Language Subset，CLS)，这是一种为符合其规范的语言和类库之间提供无缝集成的混合语言。.NET 统一的编程类库，提供了对新一代网络通信标准、可扩展标记语言(Extensible Markup Language，XML)的完全支持，使应用程序的开发变得更容易、更简单。

1.1.2 .NET 结构

.NET 结构是通用语言基础结构(Common Language Infrastructure，CLI)的微软实现，加上几个支持用户界面、数据和 XML、Web 服务和基类库的程序包。

.NET 结构分为三个主要的子集：通用语言运行环境(Common Language Runtime，CLR)、库和语言。图 1-1 给出了.NET 结构。

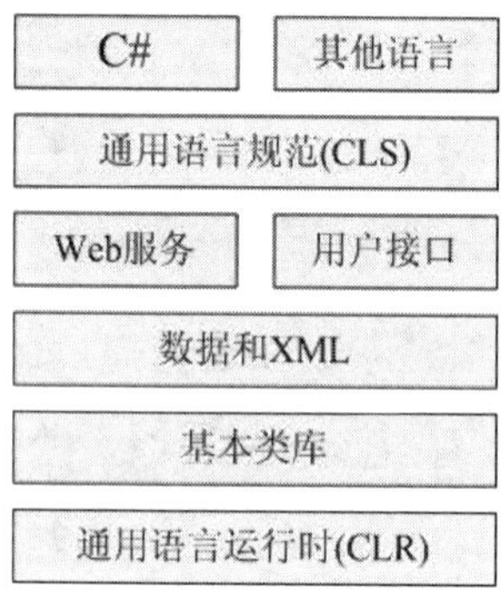

图 1-1 .NET 结构

1.2 初识 C#

1.2.1 什么是 C#

C#语言是一门简单、现代、优雅、面向对象、类型安全、平台独立的新型组件编程语言，是微软公司为了能够利用.NET 平台优势而开发的一种新型编程语言。

C#语法风格源自 C/C++家族，融合了 Visual Basic 的高效和 C/C++的强大，是微软为奠定其互联网霸主地位而打造的 Microsoft .NET 平台的主流语言。一经推出，便以其强大

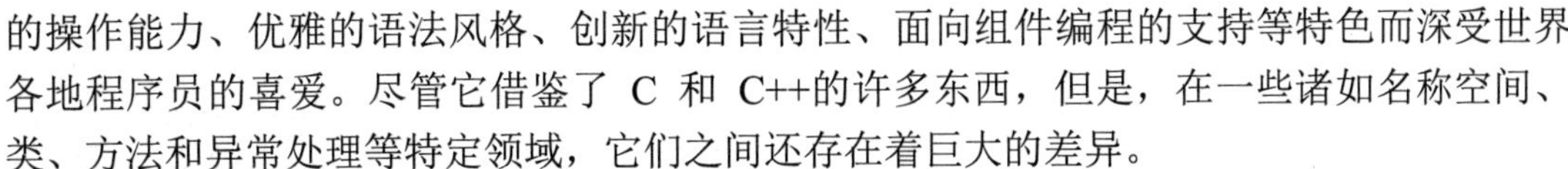

的操作能力、优雅的语法风格、创新的语言特性、面向组件编程的支持等特色而深受世界各地程序员的喜爱。尽管它借鉴了 C 和 C++的许多东西，但是，在一些诸如名称空间、类、方法和异常处理等特定领域，它们之间还存在着巨大的差异。

1.2.2　C#代码的结构

C#代码的外观和操作方式与 C++和 Java 非常类似，在 C#编程中，使用的样式是比较清晰的，不用花太多的力气，就可以编写出可读性很强的代码。

与其他语言的编译器不同，无论代码中是否有空格、回车符或 Tab 字符(这些字符统称为空白字符)，C#编译器都不考虑这些字符。这样，在格式化代码时就有很大的自由度，但遵循某些规则将有助于使代码易于阅读。

C#代码由一系列语句组成，每个语句都用一个分号来结束。因为空格被忽略，所以一行可以有多个语句，但从可读性的角度来看，通常在分号的后面加上回车符，这样，就不能在一行上放置多个语句了。但一句代码放在多个行上是可以的(也比较常见)。

C#是一种块结构的语言，所有的语句都是代码块的一部分。这些块用花括号来界定，即使用“{”和“}”，代码块可以包含任意多行语句，或者根本不包含语句。注意，花括号字符不需要附带分号。

所以，简单的 C#代码块如下所示：

```
{
    <code line 1, statement 1>;
    <code line 2, statement 2>;
    <code line 3, statement 2>;
}
```

其中<code line x, statement y>部分作为 C#语句的占位符。

另外，在代码块中，我们还使用了缩进格式，使 C#代码的可读性更高，这是一个标准规则，实际上，在默认情况下，VS 会自动缩进代码。一般情况下，每个代码块都有自己的缩进级别，即它向右缩进了多少。

代码块可以互相嵌套(即块中可以包含其他块)，而被嵌套的块要缩进得多一些，如下面的示例：

```
{
    <code line 1>;
        {
            <code line 2>;
            <code line 3>;
        }
    <code line 4>;
}
```

其中，第 3~6 行的代码就是被嵌套的块。

1.2.3 C#注释

在 C#代码中，另一个常见的语句是注释。注释并不是严格意义上的 C#代码，但代码最好有注释。注释就是解释，即给代码添加描述性文本，编译器会忽略这些内容。在开始处理比较长的代码段时，注释可用于给正在进行的工作添加提示，例如“这行代码要求用户输入一个数字”，或“这段代码由 Bob 编写”。另外，注释增加了代码的可读性。

C#添加注释的方式有两种——单行的和多行的。

1. 单行注释

单行注释一次只在一行注释。它们用双正斜线标记(//)开始。单行注释可以从给定行的任何位置开始，并通过回车结束。例如，下面示例中的第 1、4 和 7 行就是单行注释：

```
1.  //主窗体被关闭的时候，断开与数据库的连接
2.  private void MainForm_Closed(object sender, System.EventArgs e)
3.  {
4.      //判断与数据库的连接是否断开
5.      if(oleConnection1 != null)
6.      {
7.          //断开数据库的连接
8.          oleConnection1.Close();
9.      }
10. }
```

在 C#中，还有第三类注释，严格地说，这是//语法的扩展。它们都是单行注释，用三个“/”符号来开头，而不是两个。例如：

```
/// A special comment
```

在正常情况下，编译器会忽略它们，就像其他注释一样；但可以配置 VS，在编译项目时，提取这些注释后面的文本，创建一个特殊格式的文本文件，该文件可用于创建文档说明书。

2. 多行注释

多行注释在一组注释定界符内有一行或多行叙述。注释定界符由开始注释标记(/*)和结束注释标记(*/)组成。在这两个标记符中的所有内容都被看作是注释，在编译器读取源代码时被忽略掉。下面的实例就是一个多行注释：

```
/*
 * 作者：王霞
 * 开始时间：6 月 2 号
 * 功能：建立数据库连接
 * */
```

但是，需要注意的一点是，在 C#中，不允许出现多行注释的嵌套。例如，下面的注释嵌套就是错误的：

```
1.  /*
2.   * 作者：王霞
3.   * 开始时间：6 月 2 号
4.   * 功能：建立数据库连接
5.   *        /*第一次修改时间：6 月 3 号
6.   *           第二次修改时间：6 月 6 号
7.   *           第二次修改人：何亮
8.   *        */
9.   * */
```

这里，第 1 行的开始注释标记了多行注释，第 5 行的第二个开始注释标记作为注释中的一个字符而被忽略。在第 8 行的结束注释标记与第 1 行的开始注释标记相匹配，最后第 9 行的结束注释标记则会被编译器报告为语法错误，因为没有与它匹配的开始注释标记。

1.2.4　标识符与关键字

标识符是唯一的标识代码中的各种程序元素的名称，例如变量或字段等元素。它们由程序员指定，并且名称应该能够呈现标识的用途。

关键字是 C#语言中的保留字。由于它们是保留的，所以不能把它们用作标识符。

1. 标识符

标识符是用于识别代码元素的名称。可以在程序中用作变量、对象、类、结构、枚举、类型、函数等的名字。

C#中，标识符的定义需要遵守以下几条规则。

(1) 只能由大写字母、小写字母、下划线、数字(0~9)组成。

(2) 必须以大写字母、小写字母或下划线开头。

(3) 标识符大小写敏感，比如变量名 f1 和 F1 代表不同的变量。尽管如此，我们仍不建议仅利用大小写的不同来代表不同的标识符。大多数情况下，标识符应该望名知意。

标识符规则完全符合 Unicode 标准推荐的规则，但以下情况除外：

- 允许将下划线用作首字符。
- 允许在标识符中使用 Unicode 转义序列。
- 允许@字符作为前缀，以使关键字能够用作标识符。

下面是一些合法的 C#标识符的例子：

```
oleConnection1
_command
@string
```

下面是一些无效的标识符的例子：

```
1tree
namespace
```

其中，1tree 无效是因为它的第一个字符是数字，标识符不允许以数字开始。标识符的第一个字符必须是字母或下划线。namespace 无效是因为它是保留字，不能用作标识符。

2. 关键字

关键字是对编译器具有特殊意义的预定义保留标识符。它们不能在程序中用作标识符，除非它们有一个@前缀。例如，@if 是一个合法的标识符，而 if 不是合法的标识符，因为它是关键字。C#的关键字清单如表 1-1 所示。

表 1-1 C#关键字

abstract	event	new	struct
as	explicit	null	switch
base	extern	object	this
bool	false	operator	throw
break	finally	out	true
byte	fixed	override	try
case	float	params	typeof
catch	for	private	uint
char	foreach	protected	ulong
checked	goto	public	unchecked
class	if	readonly	unsafe
const	implicit	ref	ushort
continue	in	return	using
decimal	int	sbyte	virtual
default	interface	sealed	volatile
delegate	internal	short	void
do	is	sizeof	while
double	lock	stackalloc	
else	long	static	
enum	namespace	string	

1.3 C#基本类型

应用程序总是要处理数据的，而现实世界中的数据类型多种多样，我们必须让计算机了解需要处理什么样的数据，以及采用哪种方式处理，按什么样的格式保存数据等。

任何一个完整的应用程序都可以看作是数据和作用于这些数据上的操作的说明。每一种高级语言都为开发人员提供了一组数据类型，不同的语言提供的数据类型不尽相同。

变量关系到数据的存储。实际上，可以把计算机内存中的变量视为架子上的盒子。在盒子中，可以放入一些东西，再把它们取出来，或者只是看看盒子里是否有东西。变量也是这样，数据可以放在变量中，可以从变量中取出数据或查看它们。

尽管计算机中的所有数据都是相同的东西(一组 0 和 1)，但变量有不同的内涵，称为类型。下面仍使用盒子来类比，盒子有不同的形状和尺寸，某些东西只能放在特定的盒子中。建立这种类型系统的原因是，不同类型的数据需要用不同的方法来处理。变量限定为不同的类型，可以避免混淆它们。例如，组成数字图片的 0 和 1 序列与组成声音文件的 0 和 1 序列，其处理方式是不同的。

实际上，可以使用的变量类型是无限多的。其原因是可以自己定义类型，存储各种复杂的数据。

尽管如此，C#中有两种基本数据类型：值类型和引用类型。值类型直接存储它的数据内容，而引用类型存储的是对象的引用。这两种类型对变量的赋值有着不同的含义。

1.3.1　值类型

基于值类型的变量直接包含值。将一个值类型变量赋给另一个值类型变量时，将复制包含的值。这与引用类型变量的赋值不同，引用类型变量的赋值只复制对对象的引用，而不复制对象本身。

C#的值类型可以分为以下几种：

- 简单类型(Simple Types)。
- 结构类型(Struct Types)。
- 枚举类型(Enumeration Types)。

简单类型就是组成应用程序中基本组成部件的类型，例如数值类型和布尔类型。数值类型又进一步分为整数类型、实数类型和字符类型。

1. 布尔类型

布尔类型是用来表示“真”和“假”这两个概念的。布尔类型表示的逻辑变量只有两种取值：true 或 false。在 C 和 C++中，用 0 来表示“假”，其他任何非 0 的值表示“真”，但这种表示方法在 C#中是错误的。在 C#中，true 值不能被任何非 0 的值代替，在其他整数类型和布尔类型之间不存在任何转换。例如：

```
Bool x = true; //正确
Bool y = 1;  //错误
```

2. 整数类型

整数类型变量的值为整数。数学上的整数可以是从负无穷大到正无穷大，但由于计算机的存储单元是有限的，所以计算机语言提供的整数类型有一个取值范围。根据该类型的变量在内存中占的位数，可以将 C#中的整数类型分为 8 种：短字节型(sbyte)、字节型(byte)、短整型(short)、无符号短整型(ushort)、整型(int)、无符号整型(uint)、长整型(long)、无符号长整型(ulong)。一些变量名称前面的 u 是 unsigned 的缩写，表示不能在这些类型的变量中存储负号。

这些整型变量的大小和取值范围如表 1-2 所示。

表 1-2 整型变量

数据类型	大小(以位为单位)	取值范围
sbyte	8	−128 ~ 127
byte	8	0 ~ 255
short	16	−32768 ~ 32767
ushort	16	0 ~ 65535
int	32	−2147483648 ~ 2147483647
uint	32	0 ~ 4294967295
long	64	−9223372036854775808 ~ 9223372036854775807
ulong	64	0 ~ 18446744073709551615

3. 实数类型

在 C#中，实数类型又分为浮点类型和十进制类型。

浮点数变量类型有两种：单精度(float)和双精度(double)。它们的差别在于取值范围和精度的不同。

在对精度要求不高的浮点数计算中，可以采用 float 类型，而采用 double 类型的计算结果更加准确，但是，将会占用更多的内存单元，加重计算机的负担。

十进制类型(decimal)是 C#中专门定义的一种数据类型，它主要是为了方便财务方面的计算。十进制类型的取值范围比双精度类型小得多，但它的精度更高。

当定义一个十进制变量并赋值时，可以用后缀 M 或 m 来表明它是十进制类型，可以用后缀 F 或 f 来表明它是单精度浮点型，用后缀 D 或 d 表明它是双精度浮点型。

用后缀来表示该变量所需要的类型，能够确保表达式进行正确的计算。在计算表达式时，编译器会把没有后缀的 float 和 decimal 都作为 double 类型处理。

例如：

```
float f_value = 3.679f;
double d_value = 893.8D;
decimal num = 43222222.99M;
```

实数类型的特征如表 1-3 所示。

表 1-3 实数类型

数据类型	大小(以位为单位)	精　度	取值范围
float	32	7 位数字	$1.5 \times 10^{-45} \sim 3.4 \times 10^{38}$
double	64	15~16 位数字	$5.0 \times 10^{-324} \sim 1.7 \times 10^{308}$
decimal	128	28~29 位数字	$1.0 \times 10^{-28} \sim 7.9 \times 10^{28}$

4. 字符类型

除了数字，计算机所有处理的信息主要就是字符。C#提供的字符类型按照国际上公认的标准，采用 Unicode 字符集，一个 Unicode 的标准字符长度为 16 位。

我们可以按以下方法给字符变量赋值：

```
char c = 'A';
```

也可以通过十六进制转义符(前缀\x)或 Unicode 表示法(前缀\u)给字符变量赋值，如下所示：

```
char c = '\x0041';
char c = '\x005A';
```

5. 结构类型

在实际生活中，我们经常把一组相关的信息放在一起。把一系列相关的变量组织成为一个单一实体的过程，就是结构的生成过程。这个单一实体的类型就是结构类型，它里面的每一个变量称为结构的成员。结构类型的变量采用 struct 关键字进行声明，例如下面对地址信息结构的定义：

```
struct position {
   public string city;
   public string street;
   public uint no;
}
position p1;
```

city、street 和 no 都是 position 结构类型的成员，p1 是它的变量，public 表示对结构成员的访问权限。

对结构成员的访问通过结构变量名加上点访问符(.)，再跟上成员的名称。例如：

```
p1.city = "北京";
p1.no = 356;
```

6. 枚举类型

enum 关键字用于声明枚举，即由一组称为枚举数列表的命名常数组成的独特类型。每种枚举类型都有基础类型，该类型可以是除 char 以外的任何整型。

枚举元素的默认基础类型为 int。默认情况下，第一个枚举数的值为 0，后面每个枚举数的值依次递增 1。例如：

```
enum Days {Sat, Sun, Mon, Tue, Wed, Thu, Fri};
```

在此枚举中，Sat 为 0，Sun 为 1，Mon 为 2，依此类推。枚举数可以具有重写默认值的初始值设定项。例如：

```
enum Days {Sat=1, Sun, Mon, Tue, Wed, Thu, Fri};
```

在此枚举中，强制元素序列从 1 开始，而不是从 0 开始。

枚举类型的变量值只能是其中的一个变量值，例如：

```
enum Days{Sat, Sun, Mon, Tue, Wed, Thu, Fri};
Days day;
day = Mon;
```

1.3.2 引用类型

引用类型是 C#中另一大数据类型，该类型的变量不直接存储所包含的值，而是指向所要存储的值，即引用类型存储的是实际数据的引用值的地址。

C#中有 4 种引用类型，即类(class)、接口(interface)、委托(delegate)和数组(array)。

1. 类

类是面向对象编程的基本单位，是一种包含数据成员、成员函数和嵌套类型的数据结构。类的数据成员有常量、域和事件。成员函数有方法、属性、索引指示器、运算符、构造函数和析构函数。类支持继承机制，通过继承，派生类可以可以扩展基类的数据成员和成员函数，进而实现代码重用和设计重用的目的。类定义的一般格式如下：

```
//类的说明部分
class <类名>
{
    public:
        <成员函数或数据成员的说明>                //公用成员，外部接口
    protected:
        <成员函数或数据成员的说明>                //保护成员
    private:
        <成员函数或数据成员的说明>                //私有成员
}
//类的实现部分
<各个成员函数的实现>
```

其中，class 是声明类的关键字；<类名>是要声明的类的名字，必须符合标识符定义规则；花括号表示类的声明范围，说明该类的成员。类的成员包括数据成员和成员函数，分别表示类所表达的问题的属性和行为。关键字 public、private 和 protect 称为访问权限修饰符，它们限制了类成员的访问控制范围。

类实际上是创建对象的模板，每个对象都包含数据，并提供了处理和访问数据的方法。类定义了每个对象可以包含什么数据和功能，但类自己不能包含数据。比如一个类代表一个人，它就可以定义人的所有相关信息(身高、年龄、体重等)。使用时，实例化对象表示某一个人。例如，下面是一个类的定义：

```
using System;
class Vehicle                      //定义汽车类
{
    public int wheels;             //公有成员，轮子个数
```

```
    protected float weight;      //保护成员，重量
    public void F()
    {
        wheels = 4;              //正确，允许访问自身成员
        weight = 10;             //正确，允许访问自身成员
    }
};
```

如果对某个类定义了一个变量，我们称它为该类的一个实例。

下面介绍两个特殊的类，即 object 类和 string 类。

(1) object 类

object 类是预定义类 System.Object 的别名，它是所有其他类型的基类。C#中，所有类型都直接或间接从 object 类中继承。因此，一个 object 类的变量可被赋予任何类型的值。

例如：

```
int i = 30;
object obj1;
obj1 = i;
object obj2 = 'a';
```

(2) string 类

string 类专门用于对字符串的操作，它是预定义类 System.String 的别名。例如：

```
string str1 = "mikecat";
```

可以用“+”号连接两个字符串。例如：

```
string str2 = "username:" + "mikecat";
```

如果访问单个字符，则要用下标。例如：

```
char c = str1[0];
```

比较两个字符串是否相等时，可用比较操作符“==”(有别于 Basic 语法)。例如：

```
bool b = (str1==str2);
```

2. 接口

从技术方面讲，接口是一组包含了函数型方法的数据结构。通过这组数据结构，客户代码可以调用组件对象的功能。

接口把一组公共方法与属性组合起来，以封装特定功能的一个集合。它们自己并没有实现，而是通过类来实现接口，这样，类就支持接口所有的属性和方法。

当为类指定接口时，程序员通过接口的定义，就可以了解该类支持的某些属性和行为。用这种方法，许多不同的类就能够实现相同的接口，并以同样的基本方式来使用，但是，它们都拥有自己独特的行为。

接口描述了组件对外提供的服务。在组件和组件之间、组件和客户之间，都通过接口进行交互。因此，组件一旦公布，它就只能通过预先定义的接口来对外提供合理的、一致

的服务。这种接口定义之间的稳定性，使客户开发者能够构造出坚固的应用。

下面是一个接口的定义：

```
public interface IMyinterface
{
    void Dosomething(); //方法成员
    int MyAttribute     //属性成员
    {
        get;            //这里只能定义这个属性是否为只读
        set;
    }
}
```

接口与抽象类比较相似，但一个类只能派生于一个抽象类，却可以实现 N 个接口。

3. 委托

C#中取消了 C 和 C++中使用最灵活、也是最难掌握的指针。那么，在 C#中，如何提供 C/C++中的函数指针功能呢？C#提供了委托(delegate)，委托是继承自 System.Delegate 类的引用类型。它相当于函数指针原型。与函数指针不同的是，委托在 C#中是类型安全的，委托特别适合于匿名调用。要使用委托，需经过三个步骤，即声明、实例化、调用。

委托提供了一种类型安全的方法来动态地引用类方法。当直到运行时之前都不知道要实现的准确方法时，委托用于接受对方法的引用。通过调用方法所分配的委托，可以执行运行时分配给委托的方法。

委托定义了方法的类型，使得可以将方法当作另一个方法的参数来进行传递，这种将方法动态地赋给参数的做法，可以避免在程序中大量使用 if-else(switch)语句，同时，使得程序具有更好的可扩展性。

委托是事件的基础。事件就是当对象或类的状态发生改变时，对象或类发出的信息或通知。发出信息的对象或类称为“事件源”，对事件进行处理的方法称为“接收者”，通常，事件源在发出状态改变信息时，并不知道由哪个事件接收者来处理。这就需要一种管理机制来协调事件源和接收者，C++中通过函数指针来实现。在 C#中，事件使用委托来为触发时将调用的方法提供类型安全的封装。委托的声明方式如下所示：

```
public delegate void MyDelegate(string str);
```

委托的定义与方法的定义类似，只是在前面加了一个 delegate，但委托不是方法，它是一种类型。用于对与该委托有相同签名的方法进行调用。委托相当于 C++中的函数指针，但它是类型安全的。它是从 System.Delegate 派生的，但不能像定义常规类型一样直接从 System.Delegate 派生，对委托的声明只能通过上面的声明格式进行定义。

关键字 delegate 通知编译器这是一个委托类型，从而在编译的时候对该类进行封装，对这一过程，C#定义了专门的语法来处理。

同时，委托不能从一个委托类型进行派生，因为它也是默认 sealed 的。它既可以对静态方法进行调用，也可以对实例方法进行调用。

每个委托类型包含一个自己的调用列表，当组合一个委托或从一个委托中删除一个委托时，都将产生新的调用列表。两个不同类型的委托即使它们有相同的签名和返回值，却还是两个不同类型的委托。但其实，在使用中可看作是相同的。

当调用委托的方法发生了异常时，首先在调用该委托的方法中搜寻 catch 语句块。如果没有，则去该委托调用的方法中寻找有没有 catch 语句块，这与调用方法发生异常的处理是一样的。

4. 数组

在 C#中，数组是一种特殊实体。所有的数组隐含继承自 System.Array 类型。

System.Array 基类提供在数组处理期间所使用的各种方法。数组也是索引检查的，也就是说，任何试图对无效索引的访问都将产生异常错误。

数组是具有相同类型的一组数据。当访问数组中的数据时，可以通过下标来指明。C#中，数组元素可以为任何数据类型，数组下标从 0 开始，即第一个元素对应的下标为 0，以后逐个递增。数组可以是一维的，也可以是多维的。例如：

```
//包含 6 个元素的一维整数数组
int[] mf1 = new int[6]; //注意初始化数组的范围，或者指定初值
//包含 6 个元素的一维整数数组，初值 1，2，3，4，5，6
int[] mf2 = new int[6] {1, 2, 3, 4, 5, 6};
//一维字符串数组，如果提供了初始值设定项，则还可以省略 new 运算符
string[] mf3 = {"c", "c++", "c#"};
//一维对象数组
Object[] mf4 = new Object[5] {26, 27, 28, 29, 30};
//二维整数数组，初值 mf5[0,0]=1，mf5[0,1]=2，mf5[1,0]=3，mf5[1,1]=4
int[,] mf5 = new int[,] {{1,2}, {3,4}};
//6×6 的二维整型数组
int[,] mf6 = new mf[6,6];
```

要想声明一个一维整型数组，并命名为 myarray，可以使用下面的 C#语法：

```
int[] myarray = new int[12];
```

然后，这个数组就可以被初始化为 12 个数值，例如使用下面的 for 循环来实现：

```
for(int i=0; i<myarray.Length; i++)
   myarray[i] = 2*i;
```

使用 for 循环和 WriteLine()语句，数组内容可以写到屏幕窗口中：

```
for(int i=0; i<myarray.Length; i++)
   Console.WriteLine("myarray[{0}] = {1}", i, myarray[i]);
```

注意，在 WriteLine()语句所提供的参数列表中，将用 i 值替换{0}，用 myarray[i]值替换{1}。

多维数组遵循相同的模式。例如，创建一个二维数组的语法如下：

```
int[,] myarray = new int[12, 2];
```

然后，这个二维数组的值就可以用两个 for 循环来初始化：

```
for(int i=0; i<12; i++)
   for(int j=0; j<2; i++)
      myarray[i,j] = 2*i;
```

数组的内容还可以展示到控制台屏幕窗口中：

```
for(int i=0; i<12; i++)
   for(int j=0; j<2; i++)
      Console.WriteLine("myarray[{0},{1}] = {2}", i, j, myarray[i]);
```

另外，C#数组也支持动态指定。例如：

```
int len = 3;
int[] arr = new int[len];
```

数组的赋值取值：

```
int[] arr = new int[3];
arr[0] = 10; //给第一个元素赋值
int m = arr[0]; //取第一个元素的值
```

获取数组长度：

```
int[] arr = new int[3];
int len = arr.Length;

int len2 = arr.GetLength(0);
  //这种方法也可以获取数组长度，参数表示要获取第几维的数组长度，从 0 开始
```

1.3.3 类型转换

在 C#语言中，一些预定义的数据类型之间存在着预定义的转换，它可以分为两类：隐式转换(Implicit Conversions)和显式转换(Explicit Conversions)。

1. 隐式转换

隐式转换是系统默认的、不需要加以说明就可以进行的转换。在这个过程中，编译器无须对转换进行详细检查，就能够安全地执行转换。表 1-4 所给出的，就是 C#简单类型的隐式转换。

表 1-4　C#隐式数值转换

数据类型	可以转换成
sbyte	short、int、long、float、double、decimal
byte	short、ushort、int、uint、long、ulong、float、double、decimal
short	int、long、float、double、decimal
ushort	int、uint、long、ulong、float、double、decimal
int	long、float、double、decimal

续表

数据类型	可以转换成
uint	long、ulong、float、double、decimal
long	float、double、decimal
ulong	float、double、decimal
float	double
char	ushort、int、uint、long、ulong、float、double、decimal

注意： ① 从 int、uint 或 long 到 float 的转换以及从 long 到 double 的转换的精度可能会降低，但数值大小不受影响。

② 不存在到 char 类型的隐式转换。

③ 不存在浮点型与 decimal 类型之间的隐式转换。

④ int 类型的常数表达式可转换为 sbyte、byte、short、ushort、uint 或 ulong，前提是，常数表达式的值处于目标类型的范围之内。

下面的代码演示了在 C#语言中进行隐式转换时的语法：

```
int x = 10;
long y = x;    //隐式转换，把 int 转换为 long
```

隐式转换实际上就是从低精度的数据类型向高精度的数据类型的转换。

2. 显式转换

显式类型转换又称为强制类型转换。与隐式类型转换相反，显示转换需要用户明确地知道转换的类型。当可能会丢失数据或发生错误时，就必须进行显式转换。要实现这种转换，可在源表达式前面插入 cast 运算符。cast 运算符是转换到括号内部的类型的名称。

下面是几个例子：

```
byte floor = 5;
int level = floor;              //隐式转换，把 byte 转换为 int
double max = 57.33;
float limit = (float)max;       //显式转换，把 double 转换为 float
ushort distance = 32768;
short miles = distance;         //错误，因为可能造成数据丢失
short miles = (short)distance;        //数据丢失
```

表 1-5 所示就是 C#简单类型的显式转换。

表 1-5　C#显式数值转换

数据类型	可以转换成
sbyte	byte、ushort、uint、ulong、char
byte	sbyte、char
short	sbyte、byte、ushort、uint、ulong、char

续表

数据类型	可以转换成
ushort	sbyte、byte、short、char
int	sbyte、byte、short、ushort、uint、ulong、char
uint	sbyte、byte、short、ushort、int、char
long	sbyte、byte、short、ushort、int、uint、ulong、char
ulong	sbyte、byte、short、ushort、int、uint、long、char
float	sbyte、byte、short、ushort int、uint、long、ulong、char、decimal
char	sbyte、byte、short
double	sbyte、byte、short、ushort、int、uint、long、ulong、char、float、decimal
decimal	sbyte、byte、short、ushort、int、uint、long、ulong、char、float、double

注意： ① 显式数值转换可能导致精度损失或引发异常。

② 将 decimal 值转换为整型时，该值将舍入为与零最接近的整数值。如果结果整数值超出目标类型的范围，则会引发 OverflowException。

③ 将 double 或 float 值转换为整型时，值会被截断。如果该结果整数值超出了目标值的范围，其结果将取决于溢出检查上下文。在 checked 上下文中，将引发 OverflowException；而在 unchecked 上下文中，结果将是一个未指定的目标类型的值。

④ 将 double 转换为 float 时，double 值将舍入为最接近的 float 值。如果 double 值因为过小或者过大而使目标类型无法容纳它，则结果将为零或者无穷大。

⑤ 将 float 或 double 转换为 decimal 时，源值将转换为 decimal 表示的形式，并舍入为第 28 个小数位之后最接近的数(如果需要)。根据源值的不同，可能产生以下结果：

如果源值因过小而无法表示为 decimal，那么结果将为零。

如果源值为 NaN(非数字值)、无穷大或因过大而无法表示为 decimal，则会引发 OverflowException。

⑥ 将 decimal 转换为 float 或 double 时，decimal 值将舍入为最接近的 double 或 float 值。

需要注意的是，不是任意两种类型之间都能随意进行转换的。另外，无论显式转换还是隐式转换，都可能会失败。如果显式转换失败，会在运行时抛出异常(这个异常可能是 InvalidCastException，也可能是 InvalidOperationException、OverflowException 等具体异常)；如果隐式转换失败，则会在编译时得到一个错误，指出不能进行隐式转换。

最后，隐式转换也可以用显式转换替代，但显式转换不能用隐式转换替代。换句话说，可以用显式转换的地方，用隐式转换也没什么问题；但需要显式转换的地方，就一定不能用隐式转换。

1.4　变量和常量

有关变量和常量的知识，是一门编程语言的基础知识，而每一门编程语言都有自己对变量和常量的命名和使用方式。

1.4.1　变量的定义

变量表示数值或字符串值或类的对象。变量存储的值可能会发生更改，但名称保持不变。变量是字段的一种类型。在计算机中，变量代表存储地址，变量的类型决定了存储在变量中的数值的类型。C#是一种类型安全的语言，它的编译器存储在变量中的数值具有适当的数据类型。变量是使用特定数据类型和标签声明的。必须指定变量是一个 int、一个 float、一个 byte、一个 short 还是 20 多种不同数据类型中的哪一种类型。类型可指定应用程序运行时必须分配用于存储值的精确内存量，以及其他信息。

同时，变量的值可以通过赋值或使用“++”和“--”运算符而改变。下面的代码提供了一个简单示例，演示如何声明一个整数变量，并为它赋值，然后再为它赋一个新值：

```
int x = 1;  // x 的值为 1
x = 2;      // x 的值为 2
```

使用变量的一条重要原则是：变量必须先定义后使用。

变量可以在定义时被赋值，也可以在定义时不被赋值。一个定义时被赋值的变量，很好地定义了一个初始值。一个定义时不被赋值的变量没有初始值。要给一个定义时没有被赋值的变量赋值，必须是在一段可执行的代码中进行。

1.4.2　变量的命名

当我们需要访问存储在变量中的信息时，只需要使用变量的名称。变量命名的语法如下：

```
<访问修饰符> <数据类型> 变量名称;
```

同时，为变量起名时，要遵守 C#语言的规定：

- 变量名必须以字母开头。
- 变量名只能由字母、数字和下划线组成，而不能包含空格、标点符号、运算符等其他符号。
- 变量名不能与 C#中的关键字名称相同。
- 变量名不能与 C#中的库函数名称相同。

下面给出了一些合法和非法变量名的例子：

```
int i;         //合法
int No.1;      //不合法。含有非法字符
string total;    //合法
char use;      //不合法。与关键字名称相同
char @use;   //合法
```

```
float Main;      //不合法。与函数名称相同
```

尽管符合了上述要求的变量名就可以使用，但我们还是希望在给变量取名的时候，应给出具有描述性质的名称，这样，写出来的程序便于理解。比如，一个消息字符串的名字可以是 s_message，而用 e90PT 的话，就不是一个好的变量名。

我们可以在一条语句中命名多个类型相同的变量，例如：

```
int a, b, c=50, d;
```

1.4.3 变量的类型

在 C#语言中，我们把变量分为 7 种类型，它们分别是静态变量(Static Variables)、实例变量(Instance Variables)、数组元素(Array Elements)、值参数(Value Parameters)、引用参数(Reference Parameters)、输出参数(Output Parameters)还有局部变量(Local Variables)。看下面的例子：

```
class A
{
    public static int x;
    int y;
    void F(int[] v, int a, ref int b, out int c)
    {
        int i = 1;
        c = a + b + v[0];
    }
}
```

在上面的代码中，x 是静态变量，y 是非静态变量，v[0]是数组元素，a 是值参数，b 是引用参数，c 是输出参数，i 是局部变量。

1.4.4 常量

常数是另一种类型的字段。它保存的是在编译程序时要赋予的值，并且从那之后，在任何情况下都不会发生更改。常数是使用 const 关键字声明的；常数可以使代码更容易让人阅读。例如：

```
const int speedLimit = 55;
const double pi = 3.14159265358979323846264338327950;
```

从数据类型角度来看，常量的类型可以是任何一种值类型或引用类型。一个常量的声明，就是声明程序中要用到的常量的名称和它的值。与变量一样，我们可以同时声明一个或多个给定类型的常量。常量声明的格式如下：

```
attributes constant-modifiers const type constant-declarators;
```

常量修饰符 constant-modifier 可以是 new、public、protected、internal、private。常量的类型 type 必须是以下类型：sbyte、byte、short、ushort、int、uint、long、ulong、char、

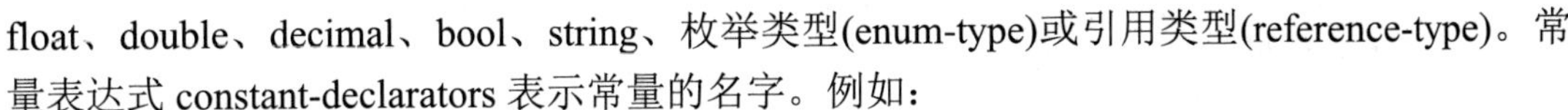

float、double、decimal、bool、string、枚举类型(enum-type)或引用类型(reference-type)。常量表达式 constant-declarators 表示常量的名字。例如：

```
public const double X=1.0, Y=2.0, Z=3.0;
```

1.5　运算符与表达式

前面介绍了变量的一些知识，下面该处理它们了。C#包含许多进行这类处理的运算符，包括前面已经使用过的“=”赋值运算符。把操作数与运算符组合起来，就可以创建表达式，它是进行计算的基本模块。

1.5.1　运算符分类

在 C#中，运算符是术语或符号，它接受一个或多个称为操作数的表达式作为输入并返回值。C#中的运算符可以分为以下三类。

(1)　一元运算符。一元运算符作用于一个操作数，一元运算符又包括前缀运算符和后缀运算符。

(2)　二元运算符。二元运算符作用于两位操作数，使用时在操作数中间插入运算符。

(3)　三元运算符。C#中仅有一个三元运算符，即?:。三元运算符作用于三个操作数，使用时，在操作数中间插入运算符。

大多数运算符都是二元运算符，只有几个一元运算符和一个三元运算符，即条件运算符(条件运算符是一个逻辑运算符，它返回一个布尔值)。

下面分别给出使用运算符的例子：

```
int x=5, y=10, z;
x++;                //后缀一元运算符
--x;                //前缀一元运算符
z = x + y;          //二元运算符
y = (X>10? 0 : 1);  //三元运算符
```

另外，根据运算符作用的不同，可以将运算符分为以下几类：算术运算符、关系运算符、赋值运算符、逻辑运算符、位运算符和其他运算符。

1.5.2　算术运算符

算术运算符是一组二元运算符，它们支持算术表达式。算术表达式是由两个表达式组成的，它们之间有算术运算符。C#中提供的算术运算符有 5 种：

- +　加法运算符。
- -　减法运算符。
- *　乘法运算符。
- /　除法运算符。
- %　求余运算符。

1. 加法运算符

加法运算符(+)通过把一个数相加到另外一个数来实行标准的加法运算。
下面是一个例子：

```
int x = 1;
int y = 2;
int z = x + y;      //z=3
```

2. 减法运算符

减法运算符(-)通过从一个数中减去另外一个数来实行标准的减法运算。
下面是一个例子：

```
decimal x = 429.40m;
decimal y = 129.00m;
decimal z = x - y;      //z=300.40
```

3. 乘法运算符

乘法运算符(*)将两个表达式进行乘法运算，并返回它们的乘积。下面是一个例子：

```
int x = 3;
int y = 4;
int z = x * y;      //z=12
```

4. 除法运算符

除法运算符(/)执行算术除运算。它用被除数除以除数，并返回它们的商。
下面是一个例子：

```
int x = 42;
int y = 6;
int z = x / y;      //z=7
```

5. 求余运算符

求余运算符(%)返回除数与被除数相除之后的余数。
下面是一个例子：

```
int x = 56;
int y = 6;
int z = x % y;      //z=2
```

1.5.3 关系运算符

关系运算符用于对两个表达式进行比较。关系运算符与算术运算符之间的主要区别，是关系运算符返回布尔型数，而算术运算符返回的是数值。

C#定义关系运算符的优先级低于算术运算符。关系运算符可以分为比较运算符、is 运算符和 as 运算符。

1. 比较运算符

(1) 大于运算符(>)：检查一个数是否大于另一个数。它将左边的表达式与右边的表达式进行比较，当左边表达式的值大于右边表达式的值时，结果是真，否则结果是假。

下面是一个例子：

```
short x = 13;
short y = 17;
bool result;
result = y>x;        //result = true
```

(2) 小于运算符(<)：检查一个数是否小于另一个数。它将左边的表达式与右边的表达式比较，当左边表达式的值小于右边表达式的值时，结果是真，否则结果是假。

下面是一个例子：

```
short x = 35;
short y = 36;
bool result;
result = y<x;        //result = false
```

(3) 大于等于运算符(>=)：检查一个数是否大于等于另一个数。它将左边的表达式与右边的表达式比较，当左边表达式的值大于等于右边表达式的值时，结果是真，否则结果是假。这个运算符与小于运算符相反。

下面是一个例子：

```
short x = 20;
short y = 21;
bool result;
result = y>=x;       //result = true
```

(4) 小于等于运算符(<=)：检查一个数是否小于等于另一个数。它将左边的表达式与右边的表达式做比较，当左边表达式的值小于等于右边表达式的值时，结果是真，否则结果是假。这个运算符与大于运算符相反。

下面是一个例子：

```
short x = 15;
short y = 21;
bool result;
result = y<=x;       //result = false
```

(5) 等于运算符(==)：检查两个数是否相等。相等运算符对整型、浮点型和枚举型数据的操作都是一样的。它只简单地比较两个表达式，并返回一个布尔结果。

下面是一个例子：

```
long x = 348273;
```

```
long y = 347224;
bool result;
result = y==x;      //result = false
```

(6) 不等运算符(!=)：检查两个数是否不等。它是与等于运算符相反的运算符。

2. is 运算符

is 运算符被用于动态地检查运行时对象类型是否与给定的类型兼容。运算“e is T”的结果(其中，e 是一个表达式，T 是一个类型)，是返回一个布尔值。它表示 e 是否能通过引用转换等成功地转换为 T 类型。通常用于检查变量是否为指定的类型。

例如：

```
bool result1 = 1 is int;          //返回 true
bool result1 = 1 is float;        //返回 false
bool result1 = 1.0 is float;          //返回 false
bool result1 = 1.0 is double;         //返回 true
```

这里 1.0 为什么是 double 而不是 float 类型呢？因为如果小数后面没有跟后缀的话，系统默认其为 double 类型。

3. as 运算符

as 运算符用于通过引用转换，将一个值显式地转换成指定的引用类型。不像显式类型转换，as 不会产生任何异常。如果转换不可以进行，那么，结果值为 null。形如“e as T”的运算中，e 是一个表达式且 T 是一个引用类型，返回值的类型总是 T 的类型，并且结果总是一个值。

比如，如果你在程序中写了下面的语句：

```
string s = 'a' as string;
```

虽然字符型不能转换为字符串类型，程序仍然可以编译通过，只是有一个警告：

```
The given expression is never of the provided ('string') type.
```

1.5.4 赋值运算符

直到现在，我们一直在使用简单的“=”赋值运算符，其实，还有其他赋值运算符，而且它们都非常有用。

C#中提供的赋值表达式有=、+=、-=、*=、/=、%=、&=、|=、^=、<<=、>>=。

赋值的左边操作数必须是一个变量、属性访问器或索引访问器的表达式。

C#中，可以对变量进行连续赋值，这时，赋值操作符是右关联的，这意味着从右向左操作符被分组。

例如，形如 a=b=c 的表达式等价于 a=(b=c)。

如果赋值操作符两边的操作数类型不一致，那就先要进行类型转换。

除了“＝”运算符外，其他赋值运算符都以类似的方式工作。与“＝”一样，它们都是根据运算符和右边的操作数，把一个值赋给左边的变量。

下面是一个例子：

```
int a = 6;
int a += 3;          //a = a + 3
int a -= 4;          //a = a - 4
int a *= b+3;        //a = a * (b+3)
```

1.5.5　逻辑运算符

C#语言中提供了三种逻辑运算符：

- &&　　逻辑与，检查表达式是否都为真。
- ||　　逻辑或，检查表达式中至少一个为真。
- !　　逻辑非，检查表达式取反后是否为真。

其中，逻辑与和逻辑或都是二元运算符，要求有两个操作数。而逻辑非为一元运算符，只有一个操作数。它们的操作数都是布尔类型的值或者表达式。操作数为不同的组合时，逻辑操作符的运算结果可以用逻辑运算的“真值表”来表示，见表 1-6。

表 1-6　真值表

a	b	!a	a&&b	a||b
true	true	false	true	true
true	false	false	false	true
false	true	true	false	true
false	false	true	true	false

用逻辑运算符将关系表达式或布尔值连接起来，就是逻辑表达式。逻辑表达式的值仍然是一个布尔值。

在逻辑表达式的求值过程中，不是所有的逻辑运算符都被执行。有时候，不需要执行所有的运算符，就可以确定逻辑表达式的结果。只有在必须执行下一个逻辑运算符后才能求出逻辑表达式的值时，才继续执行该运算符。这种情况称为逻辑表达式的“短路”。

假设 a 是一个布尔值或逻辑表达式，bool-exp 是一个逻辑表达式，那么：

- 对于 a&&(bool-exp)，只有 a 为 true 时，才继续判断值。如果 a 为 false，逻辑表达式的值已经确定为 false，就不需要继续求值。
- 对于 a||(bool-exp)，只有 a 为 false 时，才继续判断值。如果 a 为 true，逻辑表达式的值已经确定为 true，就不需要继续求值。

在熟练地掌握逻辑运算符和关系运算符以后，就可以使用逻辑表达式来表示各种复杂的条件了。

例如，给出一个年份，要判断它是不是一个闰年。我们知道，闰年的条件是：为 400 的倍数，或者为 4 的倍数但不是 100 的倍数。设年份为 year，闰年与否，就可以用一个逻辑表达式来表示：

```
(year%400)==0 || ((year%4)==0&&(year%100)!=0)
```

1.5.6 位运算符

计算机中的信息都是以二进制的形式存储的，位运算符提供了对这些二进制数据进行操作的工具。

C#中，位运算符有 6 种：&(与)、|(或)、^(异或)、~(取补)、<<(左移)、>>(右移)。

其中，取补只有一个操作数，而其他的位操作符都有两个操作数。这些运算都不会产生溢出。位操作符的操作数为整型，或者是可以转换为整型的任何其他类型。

它们的基本功能如表 1-7 所示。

表 1-7 位运算符

运 算 符	说 明
<<	把位向左移动
>>	把位向右移动
&	这是按位与运算符。它对操作数中相应的位进行与运算。如果相应的位都是 1，结果就是 1，否则就是 0
|	这是按位或运算符。它对操作数中相应的位进行或运算。如果两个对应的位中有一个是 1，结果就是 1。如果两个位都是 0，结果就是 0
^	这是按位异或运算符。它对操作数中相应的位进行异或运算。如果相应的位各不相同，例如一个位是 1，另一个位是 0，结果就是 1。如果相应的位相同，结果就是 0
~	这是按位求反运算符。它是一个一元运算符，可以反转操作数中的位，即 1 变成 0，0 变成 1

左移运算将操作数按位左移，高位被丢弃，低位顺序补 0。比如：

```
10 的二进制为:    00001010
左移一位为:       00010100
左移二位为:       00101000
```

右移运算时，如果操作数 x 是 int 或 long 型的，x 的低位被丢弃，其他各位顺序依次右移，如果 x 是非负数，最高位设成零；如果 x 为负数，则最高位设为 1。而当 x 的类型为 uint 或 ulong 型时，x 的低位将被丢弃，其他各位顺序依次右移，高位设为 0。比如：

```
10 的二进制为:    00001010
右移一位为:       00000101
```

按位与的运算规则如下：

```
1&1 = 1
1&0 = 0
0&1 = 0
0&0 = 0
```

从上面可以看出，只有当两个位都是 1 时，按位与的运算结果才为 1，其他情况下，运算结果都为 0。

例如，2 与 10 的按位与运算：

```
2 的二进制表示：          00000010
10 的二进制表示：         00001010
按位与运算的结果是：      00000010
所以，2&10 的结果是：     2
```

按位或的运算规则如下：

```
1|1 = 1
1|0 = 1
0|1 = 1
0|0 = 0
```

从上面可以看出，只有当两个位都是 0 时，按位或的运算结果才为 0，其他情况下，只要有一个位是 1，运算结果就为 1。

例如，2 与 10 的按位或运算：

```
2 的二进制表示：          00000010
10 的二进制表示：         00001010
按位或运算的结果是：      00001010
所以，2|10 的结果是：     10
```

按位异或的运算规则如下：

```
1^1 = 0
1^0 = 1
0^1 = 1
0^0 = 0
```

从上面可以看出，只有当两个位相同时，按位异或的运算结果才为 0，不相同时，运算结果就为 1，即“同假异真”。例如，2 与 10 的按位异或运算：

```
2 的二进制表示：          00000010
10 的二进制表示：         00001010
按位异或运算的结果是：    00001000
所以，2^10 的结果是：     8
```

按位求反的运算规则如下：

```
~1 = 0
~0 = 1
```

从上面可以看出，按位求反运算对操作数的每一位取补。例如：

```
10 的二进制表示：         00001010
按位求反运算的结果是：    11110101
```

1.5.7　其他运算符

除了前面介绍过的运算符而外，C#中还有一些运算符不能简单地归到某个类型中。这些运算符包括?:、sizeof()、typeof()、checked()、unchecked()运算符和自增/自减运算符。下面将分别解释这些运算符。

1. ?:运算符

?:运算符是三元运算符，包括三个表达式。第一个表达式必须是布尔表达式，当第一个表达式计算结果为真时，第二个表达式的值就会返回。这是做出决定并根据决定的结果返回选择的一种简捷方法。通常，三元运算符又称为条件运算符。

对于条件表达式 b? x : y，先计算条件 b，然后进行判断。如果 b 的值为 true，计算 x 的值，运算结果为 x 的值；否则计算 y，运算结果为 y 的值。一个条件表达式从不会既计算 x 也计算 y。下面是两个值相比较，取较大值的例子：

```
int a = 12;
int b = 13;
int c = (a>b)? a : b;        //c 为 a、b 两值中的较大值
```

2. sizeof()运算符

sizeof()运算符用于读取类型，并返回类型的字节数。下面是一个例子：

```
int i_size = sizeof(int);        //i_size = 4
```

3. typeof()运算符

typeof()运算符用于返回 Type 对象，获得系统原型对象的类型。下面是一个例子：

```
Console.WriteLine(typeof(int));     //产生的输出是：Int32
```

4. checked()运算符

checked()运算符用于检测某些操作的溢出条件。下面的例子通过试图分配一个值到无法容纳该值的 short 变量，来引起系统错误：

```
short val1=20000, val2=20000;
short val3 = checked((short)(val1 + val2));         //错误
```

5. unchecked()运算符

如果不管溢出与否，都必须忽略这个错误并接受该结果，就可以使用下面例子所示的 unchecked()运算符：

```
short val1=20000, val2=20000;
short val3 = unchecked((short)(val1 + val2));        //错误被忽略
```

6. 自增/自减运算符

自增运算符(++)对变量的值加 1，而自减运算符(--)对变量的值减 1。比如，假设一个整数 x 的值为 9，那么，执行 x++之后的值为 10。

注意，自增和自减运算符的操作数必须是一个变量，而不能是常量或者其他的表达

式。比如，5++和(x+y)--都是非法的。

自增和自减运算符又有前后缀之分。对于前缀运算符，遵循的原则是“先增减，后使用”；而后缀运算符则正好相反，是“先使用，后增减”。

例如，在下面的各表达式中，如果 int 型变量 x 的初始值为 10，则：

```
++x              //表达式的值为增 1 后的 x 值，即 11
x++              //x 的值为 11，但表达式的值仍为 10
y = x++          //x 的值为 11，y 的值为 10
y = --x          //x 的值为 9，y 的值为 9
y = 2*x++        //x 的值为 11，y 的值为 20
```

1.5.8　运算符的优先级和结合性

在计算表达式时，每个运算符都会按顺序处理。但这并不意味着从左至右地运用这些运算符。例如，有下面的代码：

```
var1 = var2 + var3;
```

其中的“+”运算符就是在“＝”运算符之前进行计算的。

在其他一些情况下，运算符的优先级并没有这么明显，例如：

```
var1 = var2 + var3 * var4;
```

其中的“*”运算符先计算，其后是“+”运算符，最后是“=”运算符，这是标准的数学运算顺序，其结果与我们在纸上进行算术运算的结果相同。

可以使用括号来控制运算符的优先级，例如：

```
var1 = (var2 + var3) * var4;
```

括号中的内容先计算，即“+”运算符在“*”运算符之前计算。

表达式中的运算符按照称为运算符优先级的特定顺序来计算。

结合性有两种类型：左和右。具有右结合性的运算符从右向左计算，当运算符具有右结合性时，它的表达式就是从右向左进行计算。例如，赋值运算符就是右结合性运算符；因此，在调用运算符之前，先计算右边的表达式。

表 1-8 根据运算符执行的操作类型，将它们划分到不同的类别中。类别按优先级顺序和结合性列出。

表 1-8　运算符的优先级顺序

类　别	运 算 符	结 合 性
基本运算符	x.y、f(x)、a[x]、x++、x--、new、typeof、checked、unchecked	左
一元运算符	+、-、!、~、++x、--x、(T)x	左
算术运算符	*、/、%、+、-	左
移位运算符	<<、>>	左
关系和类型检测运算符	<、>、<=、>=、is、as	左

续表

<table>
<tr><th>类　别</th><th>运 算 符</th><th>结 合 性</th></tr>
<tr><td>相等和不等运算符</td><td>==、!=</td><td>左</td></tr>
<tr><td>逻辑与运算符</td><td>&</td><td>左</td></tr>
<tr><td>逻辑异或运算符</td><td>^</td><td>左</td></tr>
<tr><td>逻辑或运算符</td><td>|</td><td>左</td></tr>
<tr><td>条件与运算符</td><td>&&</td><td>左</td></tr>
<tr><td>条件或运算符</td><td>||</td><td>左</td></tr>
<tr><td>条件运算符</td><td>? :</td><td>右</td></tr>
<tr><td>赋值运算符</td><td>=、*=、/=、%=、+=、-=、<<=、>>=、&=、^=、|=</td><td>右</td></tr>
</table>

当一个操作数出现在两个有相同优先级的运算符之间时，运算符按照出现的顺序由左至右执行。

除了赋值的运算符，所有的二进制的运算符都是左结合(left-associative)的。也就是说，操作按照从左向右的顺序执行。例如 x + y + z 按(x + y) + z 进行求值。

赋值运算符和条件运算符(?:)按照右接合(right-associative)的原则，即操作按照从右向左的顺序执行。如 x = y = z 按照 x = (y = z)进行求值。

建议在写表达式的时候，如果无法确定运算符的有效顺序，则尽量采用括号来保证运算的顺序。这样，也使得程序一目了然，而且自己在编程时能够思路清晰。

第 2 章

C#程序设计

C#应用程序可以分为两类：命令行(或控制台)应用程序和 Windows 应用程序。使用 AppWizard，借助于项目中的一些模板代码，这两种应用程序都很容易创建。

2.1 C#控制台应用程序

2.1.1 创建工程

要想用 C#创建一个控制台应用程序，应启动.NET 开发环境主界面，如图 2-1 所示。

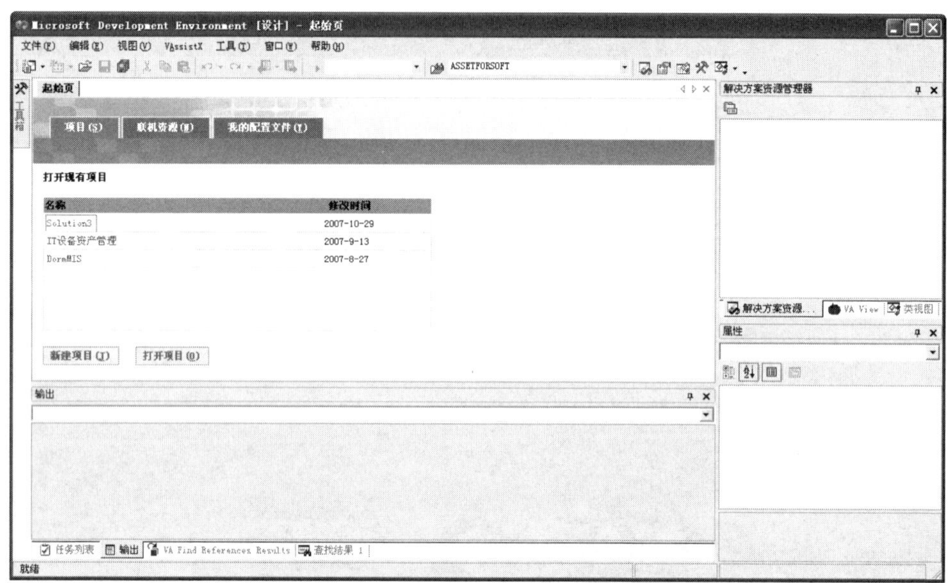

图 2-1 .NET 开发环境主界面

选择“文件”→“新建”→“项目”菜单命令，来打开“新建项目”对话框，或者直接单击主界面上的“新建项目”按钮。在项目类型中单击“Visual C#项目”，并在模板中选择“控制台应用程序”。将这个项目命名为“HelloWorld”，并单击“浏览”按钮，选择一个合适的目录，如图 2-2 所示。

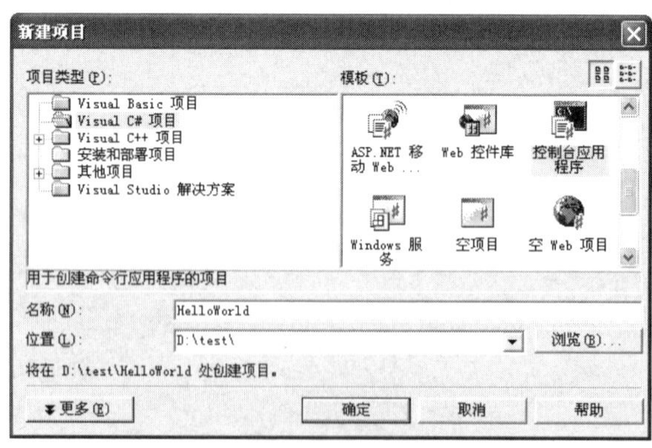

图 2-2 “新建项目”对话框

单击“确定”按钮后，C# AppWizard 就会创建一个如图 2-3 所示的模板代码。

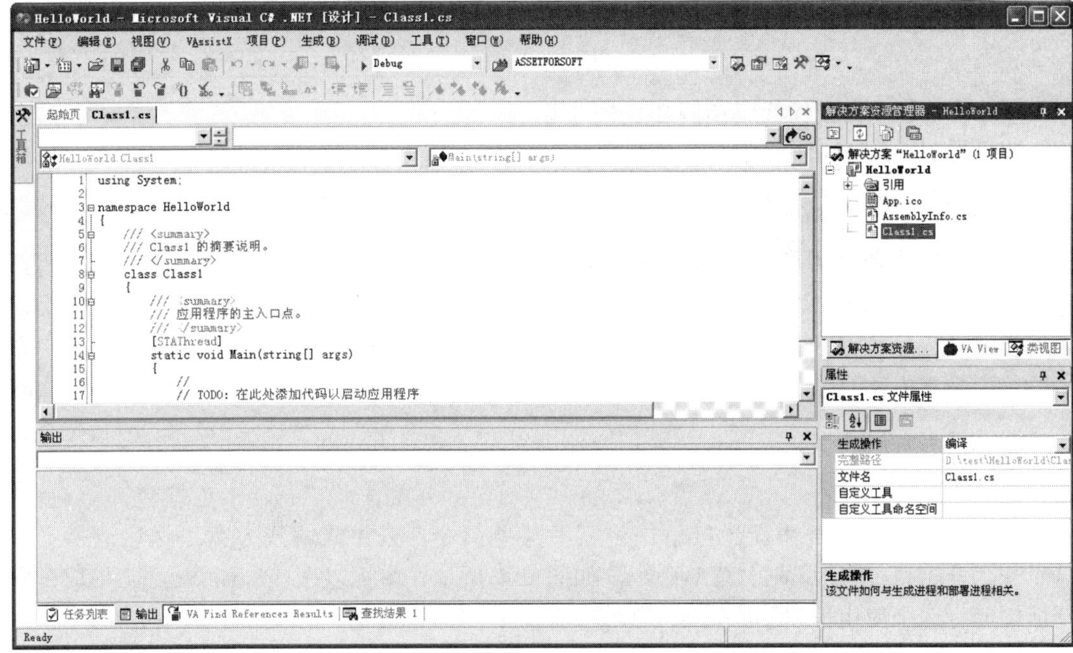

图 2-3　C#模板代码

2.1.2　修改代码

现在就可以修改这个模板代码，来实现应用程序了。下面是我们修改后的代码：

```
//例 2-1：HelloWorld 程序代码

using System;

namespace HelloWorld
{
    /// <summary>
    /// Class1 的摘要说明。
    /// </summary>
    class Class1
    {
        /// <summary>
        /// 应用程序的主入口点。
        /// </summary>
        [STAThread]
        static void Main(string[] args)
        {
            //
            // TODO：在此处添加代码以启动应用程序
            //
```

```
            Console.WriteLine("Hello World!");
        }
    }
}
```

观察图 2-3 中的模板代码和例 2-1 中的代码。

可以发现，例 2-1 中多了一行代码：

```
Console.WriteLine("Hello World!");
```

这行代码中所使用的 Console.WriteLine()实际上是 System.Console.WriteLine()的缩写形式，在这里，System 代表一个命名空间，Console 代表在这个命名空间中定义的一个类，表示控制台应用程序的标准输入流、输出流和错误流。WriteLine()是这个 Console 类中定义的一个静态方法。

2.1.3 运行程序

选择“项目”→“重新生成解决方案”菜单命令，来生成解决方案。然后选择“调试”→“开始执行(不调试)”菜单命令，如图 2-4 所示，就可以在 Visual Studio 集成开发环境中运行这个应用程序了。

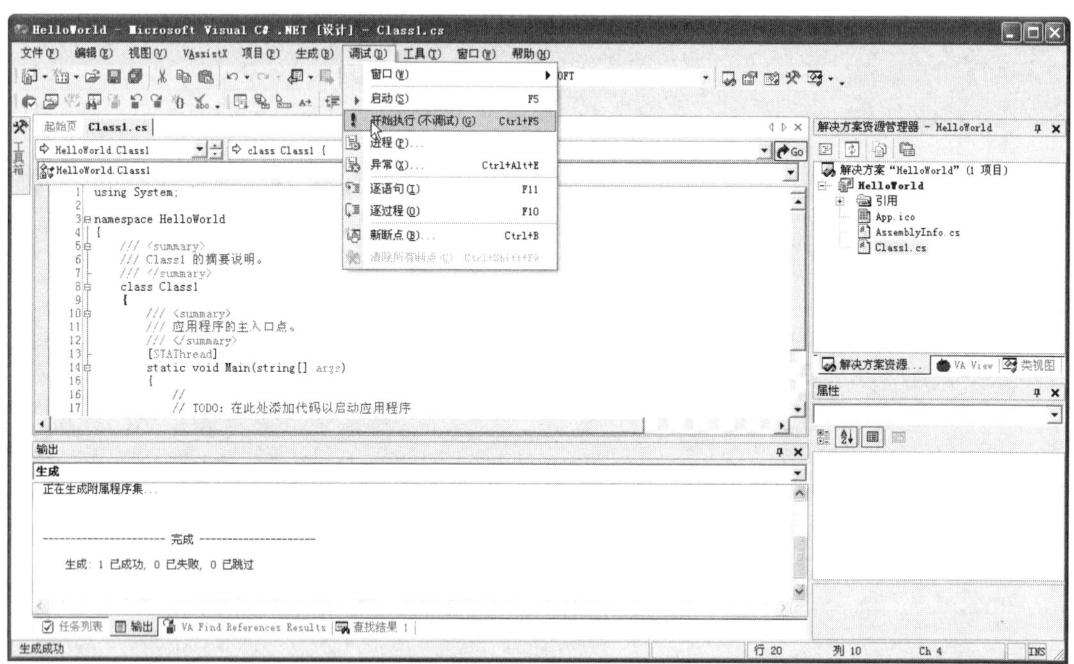

图 2-4 运行程序

当执行这个程序的时候，一个控制台窗口将会出现，并展示程序的输出。图 2-5 展示了这个应用程序的输出结果。

图 2-5　控制台窗口中的程序输出结果

2.2　C# Windows 应用程序

2.2.1　新建项目

如图 2-6 所示，在集成开发环境的“文件”菜单中选择“新建”→“项目”命令，来打开“新建项目”对话框。

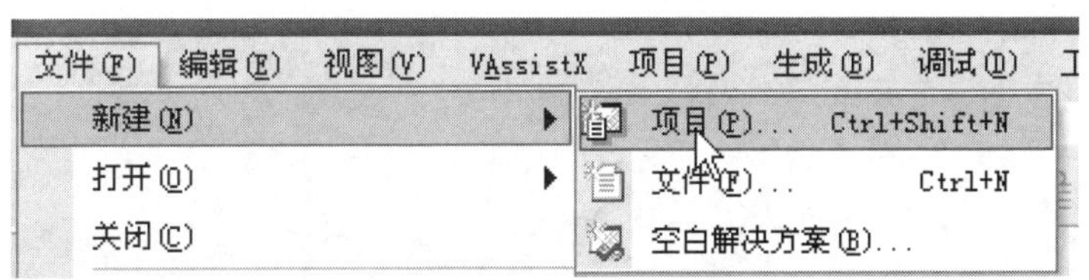

图 2-6　新建项目

我们选择工程类型为“Visual C#项目”，在模板中选择“Windows 应用程序”，在“名称”文本框中输入工程名称“HelloWindows”，在“位置”文本框中输入保存的路径，如图 2-7 所示。

确定后，系统自动生成了程序框架，如图 2-8 所示。现在，我们来简单地熟悉一下这个开发环境。

A 区：是工具箱，包括对数据库、组件、窗体控件等的支持，我们都可以选择并加入到 Form 中，假如找不到工具箱，可选择 View→Toolbox 菜单命令来打开它。

B 区：是我们的设计工作区(包括对界面、代码的设计)，图 2-8 中显示的是我们刚才新建的应用程序的主窗口 Form1。

C 区：是解决方案资源管理器，其中的 Form1.cs 就是 Form1 对应的 C#文件，双击它就可以对 Form1 进行界面设计，以鼠标右键单击 Form1.cs，在弹出快捷菜单中选择 View Code 命令，就可以查看对应的代码。

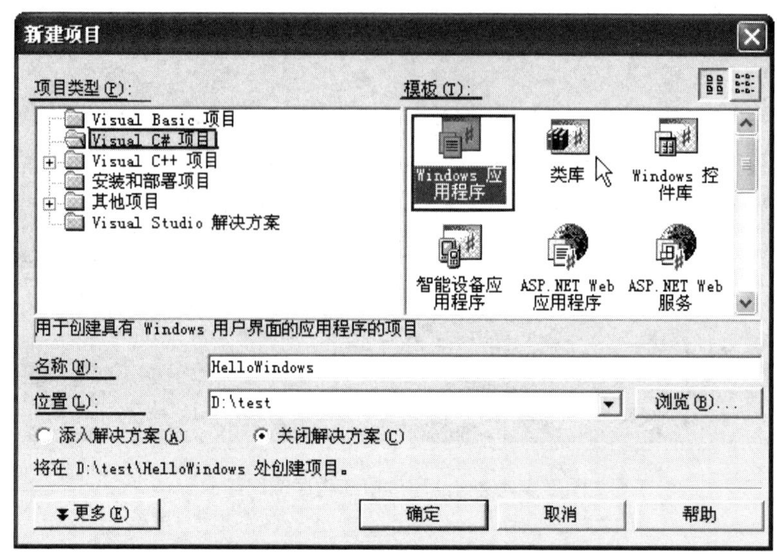

图 2-7　“新建项目”对话框

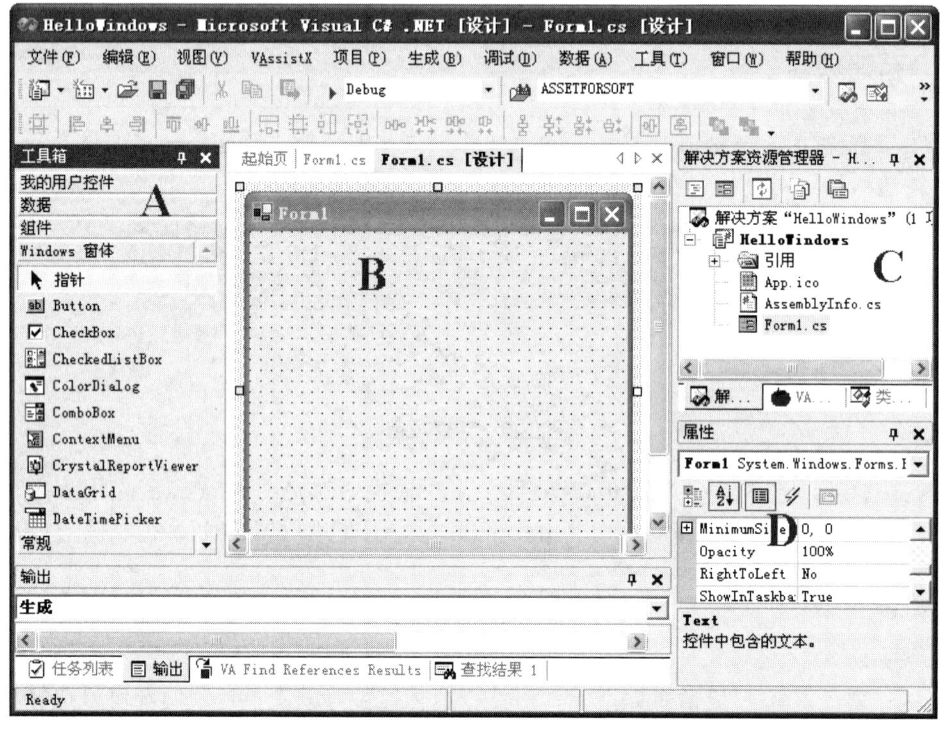

图 2-8　程序框架

D 区：是属性窗口，类似于 VC6 中资源编辑器里的属性窗口，但功能更强大。对于屏幕上的组件，比如按钮、列表框，都可以在这里直接修改其属性，如文字、背景色等。

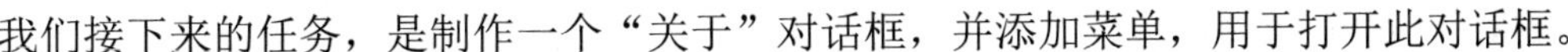

我们接下来的任务，是制作一个“关于”对话框，并添加菜单，用于打开此对话框。

2.2.2　添加新的窗口

选择“项目”→“添加新的窗口”菜单命令，在弹出的“添加新项”对话框中选择模板为“Windows 窗体”，在“名称”文本框中输入文件名“AboutDlg.cs”，如图 2-9 所示，然后单击“打开”按钮确认。

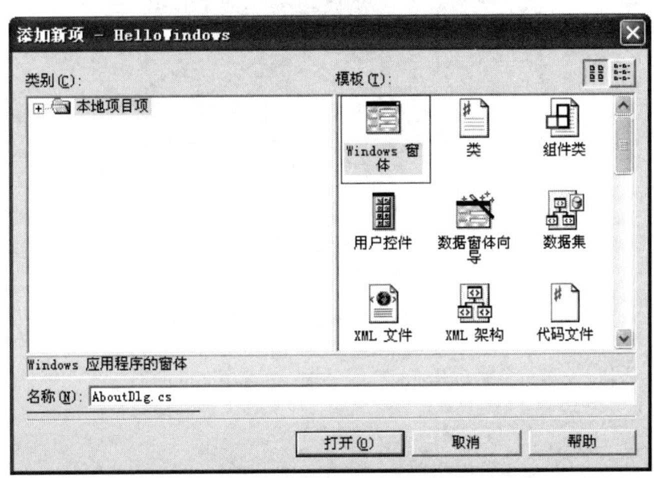

图 2-9　添加新的窗口

新的窗口会出现在工作区中，我们在 D 区的属性界面中修改 Text 为“关于”，选择 BackColor 为 snow，也可以尝试去改变其他的属性。

接下来，我们打开 A 区的工具箱，选择“Windows 窗体”中的 Label，然后在窗体中画出标签，并在属性对话框中修改其 Text 属性为“Hello Windows！”，并在 Font 属性中设置字体和大小，把 ForeColor 属性设置为 Red。在 Windows 窗体中再加入一个 Button，修改其 Text 属性为“确认”。

至此，对话框的界面就设计好了，但当用户单击“确认”按钮的时候，如何关闭对话框呢？

双击“确认”按钮，这样，系统会为该按钮自动添加按钮的处理代码框架，在其中，我们添加 Close()函数用以关闭对话框，代码如下所示：

```
//例 2-2："确认"按钮的代码

private void button1_Click(object sender, System.EventArgs e)
{
   this.Close();
}
```

这样，这个“关于”对话框就已经完成了，我们接下去要做的，是为主视窗添加菜单，当用户选择菜单中的“关于”命令时，就会弹出“关于”对话框。

2.2.3　添加菜单

在解决方案中双击 Form1.cs 打开 Form1 窗口，在“工具箱”→“Windows 窗体”中选择 MainMenu，并在 Form1 中画出菜单，在“请在此输入”字样处，我们可以输入菜单条的文字，如图 2-10 所示。

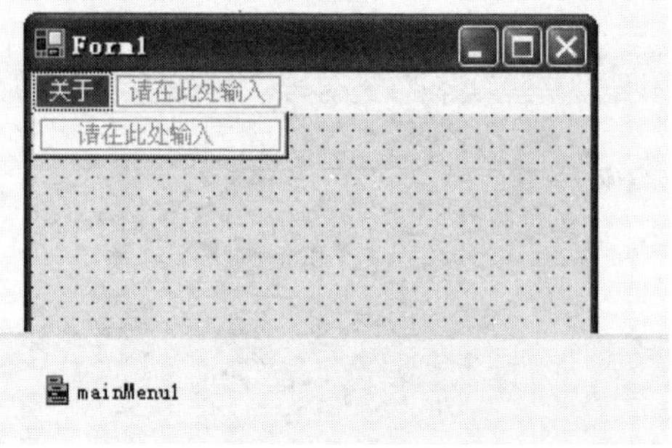

图 2-10　为 Form1 主窗口添加菜单

双击“关于”字样，系统会为我们添加该菜单条的处理代码，我们可以在其中添加打开“关于”对话框的代码，如下所示：

```
//例 2-3：“关于”菜单命令的代码
private void menuItem1_Click(object sender, System.EventArgs e)
{
    AboutDlg aDlg = new AboutDlg();  //分配 AboutDlg 对象
    aDlg.Show();                   //显示对话框
}
```

至此，我们的程序就写好了，按 F5 键看看效果吧！效果如图 2-11 所示。

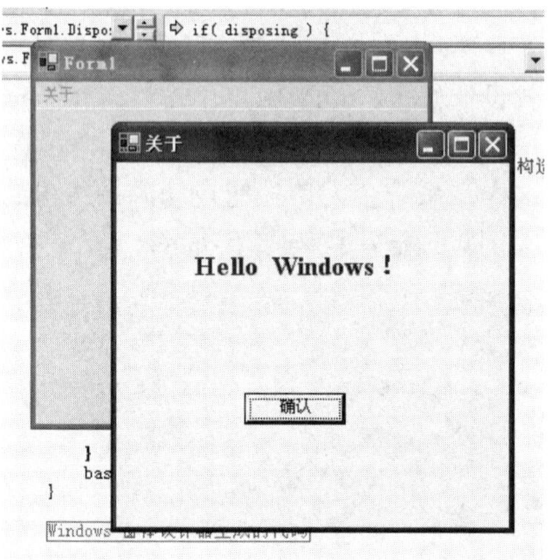

图 2-11　程序运行效果

2.3　SQL 入门

每个程序无论用什么语言，或者在什么环境中编写，都会涉及到数据的处理。最起码，可能会涉及到其初始值被硬编码到应用程序中的变量。不过，对于更复杂的程序而言，肯定要从外部数据源中提取数据，再把数据显示给用户，允许用户添加、删除和编辑部分数据，以及把对数据所做的修改保存回原数据源中。本节主要讨论如何使用 C#语言来完成这些常规的任务。

2.3.1　SQL 简介

SQL 的全称是“结构化查询语言(Structured Query Language)”，它是用于与数据库通信的语言，最早是由 IBM 的圣约瑟研究实验室为其关系数据库管理系统 SYSTEM R 开发的一种查询语言，它的前身是 SQUARE 语言。

SQL 语言结构简洁，功能强大，简单易学，所以自从 IBM 公司于 1981 年推出以后，SQL 语言得到了广泛的应用。

如今，无论是像 Oracle、Sybase、Informix、SQL Server 这些大型的数据库管理系统，还是像 Visual FoxPro、PowerBuilder 这样的微机上常用的数据库开发系统，都支持 SQL 作为查询语言。

SQL(Structured Query Language)包含如下 4 个部分。

- 数据查询语句：SELECT。
- 数据操纵语句：INSERT、UPDATE、DELETE。
- 数据定义语句：CREATE、ALTER、DROP。
- 数据控制语句：COMMIT WORK、ROLLBACK WORK。

2.3.2　SQL 的优点

SQL 广泛地被采用，正说明了它的优点。它使全部用户，包括应用程序员、DBA 管理员和终端用户都受益匪浅。

(1)　是非过程化语言

SQL 是一个非过程化的语言，因为它一次处理一个记录，对数据提供自动导航。SQL 允许用户在高层的数据结构上工作，而不对单个记录进行操作，可操作记录集。所有 SQL 语句接受集合作为输入，返回集合作为输出。SQL 的集合特性允许一条 SQL 语句的结果作为另一条 SQL 语句的输入。SQL 不要求用户指定对数据的存放方法。这种特性，使用户更易集中精力于要得到的结果。所有 SQL 语句使用查询优化器，它是 RDBMS 的一部分，由它决定对指定数据存取的最快速度的手段。查询优化器知道存在什么索引，在哪儿使用合适，而用户从不需要知道表是否有索引，表有什么类型的索引。

(2)　是统一的语言

SQL 可用于所有用户的 DB 活动模型，包括系统管理员、数据库管理员、应用程序开发人员、决策支持系统人员及许多其他类型的终端用户。基本的 SQL 命令只需很少时间就能学会，最高级的命令在几天内便可掌握。SQL 为许多任务提供了命令，包括查询数据；在表中插入、修改和删除记录；控制对数据和数据对象的存取；保证数据库的一致性和完整性。以前的数据库管理系统为上述各类操作提供了单独的语言，而 SQL 将全部任务统一在一种语言中。

(3) 是所有关系数据库的公共语言

由于所有主要的关系数据库管理系统都支持 SQL 语言，用户可将使用 SQL 的技能从一个 RDBMS 转到另一个。所有用 SQL 编写的程序都是可以移植的。

2.3.3 从服务器资源管理器连接数据库

打开 Visual Studio .NET 时，服务器资源管理器在窗口的左边窗格中展开，如图 2-12 所示。如果没有展开，可以通过选择“视图”→“服务器资源管理器”菜单命令来展开。

图 2-12 服务器资源管理器

通过使用“数据库连接”，我们能够创建管理位于许多服务器上的许多数据库的连接。而且用户可以为许多不同的数据库服务器(SQL Server、Oracle、Access 等)创建连接，并把它们存储在这里。

下面以使用本地机器上的 Access 中的 Northwind 数据库为例，来创建连接。

(1) 右击服务器资源管理器中的“数据连接”，从弹出的快捷菜单中选择“添加连接”命令，弹出的对话框如图 2-13 所示。

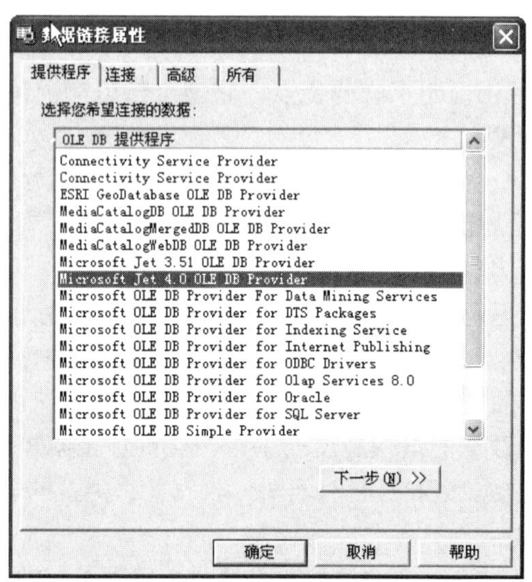

图 2-13 “数据链接属性”对话框

对于 SQL Server 来说，所选取的提供者是 Microsoft OLE DB Provider for SQL Server，因为它是我们希望进行连接的数据库服务器。如果想连接到 Oracle 上的数据库，则应该选择 Microsoft OLE DB Provider for Oracle。

(2) 在“提供程序”选项卡中选择 Microsoft Jet 4.0 OLE DB Provider，单击“下一步”按钮，新界面如图 2-14 所示。选择数据库名称，然后单击“确定”按钮，把新节点添加到数据连接节点下的树形结构上。

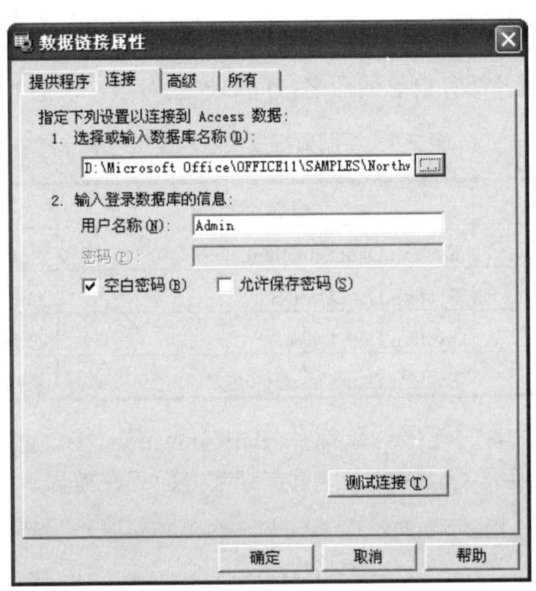

图 2-14　设置“连接”选项卡

(3) 单击新节点前面的加号，展开数据库。单击“表”节点前的加号，浏览数据库中的表，如图 2-15 所示。

服务器资源管理器
服务器
数据连接
ACCESS.D:\Microsoft
表
产品
订单
订单明细
供应商
雇员
客户
类别
运货商
视图
存储过程
服务器资源...
工具箱

起始页　产品：表(D...hwind.mdb)

产品ID	产品名称	供应商ID	类别ID	单位数量
1	苹果汁	1	1	每箱24瓶
2	牛奶	1	1	每箱24瓶
3	蕃茄酱	1	2	每箱12瓶
4	盐	2	2	每箱12瓶
5	麻油	2	2	每箱12瓶
6	酱油	3	2	每箱12瓶
7	海鲜粉	3	7	每箱30盒
8	胡椒粉	3	2	每箱30盒
9	鸡	4	6	每袋500克
10	蟹	4	8	每袋500克
11	大众奶酪	5	4	每袋6包
12	德国奶酪	5	4	每箱12瓶
13	龙虾	6	8	每袋500克
14	沙茶	6	7	每箱12瓶
15	味精	6	2	每箱30盒
16	饼干	7	3	每箱30盒
17	猪肉	7	6	每袋500克
18	墨鱼	9	8	每袋500克

图 2-15　浏览数据库中的表

2.4 连接数据库

在对数据库中的数据进行任何操作前，都需要建立与数据库的连接。连接到数据库的第一步，就是要根据数据提供者，创建连接对象。

2.4.1 .NET 中的连接对象

每个.NET 数据提供者都有自己的命名空间和连接对象。表 2-1 对它们进行了总结。

表 2-1 不同数据提供者的连接对象

.NET 数据提供者	命名空间	连接对象
SQL Server	System.Data.SqlClient	SqlConnection
OLE DB	System.Data.OleDb	OleDbConnection
ODBC	System.Data.Odbc	OdbcConnection
Oracle	System.Data.OracleClient	OracleConnection

每个.NET 数据提供者的连接对象都从 IDBConnction 接口继承一组通用的方法和属性，所有数据提供者都遵循类似的模式，只在细节方面存在差异。

2.4.2 C#连接 Access

C#连接 Access 时用到的是 OleDbConnection 连接对象，程序代码如下：

```
using System.Data;
using System.Data.OleDb;
...
string strConnection = "Provider=Microsoft.Jet.OleDb.4.0;";
strConnection += @"Data Source=C:\Northwind.mdb";

OleDbConnection objConnection = new OleDbConnection(strConnection);

objConnection.Open();
objConnection.Close();
```

连接 Access 数据库需要导入额外的命名空间，所以有了最前面的两条 using 命令，这是必不可少的。

strConnection 变量里存放的是连接数据库所需要的连接字符串，它指定了要使用的数据提供者和要使用的数据源。

用“Provider=Microsoft.Jet.OleDb.4.0;”指定数据提供者，这里使用的是 Microsoft Jet 引擎，也就是 Access 中的数据引擎，ASP.NET 就是靠这个引擎与 Access 数据库连接的。

用“Data Source=C:\Northwind.mdb”来指明数据源的具体位置，它的标准形式是“Data Source=MyDrive:\MyPath\MyFile.mdb”。

另外，还要注意以下一些事项。

(1) 位于“+=”后面的@符号是防止将后面字符串中的“\”被解析为转义字符。

(2) 如果要连接的数据库文件与当前文件在同一个目录下，还可以用如下方法连接：

```
strConnection += "Data Source=";
strConnection += MapPath("Northwind.mdb");
```

这样就可以免去写一大堆东西的麻烦了。

(3) 要注意，连接字符串中的参数之间，要用分号来分隔。

(4) 程序中“OleDbConnection objConnection = new OleDbConnection(strConnection);”这一句是利用定义好的连接字符串来建立了一个连接对象，以后对数据库的操作，我们都要用到这个对象。

(5) 程序中“objConnection.Open();”这句用来打开连接。

2.4.3　C#连接 SQL Server

C#连接 SQL Server 用到的是 SqlConnection 连接对象，程序代码如下：

```
using System.Data;
using System.Data.SqlClient;
...
string strConnection = "user id=sa;password=;";
strConnection += "initial catalog=Northwind;Server=YourSQLServer;";
strConnection += "Connect Timeout=30";

SqlConnection objConnection = new SqlConnection(strConnection);

objConnection.Open();
objConnection.Close();
```

连接 SQL Server 数据库的机制与连接 Access 的机制没有什么太大的区别，只是改变了 Connection 对象和连接字符串中的不同参数。首先，连接 SQL Server 使用的命名空间不是 System.Data.OleDb，而是 System.Data.SqlClient；其次，就是它的连接字符串。下面对参数进行逐个介绍(注意，参数间用分号分隔)。

(1) user id=sa;：连接数据库的验证用户名为 sa，它还有一个别名，即 uid，所以这句还可以写成 uid=sa;。

(2) password=;：连接数据库的验证密码为空，它的别名为 pwd，可以写为 pwd=;。

这里注意，SQL Server 必须已经设置了需要用户名和密码来登录，否则不能用这样的方式来登录。如果 SQL Server 设置为 Windows 登录，那么，在这里就不需要使用 user id 和 password 这样的方式来登录，而需要使用“Trusted_Connection=SSPI”来进行登录。

(3) initial catalog=Northwind;：使用的数据源为 Northwind 数据库，别名为 Database，本句可以写成 Database=Northwind;。

(4) Server=YourSQLServer;：使用名为 YourSQLServer 的服务器，它的别名为 Data Source、Address、Addr，若使用了本地数据库且定义了实例名，则可写为“Server=(local)\

实例名;”，如果是远程服务器，则将(local)替换为远程服务器的名称或 IP 地址。

(5) Connect Timeout=30：指定连接超时时间为 30 秒。

2.4.4 C#连接 Oracle

Oracle 提供者的命名空间是 System.Data.OracleClient。

像利用 ODBC 提供者一样，必须首先在自己的系统中下载并且安装 Oracle.NET 提供者，然后，在项目内添加对 System.Data.OracleClient.dll 组件的引用。

程序代码如下：

```
using System.Data.OracleClient;
using System.Data;

private void Button1_Click(object sender, System.EventArgs e)
{
    string ConnectionString =
      "SERVER=test;UID=root;PASSWORD=oracle;";  //写连接串

    OracleConnection conn =
      new OracleConnection(ConnectionString);  //创建一个新连接

    try
    {
        conn.Open();
        OracleCommand cmd = conn.CreateCommand();
        cmd.CommandText = "select * from MyTable";  //在这里写 SQL 语句

        OracleDataReader odr =
          cmd.ExecuteReader();   //创建一个 OracleDateReader 对象

        //读取数据，如果 odr.Read()返回为 false 的话，就说明到记录集的尾部了
        while(odr.Read())
        {
            Response.Write(odr.GetOracleString(1).ToString());  //输出字段 1
        }
        odr.Close();
    }
    catch(Exception ee)
    {
        Response.Write(ee.Message);  //如果有错误，则输出错误信息
    }
    finally
    {
        conn.Close();  //关闭连接
    }
}
```

在这个代码例子中，需要设置一个窗体，在窗体上放置一个 Button 按钮。当单击这个按钮的时候，连接数据库，并读取数据，输出字段值。

2.4.5　C#连接 MySQL

C#连接 MySQL 用到的是 OdbcConnection 连接对象。第一步是引用 System.Data 命名空间和提供者。ODBC 提供者使用 Microsoft 命名空间，因为它不是.NET Framework 的组成部分。然后创建 Connection 对象，打开数据源连接，指定连接字符串，作为构造函数的输入。

程序代码如下：

```
using Microsoft.Data.Odbc;
...

// 建立数据库连接
OdbcConnection DBConn;
DBConn = new OdbcConnection(
  "DRIVER = {MySQL ODBC 3.51 Driver}; "
  + "SERVER = localhost;"
  + "DATABASE = test;"
  + "UID = root;"
  + "PASSWORD = mysql;");

DBConn.Open();

// 执行查询语句
OdbcCommand DBComm;
DBComm = new OdbcCommand("select Host,User from user", DBConn);

// 读取数据
OdbcDataReader DBReader = DBComm.ExecuteReaderEx();

// 显示数据
try
{
    while (DBReader.Read())
    {
        Console.WriteLine(
          "Host = {0} and User = {1}",
          DBReader.GetString(0),
          DBReader.GetString(1));
    }
}
finally
{
```

```
    DBReader.Close();
    DBConn.Close();
}

//关闭数据库连接
DBConn.Close();
```

ODBC 连接字符串只是稍微与 OLE DB 的情况不同。与 OLE DB 提供者不同的是，它必须使用 DRIVER 子句来指定 ODBC 驱动程序。

第 3 章

俄罗斯方块游戏的编制

俄罗斯方块是一款风靡全球的电视游戏机和掌上游戏机游戏，它看似简单，但却变化无穷，令人玩起来上瘾。而且无数人最初进入游戏编程世界时，都是从编写俄罗斯方块游戏开始的，因为这既是一个检验 RAD 开发工具的好方法，也是验证一个人对开发语言、环境和基本数据结构知识熟悉程度的便捷途径。

3.1 程序概述

3.1.1 游戏的功能

俄罗斯方块是一款老少皆宜的游戏，它的基本功能，就是要求玩家移动和旋转自己窗口内落下的方块，方块在一行堆满后就可以自动消掉，如果方块堆积至窗口的顶端，则游戏结束。

系统默认设置为使用左边的窗口作为游戏区，主要用键盘上的上、左、右方向键来操作，按“←”键左移一格；按“→”键右移一格；按“↑”键旋转方块；按 Space 键则方块丢下(方块下落到底)。用户还可以通过自定义习惯的按键来操作游戏。

3.1.2 游戏的预览

游戏运行的主操作界面如图 3-1 所示。

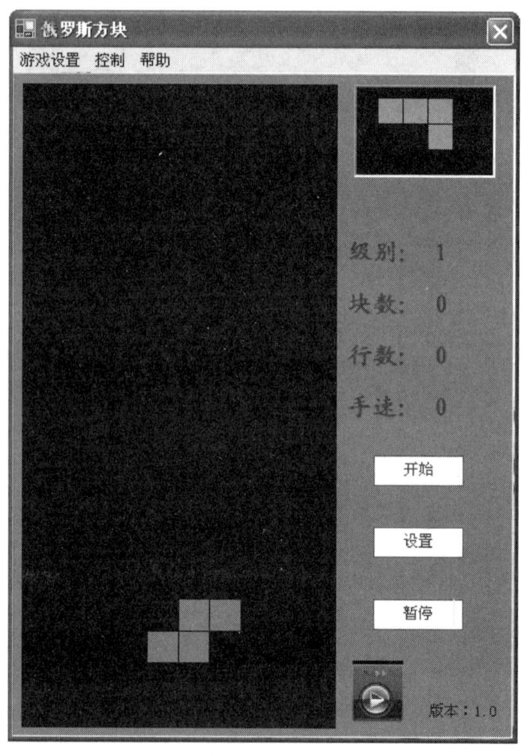

图 3-1　游戏的主操作界面

单击“设置”按钮，将会弹出“设置”对话框，如图 3-2 所示。

图 3-2　“设置”对话框

在“设置”对话框中可以设置游戏规则。可以进行键盘设置，还可以进行环境设置，包括设置游戏的难度。“开始级别”(默认是 1 级)可设置为 1~10 级，级别越高，则方块下落速度越快。

从菜单栏中选择“控制”→“打开音乐”命令，将会弹出“打开”对话框，如图 3-3 所示。

在“打开”对话框中，我们可以选择需要播放的背景音乐文件。

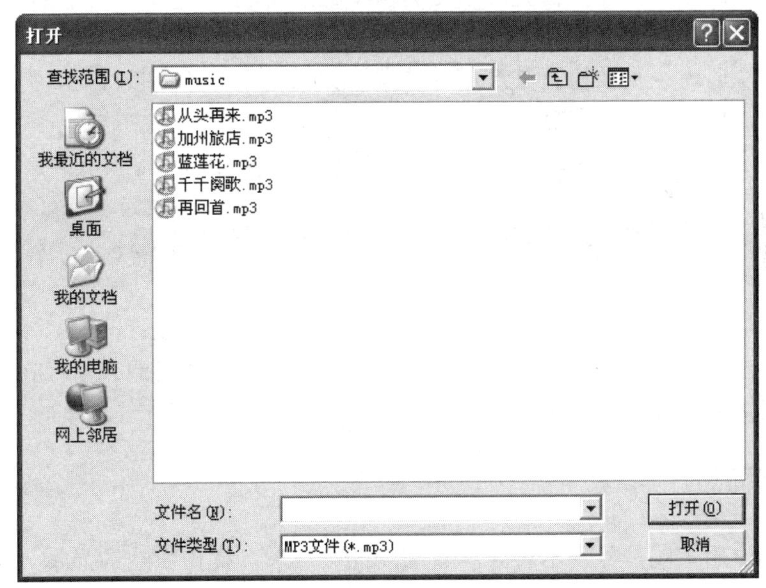

图 3-3　通过“打开”对话框来选择背景音乐

3.2 游戏的概要设计

3.2.1 游戏实现方案

屏幕上有一个 X 列 Y 层的区域，计算机自动产生了多种不同类型的方块，并出现在区域的最顶端；然后，每过一个固定时间间隔，向下落一层。玩家可以使用键盘控制方块向三个方向移动和旋转 90 度。不过，前提是方块移动和旋转后的位置必须是空的。当方块落到区域底部或者另一方块之上时，将停止移动，然后，新的方块会产生。当新方块无处放置的时候，游戏就结束了。

3.2.2 游戏逻辑设计

首先是定义游戏相关的数据存储方法，分为两个主要的部分，一个是当前的方块，需要保存位置、当前的旋转状态；另一个是屏幕区域的状态，可以用一个二维数组来表示。

其次，分析按键的含义，做出响应；响应模块包括“左”、“右”、“下”、“移动”和“旋转”几个模块，负责改变当前方块的状态数据。

画方块模块：位置移动后，把方块画到新的位置上。

检查模块：在每次状态改变之前，对方块企图占用的区域加以检查。如果无处可放，则此次移动失败。如果方块到底了，应该固定在当前位置，这可以调用前面的画方块模块来实现，同时，再产生一个新的方块。这样，还需要写一个产生新方块的模块。还有，当每次方块到底的时候，都需要检查一下是否有新的层排满了，如果有的话，应该消层。这就又需要写两个模块，检查是否排满和消层。

产生新方块时，也需要检查其产生的位置，如果这个位置已被占用，则游戏结束，这需要调用前面的检查模块来实现。

最后检查系统时间，规定过一个指定的时间间隔就调用一次方块下落模块。

3.3 游戏的详细设计及编码

在游戏的概要设计中，已解决了实现该游戏需要的方案和设计问题。本节将介绍系统的详细设计。在游戏的详细设计中，将确定如何具体地实现该游戏，从而在编码阶段可以把这个描述直接翻译成用具体的程序语言书写的程序。

3.3.1 主界面设计编码

主界面的作用，就是显示本游戏所有的功能菜单项，提供游戏的显示界面。在本界面中，共设计了 5 种控件，通过这些控件，玩家可以方便地控制游戏。各个控件的名称、作用和类型如表 3-1 所示。

另外，在界面中，还设置了一个 TextBox 控件。在界面操作中，把焦点一直放置在这个控件中，方便用户用键盘操作游戏方块。

表 3-1　主界面的控件设计

控件类型	控件名称	作　用
MainMenu	menuItem2	退出
	menuItem4	操作控制
	menuItem6	打开音乐
	menuItem7	帮助
Panel	panel1	显示游戏中当前的方块
	panel2	显示游戏中要出现的下一个方块
Label	label1	显示手速
	label2	显示行数
	label3	显示块数
	label4	显示级别
Button	button1	开始
	button3	打开游戏设置界面
	button4	暂停
Windows Media Player	axMediaPlayer1	音乐播放器

在游戏中，需要保存用户自定义的一些设置，本游戏中，把设置保存到 setting.cob 文件中，并在界面加载的时候调用。

主界面 Load 事件的代码如下所示：

```
//例 3-1：主界面 Load 事件的代码
private void MainForm_Load(object sender, System.EventArgs e)
{
    this.Initiate();
}
private void Initiate()
{
    try
    {
        XmlDocument doc = new XmlDocument();
        doc.Load("c:\\setting.ini");
        XmlNodeList nodes = doc.DocumentElement.ChildNodes;
        this.startLevel = Convert.ToInt32(nodes[0].InnerText);
        this.level = this.startLevel;
        this.trans = Convert.ToBoolean(nodes[1].InnerText);
        keys = new Keys[5];
        for(int i=0; i<nodes[2].ChildNodes.Count; i++)
        {
            KeysConverter kc = new KeysConverter();
            this.keys[i] =
            (Keys)(kc.ConvertFromString(nodes[2].ChildNodes[i].InnerText));
```

```
        }
    }
    catch
    {
        this.trans = false;
        keys = new Keys[5];
        keys[0] = Keys.Left;
        keys[1] = Keys.Right;
        keys[2] = Keys.Down;
        keys[3] = Keys.NumPad8;
        keys[4] = Keys.NumPad9;
        this.level = 1;
        this.startLevel = 1;
    }
    this.timer1.Interval = 500-50*(level-1);
    this.label4.Text = "级别: " + this.startLevel;
    if(trans)
    {
        this.TransparencyKey = Color.Black;
    }
}
```

游戏设置保存代码如下所示：

```
//例 3-2：游戏设置保存代码
private void SaveSetting()
{
    try
    {
        XmlDocument doc = new XmlDocument();
        XmlDeclaration xmlDec =
          doc.CreateXmlDeclaration("1.0", "gb2312", null);

        XmlElement setting = doc.CreateElement("SETTING");
        doc.AppendChild(setting);

        XmlElement level = doc.CreateElement("LEVEL");
        level.InnerText = this.startLevel.ToString();
        setting.AppendChild(level);

        XmlElement trans = doc.CreateElement("TRANSPARENT");
        trans.InnerText = this.trans.ToString();
        setting.AppendChild(trans);

        XmlElement keys = doc.CreateElement("KEYS");
        setting.AppendChild(keys);
        foreach(Keys k in this.keys)
```

```
        {
            KeysConverter kc = new KeysConverter();
            XmlElement x = doc.CreateElement("SUBKEYS");
            x.InnerText = kc.ConvertToString(k);
            keys.AppendChild(x);
        }

        XmlElement root = doc.DocumentElement;
        doc.InsertBefore(xmlDec, root);
        doc.Save("c:\\setting.ini");
    }
    catch(Exception xe)
    {
        MessageBox.Show(xe.Message);
    }
}
```

用“开始”按钮的事件来设置 Label 的显示文本、开始计时并设置时间间隔，及调用生成方块的函数。主要代码如下所示：

```
//例 3-3: “开始”按钮事件的代码
private void button1_Click(object sender, System.EventArgs e)
{
    this.Start();
    this.textBox1.Focus();
}
private void Start()
{
    this.block = null;
    this.nextBlock = null;
    this.label1.Text = "手速: 0";
    this.label2.Text = "块数: 0";
    this.label3.Text = "行数: 0";
    this.label4.Text = "级别: " + this.startLevel;
    this.level = this.startLevel;
    this.timer1.Interval = 500-50*(level-1); //方块生成的时间间隔
    this.paused = false;
    this.failed = false;
    this.panel1.Invalidate();
    this.panel2.Invalidate();
    this.nextShapeNO = 0;
    this.CreateBlock(); //生成当前方块
    this.CreateNextBlock(); //生成下个方块
    this.timer1.Enabled = true;
    this.atStart = DateTime.Now;
    this.pauseTime = new TimeSpan(0);
}
```

在“开始”按钮事件中，调用了生成当前方块函数 CreateBlock()和生成下个方块的函数 CreateNextBlock()。在这两个函数中，定义了方块出现的位置、颜色，随机生成方块的形状，并调用 Block 类中的 block()函数，在相应的位置显示。

这两个函数的代码如下所示：

```
//例 3-4：CreateBlock 和 CreateNextBlock 函数的代码
private bool CreateBlock()
{
    Point firstPos;
    Color color;
    if(this.nextShapeNO == 0)
    {
        Random rand = new Random();
        this.nextShapeNO = rand.Next(1, 8);
    }
    switch(this.nextShapeNO)
    {
    case 1: //田
        firstPos = new Point(4, 0);
        color = Color.Turquoise;
        break;
    case 2: //一
        firstPos = new Point(3, 0);
        color = Color.Red;
        break;
    case 3: //土
        firstPos = new Point(4, 0);
        color = Color.Silver;
        break;
    case 4: //Z
        firstPos = new Point(4, 0);
        color = Color.LawnGreen;
        break;
    case 5: //倒 Z
        firstPos = new Point(4, 1);
        color = Color.DodgerBlue;
        break;
    case 6: //L
        firstPos = new Point(4, 0);
        color = Color.Yellow;
        break;
    default: //倒 L
        firstPos = new Point(4, 0);
        color = Color.Salmon;
        break;
    }
```

```
    if(this.block == null)
    {
        block = new Block(this.panel1, 9, 19, 25,
                          this.nextShapeNO, firstPos,color);
    }
    else
    {
        if(!block.GeneBlock(this.nextShapeNO, firstPos, color))
        {
            return false;
        }
    }
    block.EraseLast();
    block.Move(2);
    return true;
}
private void CreateNextBlock()
{
    Random rand = new Random();
    this.nextShapeNO = rand.Next(1, 8);
    Point firstPos;
    Color color;
    switch(this.nextShapeNO)
    {
    case 1: //田
        firstPos = new Point(1, 0);
        color = Color.Turquoise;
        break;
    case 2: //一
        firstPos = new Point(0, 1);
        color = Color.Red;
        break;
    case 3: //土
        firstPos = new Point(0, 0);
        color = Color.Silver;
        break;
    case 4: //Z
        firstPos = new Point(0, 0);
        color = Color.LawnGreen;
        break;
    case 5: //倒 Z
        firstPos = new Point(0, 1);
        color = Color.DodgerBlue;
        break;
    case 6: //L
        firstPos = new Point(0, 0);
```

```
        color = Color.Yellow;
        break;
    default: //倒 L
        firstPos = new Point(0, 0);
        color = Color.Salmon;
        break;
    }
    if(nextBlock == null)
        nextBlock = new Block(this.panel2, 3, 1, 20,
          this.nextShapeNO, firstPos, color);
    else
    {
        nextBlock.GeneBlock(this.nextShapeNO, firstPos, color);
        nextBlock.EraseLast();
    }
}
```

用“设置”按钮打开游戏设置对话框，并使游戏暂停，代码如下所示：

```
//例 3-5: “设置”按钮事件的代码
private void button3_Click(object sender, System.EventArgs e)
{
    if(!paused)
    {
        this.atPause = DateTime.Now;
        this.paused = true;
        this.timer1.Stop();
    }
    sform = new ControlForm();
    sform.SetOptions(this.keys, this.startLevel, this.trans);
    sform.DialogResult = DialogResult.Cancel;

    sform.ShowDialog();
    if(sform.DialogResult == DialogResult.OK)
    {
        sform.GetOptions(
          ref this.keys, ref this.startLevel, ref this.trans);
        this.level = this.startLevel;
        this.label4.Text = "级别: " + this.level;
        this.timer1.Interval = 500-50*(level-1);
        if(this.trans)
        {
            this.TransparencyKey = Color.Black;
        }
        else
            this.TransparencyKey = Color.Transparent;
    }
```

```
    this.paused = false;
    this.pauseTime += DateTime.Now - this.atPause;
    this.timer1.Start();
    this.textBox1.Focus();
}
```

用“暂停”按钮使游戏暂停，代码如下所示：

```
//例 3-6：“暂停”按钮事件的代码
private void button4_Click(object sender, System.EventArgs e)
{
    if(!this.failed)
    {
        if(paused)
        {
            this.pauseTime += DateTime.Now - this.atPause;
            paused = false;
            this.timer1.Start();
        }
        else
        {
            this.atPause = DateTime.Now;
            paused = true;
            this.timer1.Stop();
        }
    }
    this.textBox1.Focus();
}
```

菜单项 menuItem6 响应打开音乐事件，并播放音乐，在该操作中，必须首先加入一个 COM 组件 Windows Media Player。该事件的代码如下所示：

```
//例 3-7：打开音乐事件的代码
private void menuItem6_Click(object sender, System.EventArgs e)
{
    OpenFileDialog ofDialog = new OpenFileDialog();
    ofDialog.AddExtension = true;
    ofDialog.CheckFileExists = true;
    ofDialog.CheckPathExists = true;
    //the next sentence must be in single line
    ofDialog.Filter = "MP3 文件(*.mp3)|*.mp3|Audio 文件(*.avi)|*.avi|VCD 文件
(*.dat)|*.dat|WAV 文件(*.wav)|*.wav|所有文件 (*.*)|*.*";
    ofDialog.DefaultExt = "*.mp3";
    if(ofDialog.ShowDialog() == DialogResult.OK)
    {
        this.axMediaPlayer1.URL = ofDialog.FileName;
    }
}
```

3.3.2 游戏控制设置设计编码

本界面的作用，就是设置本游戏中的操作键，使玩家更方便地玩游戏。在本界面中，共设计了 4 种控件，供用户设置，各个控件的名称、作用和类型如表 3-2 所示。

表 3-2 控制设置界面的控件设计

控件类型	作 用
TextBox	键盘设置
ComboBox	级别设置
Checkbox	界面样式设置
Button	确定与取消

每个 TextBox 控件响应键盘事件并接受键盘的输入值，代码如下所示：

```
//例 3-8：TextBox 的键盘响应事件的代码
private void textBox1_KeyDown(object sender,
  System.Windows.Forms.KeyEventArgs e)
{
   this.ChangeKey(textBox1, e, 0);
}

private void textBox2_KeyDown(object sender,
  System.Windows.Forms.KeyEventArgs e)
{
   this.ChangeKey(textBox2, e, 1);
}

private void textBox3_KeyDown(object sender,
  System.Windows.Forms.KeyEventArgs e)
{
   this.ChangeKey(textBox3, e, 2);
}

private void textBox4_KeyDown(object sender,
  System.Windows.Forms.KeyEventArgs e)
{
   this.ChangeKey(textBox4, e, 3);
}

private void textBox5_KeyDown(object sender,
  System.Windows.Forms.KeyEventArgs e)
{
   this.ChangeKey(textBox5, e, 4);
}
```

```
private void ChangeKey(TextBox textBox,
  System.Windows.Forms.KeyEventArgs e, int i)
{
    if((e.KeyValue>=32 && e.KeyValue<=40) || (e.KeyValue>=45
      && e.KeyValue<=46) || (e.KeyValue>=48 && e.KeyValue<=57)
      || (e.KeyValue>=65 && e.KeyValue<=90)
      || (e.KeyValue>=96 && e.KeyValue<=107)
      || (e.KeyValue>=109 && e.KeyValue<=111)
      || (e.KeyValue>=186 && e.KeyValue<=192)
      || (e.KeyValue>=219 && e.KeyValue<=222))
    {
        textBox.Text = e.KeyCode.ToString();
        this.keys[i] = e.KeyCode;
    }
}
```

ComboBox 控件选择游戏等级，代码如下所示：

```
//例 3-9：ComboBox 控件事件的代码
private void comboBox1_SelectedIndexChanged(
  object sender, System.EventArgs e)
{
    this.level = comboBox1.SelectedIndex + 1;
}
```

CheckBox 控件改变界面的显示模式，代码如下所示：

```
//例 3-10：CheckBox 控件事件的代码
private void checkBox2_CheckedChanged(object sender, System.EventArgs e)
{
    if(this.checkBox2.Checked == true)
    {
        this.trans = true;
    }
    else
        this.trans = false;
}
```

从界面中得到输入值，并传递到参数，并在主界面中得到调用，代码如下所示：

```
//例 3-11：参数设置代码
public void SetOptions(Keys[] keys, int level, bool trans)
{
    for(int i=0; i<this.keys.Length; i++)
    {
        this.keys[i] = keys[i];
    }
    textBox1.Text = keys[0].ToString();
    textBox2.Text = keys[1].ToString();
```

```
    textBox3.Text = keys[2].ToString();
    textBox4.Text = keys[3].ToString();
    textBox5.Text = keys[4].ToString();

    this.level = level;
    this.comboBox1.SelectedIndex = level - 1;
    this.trans = trans;
    if(trans)
    {
        this.checkBox2.Checked = true;
    }
}
public void GetOptions(ref Keys[] keys, ref int level, ref bool trans)
{
    keys = this.keys;
    level = this.level;
    trans = this.trans;
}
```

3.3.3 游戏方块设计编码

在本部分中，设计了方块的形状号、绘图控件、当前位置、上一次位置、左边界、下边界、当前块颜色，并定义了方块移动的函数，代码如下所示：

```
//例 3-12：方块设计代码
using System;
using System.Drawing;
using System.Windows.Forms;

namespace RussiaBlock
{
    /// <summary>
    /// Block 的摘要说明。
    /// </summary>
    public class Block
    {
        public Block(Control con, int leftBorder, int bottomBorder,
          int unitPix, int shapeNO, Point firstPos, Color color)
        {
            this.con = con;
            this.leftBorder = leftBorder;
            this.bottomBorder = bottomBorder;
            this.unitPix = unitPix;
            this.SetPos(shapeNO, firstPos);
            this.color = color;
            this.huji = new bool[leftBorder+1, bottomBorder+1];
```

```
        this.iori = new Color[leftBorder+1, bottomBorder+1];
        this.lastPos = new Point[4];
    }
    private int shapeNO; //形状号
    private Control con; //绘图控件
    private Point[] pos; //当前位置
    private Point[] lastPos; //上一次位置
    private int leftBorder; //左边界
    private int bottomBorder; //下边界
    private int unitPix; //每块像素数
    private int blockNum = 0;
    private int rowDelNum = 0;
    private bool[,] huji;
    private Color[,] iori;
    private Color color; //当前块的颜色
    public void EraseLast()
    {
        foreach(Point p in this.lastPos)
        {
            this.con.Invalidate(new Rectangle(p.X*unitPix,
             p.Y*unitPix, unitPix+1, unitPix+1));
        }
    }
    private void SetLastPos()
    {
        for(int i=0; i<this.pos.Length; i++)
        {
            this.lastPos[i] = this.pos[i];
        }
    }

    private void SetPos(int shapeNO, Point firstPos)
    {
        this.shapeNO = shapeNO;
        this.pos = new Point[4];
        pos[0] = firstPos;
        switch(shapeNO)
        {
        case 1:
            pos[1] = new Point(firstPos.X+1, firstPos.Y);
            pos[2] = new Point(firstPos.X, firstPos.Y+1);
            pos[3] = new Point(firstPos.X+1, firstPos.Y+1);
            break;
        case 2:
            pos[1] = new Point(firstPos.X+1, firstPos.Y);
            pos[2] = new Point(firstPos.X+2, firstPos.Y);
```

```
            pos[3] = new Point(firstPos.X+3, firstPos.Y);
            break;
        case 3:
            pos[1] = new Point(firstPos.X+1, firstPos.Y);
            pos[2] = new Point(firstPos.X+1, firstPos.Y+1);
            pos[3] = new Point(firstPos.X+2, firstPos.Y);
            break;
        case 4:
            pos[1] = new Point(firstPos.X+1, firstPos.Y);
            pos[2] = new Point(firstPos.X+1, firstPos.Y+1);
            pos[3] = new Point(firstPos.X+2, firstPos.Y+1);
            break;
        case 5:
            pos[1] = new Point(firstPos.X+1, firstPos.Y);
            pos[2] = new Point(firstPos.X+1, firstPos.Y-1);
            pos[3] = new Point(firstPos.X+2, firstPos.Y-1);
            break;
        case 6:
            pos[1] = new Point(firstPos.X, firstPos.Y+1);
            pos[2] = new Point(firstPos.X+1, firstPos.Y);
            pos[3] = new Point(firstPos.X+2, firstPos.Y);
            break;
        default:
            pos[1] = new Point(firstPos.X+1, firstPos.Y);
            pos[2] = new Point(firstPos.X+2, firstPos.Y);
            pos[3] = new Point(firstPos.X+2, firstPos.Y+1);
            break;
    }
}

private bool CanMove(int direction)
{
    bool canMove = true;
    if(direction == 0)
    {
        foreach(Point p in this.pos)
        {
            if(p.X-1<0 || this.huji[p.X-1, p.Y])
            {
                canMove = false;
                break;
            }
        }
    }
    else if(direction == 1)
    {
```

```
            foreach(Point p in this.pos)
            {
                if(p.X+1>this.leftBorder || this.huji[p.X+1,p.Y])
                {
                    canMove = false;
                    break;
                }
            }
        }
        else
        {
            foreach(Point p in this.pos)
            {
                if(p.Y+1>this.bottomBorder || this.huji[p.X,p.Y+1])
                {
                    canMove = false;
                    break;
                }
            }
        }
        return canMove;
    }

    private bool CanRotate(Point[] pos)
    {
        bool canRotate = true;
        foreach(Point p in pos)
        {
            if(p.X<0 || p.X>this.leftBorder || p.Y<0
              || p.Y>this.bottomBorder || this.huji[p.X,p.Y])
            {
                canRotate = false;
                break;
            }
        }
        if(canRotate == true)
            this.SetLastPos();
        return canRotate;
    }
    private void DelRows()
    {
        int count = 0;
        int highRow = 20;
        int lowRow = -1;
        int[] delRow = {-1, -1, -1, -1};
        foreach(Point p in this.pos)
```

```
{
    if(p.Y==highRow || p.Y==lowRow)
        continue;
    int i;
    for(i=0; i<this.huji.GetLength(0); i++)
        if(huji[i,p.Y] == false)
            break;
    if(i == this.huji.GetLength(0))
    {
        delRow[count] = p.Y;
        if(p.Y < highRow)
            highRow = p.Y;
        if(p.Y > lowRow)
            lowRow = p.Y;
        count++;
    }
}

if(count > 0)
{
    //-------------------------------------------------------
    Graphics gra = con.CreateGraphics();
    foreach(Point p in this.lastPos)
    {
        gra.FillRectangle(new SolidBrush(con.BackColor),
          p.X*this.unitPix, p.Y*unitPix, 25, 25);
    }
    foreach(Point p in this.pos)
    {
        this.DrawOne(p.X, p.Y, this.color, gra);
    }
    foreach(int i in delRow)
    {
        if(i > 0)
        {
            for(int j=0; j<this.huji.GetLength(0); j++)
            {
                gra.FillRectangle(new
                  SolidBrush(Color.FromArgb(60,Color.Black)),
                  j*this.unitPix, i*unitPix, 25, 25);
            }
        }
    }
    System.Threading.Thread.CurrentThread.Join(180);

    //-------------------------------------------------------
```

```
if(count==2 && lowRow-highRow>1)
{
    for(int i=lowRow; i>highRow+1; i--)
    {
        for(int j=0; j<this.huji.GetLength(0); j++)
        {
            this.huji[j,i] = this.huji[j, i-1];
            this.iori[j,i] = this.iori[j, i-1];
        }
    }
    for(int i=highRow; i>=count; i--)
    {
        for(int j=0; j<this.huji.GetLength(0); j++)
        {
            this.huji[j,i+1] = this.huji[j,i-1];
            this.iori[j,i+1] = this.iori[j,i-1];
        }
    }
}
else if(count==3 && lowRow-highRow>2)
{
    int midRow = -1;
    foreach(int row in delRow)
    {
        if(row!=highRow && row!=lowRow)
        {
            midRow = row;
            break;
        }
    }
    for(int j=0; j<this.huji.GetLength(0); j++)
    {
        this.huji[j,lowRow] =
          this.huji[j, lowRow+highRow-midRow];
    }
    for(int i=highRow; i>=count; i--)
    {
        for(int j=0; j<this.huji.GetLength(0); j++)
        {
            this.huji[j,i+2] = this.huji[j,i-1];
            this.iori[j,i+2] = this.iori[j,i-1];
        }
    }
}
else
```

```
            {
                for(int i=lowRow; i>=count; i--)
                {
                    for(int j=0; j<this.huji.GetLength(0); j++)
                    {
                        this.huji[j,i] = this.huji[j,i-count];
                        this.iori[j,i] = this.iori[j,i-count];
                    }
                }
            }
            for(int i=0; i<count; i++)
            {
                for(int j=0; j<this.huji.GetLength(0); j++)
                {
                    this.huji[j,i] = false;
                }
                PlaySound.Sound.Play(@"\sound\security.wav");
            }
            con.Invalidate(
              new Rectangle(0, 0, con.Width, (lowRow+1)*this.unitPix));
            this.rowDelNum += count;
        }
    }
    public void FixBlock()
    {
        this.blockNum++;
        foreach(Point p in this.pos)
        {
            this.huji[p.X,p.Y] = true;
            this.iori[p.X,p.Y] = this.color;
        }
        this.DelRows();
    }

    public bool GeneBlock(int shapeNO, Point firstPos, Color color)
    {
        this.SetLastPos();
        this.EraseLast();
        this.SetPos(shapeNO, firstPos);
        if(!this.CanRotate(this.pos))
        {
            this.pos = null;
            return false;
        }
        else
        {
```

```
            this.color = color;
            return true;
        }
    }
    public bool Rotate()
    {
        bool rotated = true;
        Point[] temp = {pos[0], pos[1], pos[2], pos[3]};
        switch(this.shapeNO)
        {
        case 1:
            rotated = false;
            break;
        case 2:
            temp[0].Offset(2, 2);
            temp[1].Offset(1, 1);
            temp[3].Offset(-1, -1);
            if(this.CanRotate(temp))
            {
                this.pos[0].Offset(2, 2);
                this.pos[1].Offset(1, 1);
                this.pos[3].Offset(-1, -1);
                this.shapeNO = 8;
            }
            else
                rotated = false;
            break;
        case 3:
            temp[0].Offset(1, -1);
            if(this.CanRotate(temp))
            {
                this.pos[0].Offset(1, -1);
                this.shapeNO = 9;
            }
            else
                rotated = false;
            break;
        case 4:
            temp[0].Offset(2, 0);
            temp[1].Offset(0, 2);
            if(this.CanRotate(temp))
            {
                this.pos[0].Offset(2, 0);
                this.pos[1].Offset(0, 2);
                this.shapeNO = 12;
            }
```

```
        else
        {
            rotated = false;
        }
        break;
    case 5:
        temp[2].Offset(-1, 0);
        temp[3].Offset(-1, 2);
        if(this.CanRotate(temp))
        {
            this.pos[2].Offset(-1, 0);
            this.pos[3].Offset(-1, 2);
            this.shapeNO = 13;
        }
        else
        {
            rotated = false;
        }
        break;
    case 6:
        temp[0].Offset(1, 1);
        temp[1].Offset(2, 0);
        temp[3].Offset(-1, -1);
        if(this.CanRotate(temp))
        {
            this.pos[0].Offset(1, 1);
            this.pos[1].Offset(2, 0);
            this.pos[3].Offset(-1, -1);
            this.shapeNO = 14;
        }
        else
        {
            rotated = false;
        }
        break;
    case 7:
        temp[0].Offset(1, 1);
        temp[2].Offset(-1, -1);
        temp[3].Offset(0, -2);
        if(this.CanRotate(temp))
        {
            this.pos[0].Offset(1, 1);
            this.pos[2].Offset(-1, -1);
            this.pos[3].Offset(0, -2);
            this.shapeNO = 17;
        }
```

```
        else
        {
            rotated = false;
        }
        break;

    case 8:
        temp[0].Offset(-2, -2);
        temp[1].Offset(-1, -1);
        temp[3].Offset(1, 1);
        if(this.CanRotate(temp))
        {
            this.pos[0].Offset(-2, -2);
            this.pos[1].Offset(-1, -1);
            this.pos[3].Offset(1, 1);
            this.shapeNO = 2;
        }
        else
            rotated = false;
        break;
    case 9:
        temp[2].Offset(-1, -1);
        if(this.CanRotate(temp))
        {
            this.pos[2].Offset(-1, -1);
            this.shapeNO = 10;
        }
        else
            rotated = false;
        break;
    case 10:
        temp[3].Offset(-1, 1);
        if(this.CanRotate(temp))
        {
            this.pos[3].Offset(-1, 1);
            this.shapeNO = 11;
        }
        else
            rotated = false;
        break;
    case 11:
        temp[0].Offset(-1, 1);
        temp[2].Offset(1, 1);
        temp[3].Offset(1, -1);
        if(this.CanRotate(temp))
        {
```

```
            this.pos[0].Offset(-1, 1);
            this.pos[2].Offset(1, 1);
            this.pos[3].Offset(1, -1);
            this.shapeNO = 3;
        }
        else
            rotated = false;
        break;
    case 12:
        temp[0].Offset(-2, 0);
        temp[0].Offset(0, -2);
        if(this.CanRotate(temp))
        {
            this.pos[0].Offset(-2, 0);
            this.pos[1].Offset(0, -2);
            this.shapeNO = 4;
        }
        else
        {
            rotated = false;
        }
        break;
    case 13:
        temp[2].Offset(1, 0);
        temp[3].Offset(1, -2);
        if(this.CanRotate(temp))
        {
            this.pos[2].Offset(1, 0);
            this.pos[3].Offset(1, -2);
            this.shapeNO = 5;
        }
        else
        {
            rotated = false;
        }
        break;
    case 14:
        temp[2].Offset(1, 0);
        temp[3].Offset(-1, 2);
        if(this.CanRotate(temp))
        {
            this.pos[2].Offset(1, 0);
            this.pos[3].Offset(-1, 2);
            this.shapeNO = 15;
        }
        else
```

```
        {
            rotated = false;
        }
        break;
    case 15:
        temp[1].Offset(-1, -1);
        temp[2].Offset(-1, -1);
        temp[3].Offset(0, -2);
        if(this.CanRotate(temp))
        {
            this.pos[1].Offset(-1, -1);
            this.pos[2].Offset(-1, -1);
            this.pos[3].Offset(0, -2);
            this.shapeNO = 16;
        }
        else
        {
            rotated = false;
        }
        break;
    case 16:
        temp[0].Offset(-1, -1);
        temp[1].Offset(-1, 1);
        temp[2].Offset(0, 1);
        temp[3].Offset(2, 1);
        if(this.CanRotate(temp))
        {
            this.pos[0].Offset(-1, -1);
            this.pos[1].Offset(-1, 1);
            this.pos[2].Offset(0, 1);
            this.pos[3].Offset(2, 1);
            this.shapeNO = 6;
        }
        else
        {
            rotated = false;
        }
        break;
    case 17:
        temp[0].Offset(1, -1);
        temp[2].Offset(-1, 1);
        temp[3].Offset(-2, 0);
        if(this.CanRotate(temp))
        {
            this.pos[0].Offset(1, -1);
            this.pos[2].Offset(-1, 1);
```

```
            this.pos[3].Offset(-2, 0);
            this.shapeNO = 18;
        }
        else
        {
            rotated = false;
        }
        break;
    case 18:
        temp[0].Offset(-1, -1);
        temp[2].Offset(1, 1);
        temp[3].Offset(0, 2);
        if(this.CanRotate(temp))
        {
            this.pos[0].Offset(-1, -1);
            this.pos[2].Offset(1, 1);
            this.pos[3].Offset(0, 2);
            this.shapeNO = 19;
        }
        else
        {
            rotated = false;
        }
        break;
    case 19:
        temp[0].Offset(-1, 1);
        temp[2].Offset(1, -1);
        temp[3].Offset(2, 0);
        if(this.CanRotate(temp))
        {
            this.pos[0].Offset(-1, 1);
            this.pos[2].Offset(1, -1);
            this.pos[3].Offset(2, 0);
            this.shapeNO = 7;
        }
        else
        {
            rotated = false;
        }
        break;
    }
    return rotated;
}
public bool Move(int direction)
{
    int offx=0, offy=0;
```

```
    if(direction==0 && this.CanMove(0)) //左
    {
        offx = -1;
        offy = 0;
    }
    else if(direction==1 && this.CanMove(1)) //右
    {
        offx = 1;
        offy = 0;
    }
    else if(direction==2 && this.CanMove(2)) //下
    {
        offx = 0;
        offy = 1;
    }
    else
    {
        return false;
    }
    this.SetLastPos();
    for(int i=0; i<this.pos.Length; i++)
    {
        pos[i].Offset(offx, offy);
    }
    return true;
}

public void Drop()
{
    if(this.CanMove(2))
        this.SetLastPos();
    while(this.CanMove(2))
    {
        for(int i=0; i<this.pos.Length; i++)
        {
            pos[i].Offset(0, 1);
        }
    }
}

private void DrawOne(int x, int y, Color color, Graphics gra)
{
    gra.FillRectangle(new SolidBrush(color), x*unitPix+1,
      y*unitPix+1, this.unitPix-1, this.unitPix-1);
    gra.DrawRectangle(new Pen(Color.Black,1), x*unitPix,
      y*unitPix, unitPix, unitPix);
```

```
    }

    public void DrawBlocks(Rectangle rec)
    {
        Graphics gra = this.con.CreateGraphics();
        if(this.pos != null)
        {
            foreach(Point p in this.pos)
            {
                this.DrawOne(p.X, p.Y, this.color, gra);
            }
        }
        int x = rec.Height - 1; //special for eraselast()'s size+1
        int y = rec.Width - 1;
        if((x==this.unitPix && y==4*this.unitPix)
          || (x==2*unitPix && y==2*unitPix)
          || (x==2*unitPix && y==3*unitPix)
          || (x==3*unitPix && y==2*unitPix)
          || (x==4*unitPix && y==unitPix))
            return;
        else
        {
            for(int i=this.huji.GetLength(0)-1; i>=0; i--)
            {
                for(int j=this.huji.GetLength(1)-1; j>=0; j--)
                {
                    if(huji[i,j]==true && i*unitPix-rec.Left>-unitPix
                      && i*unitPix<rec.Right
                      && j*unitPix-rec.Top>-unitPix
                      && j*unitPix<rec.Bottom)
                    {
                        this.DrawOne(i, j, this.iori[i,j], gra);
                    }
                }
            }
        }
    }

    public int BlockNum
    {
        get
        {
            return this.blockNum;
        }
    }
    public int RowDelNum
```

```
        {
            get
            {
                return this.rowDelNum;
            }
        }
    }
}
```

3.3.4　游戏声音设计编码

在声音设计的过程中，要求调用动态链接库 winmm.dll，在播放声音的时候，调用函数 Play(@“strFileName”)即可。实现代码如下所示：

```
//例 3-13：声音设置代码
internal class Helpers1
{
    [Flags]
    public enum PlaySoundFlags : int
    {
        SND_SYNC = 0x0000,
        SND_ASYNC = 0x0001,
        SND_NODEFAULT = 0x0002,
        SND_MEMORY = 0x0004,
        SND_LOOP = 0x0008,
        SND_NOSTOP = 0x0010,
        SND_NOWAIT = 0x00002000,
        SND_ALIAS = 0x00010000,
        SND_ALIAS_ID = 0x00110000,
        SND_FILENAME = 0x00020000,
        SND_RESOURCE = 0x00040004
    }

    [DllImport("winmm.dll")]
    public static extern bool PlaySound(
      string szSound, IntPtr hMod, PlaySoundFlags flags);
}
public class Sound
{
    public static void Play(string strFileName)
    {
        Helpers1.PlaySound(strFileName, IntPtr.Zero,
          Helpers1.PlaySoundFlags.SND_FILENAME
          | Helpers1.PlaySoundFlags.SND_ASYNC);
    }
}
```

本 章 小 结

本章通过开发俄罗斯方块游戏，介绍了简单游戏的开发过程，虽然功能不是很完善，但其中所展示的思考问题方法和技巧，以及一些编程的技巧还是值得借鉴的。通过本章的学习，读者应该对游戏的开发过程有一个简单的、清晰的认识。

第4章

贪吃蛇游戏的编制

贪吃蛇游戏与俄罗斯方块游戏一样风靡全球，而且原理基本相似，是游戏编程人员入门学习的首选。

4.1 程序概述

4.1.1 游戏的功能

游戏贪吃蛇就是在屏幕上画出蛇，同时随机地给出食物。游戏者通过键盘操作来控制贪吃蛇的移动，去吃食物，吃到后食物消失，然后再随机给出食物，同时蛇的身体增长，分数相应增加，当蛇碰撞到墙壁时，或碰撞到自身身体时，就死亡。画蛇的原理就是利用人眼的视觉暂留效应，先将蛇头向前移动一格，然后所有蛇身依次向前移动一格。

4.1.2 游戏的预览

游戏运行的主操作界面如图 4-1 所示。

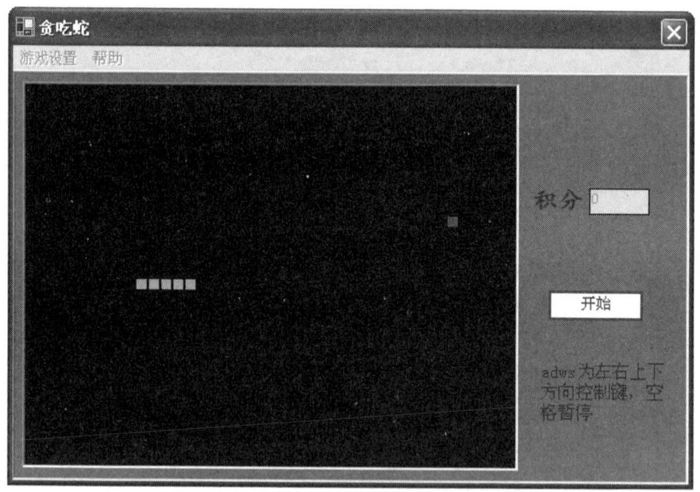

图 4-1　主操作界面

在菜单栏中，通过“游戏设置”菜单，可以选择“颜色设置”命令，来设置蛇体和食物的颜色，“颜色选择”对话框如图 4-2 所示。

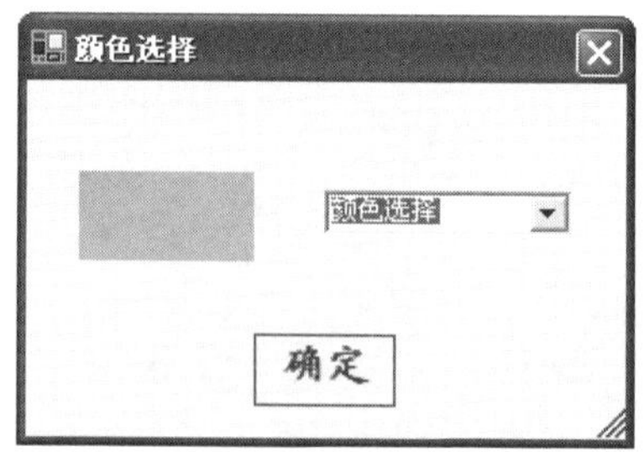

图 4-2　“颜色选择”对话框

在菜单栏的“游戏设置”菜单中选择“难度选择”命令，可以选择游戏的难度，共分四个级别：菜鸟、大鸟、老鸟和自虐。

4.2　游戏的概要设计

4.2.1　游戏实现方案

贪吃蛇的核心算法，是如何实现移动和吃掉食物。没有碰到食物的时候，把当前运动方向上的下个节点入队，并以蛇节点的颜色重绘这个节点。然后把头指针所指的节点出队，并以游戏框架内部的背景色重绘出队的节点，这样就可以实现移动的效果。而在吃到食物的时候，则只需把食物入队即可。

4.2.2　游戏逻辑设计

蛇身由若干基本单元组成，这些单元存放在一个 Queue 结构中，表示对象的先进先出集合。Snake 类里面主要包含 Add(添加新对象)、Clear(清除对象)、Slither(蛇身移动)、PointOnSnake(判断某点是否在蛇身内部)这几个方法。

移动控制模块定义了蛇头的坐标，移动的方向等信息，并且判断下一步移动的点的坐标。

主窗体实现游戏的核心，是通过窗体接受键盘的按键，来设置蛇身的移动方向，以及判断是否吃到食物、是否游戏结束等，并实时更新游戏的画面。

4.3　游戏的详细设计及编码

在游戏的概要设计中，已解决了实现该游戏所需要的方案和设计问题。本节将介绍系统的详细设计。在游戏的详细设计中，将确定如何具体地实现该游戏，从而在编码阶段可以把这个描述直接翻译成用具体的程序语言书写的程序。

4.3.1　主界面设计编码

主界面的作用，就是显示本游戏所有的功能菜单项，提供游戏的显示界面。在本界面中，共设计了 4 种控件，通过这些控件，玩家可以方便地控制游戏。各个控件的名称、作用和类型如表 4-1 所示。

表 4-1　主界面的控件设计

控件类型	控件名称	作　用
MainMenu	menuItem2	蛇体颜色设置
	menuItem3	食物颜色设置
	menuItem4	游戏难度设置
	menuItem6	游戏控制说明
	menuExit	退出

续表

控件类型	控件名称	作　用
Panel	panel1	显示游戏界面
TextBox	textBox1	显示手速
Button	button1	开始

单击“开始”按钮的事件将会调用画蛇的函数，开始游戏，并把各控件置于非操作状态。主要代码如下所示：

```
//例 4-1：“开始”按钮事件的代码
private void button1_Click(object sender, System.EventArgs e)
{
    //屏蔽游戏菜单
    this.menuItem1.Enabled = false;
    this.menuItem5.Enabled = false;
    //画蛇
    this.snake.DrawSnake();
    game = new Thread(new ThreadStart(StartGame));
    game.Start();
    this.DrawSnake();
    this.button1.Enabled = false;
    this.Focus();
}
private void DrawSnake()
{
    lock(this)
    {
        foreach(Label temp in snake.GetSnake())
        {
            this.panel1.Controls.Add(temp);
        }
    }
}

//开始游戏
private void StartGame()
{
    drawDelegate = new DrawDele(PutFood);
    this.Invoke(drawDelegate, null);
    while(true)
    {
        Thread.Sleep(speed);
        if(this.IsGameOver())
        {
            MessageBox.Show("GAME OVER");
            try
```

```
            {
                this.game.Abort();
            }
            catch
            {
            }
        }
        if(this.snake.Eat(this.foodPoint))
        {
            //改变积分
            this.textBox1.Text =
              System.Convert.ToString(++this.foodCount*10);
            //消除原本食物
            drawDelegate = new DrawDele(KillFood);
            this.Invoke(drawDelegate, null);
            //添加新食物
            drawDelegate = new DrawDele(PutFood);
            this.Invoke(drawDelegate, null);
        }
        drawDelegate = new DrawDele(MoveSnake);
        this.Invoke(drawDelegate, null);
    }
}
```

键盘响应事件代码如下所示：

```
//例 4-2：键盘响应事件的代码
//接受键盘事件处理
private void mainForm_KeyPress(object sender, KeyPressEventArgs e)
{
    if(e.KeyChar == 'a')
        this.snake.SnakeWay =
          (this.snake.SnakeWay==Way.EAST)? Way.EAST : Way.WEST;
    else if(e.KeyChar == 'd')
        this.snake.SnakeWay =
          (this.snake.SnakeWay ==Way.WEST)? Way.WEST : Way.EAST;
    else if(e.KeyChar == 'w')
        this.snake.SnakeWay =
          (this.snake.SnakeWay==Way.SOUTH)? Way.SOUTH : Way.NORTH;
    else if(e.KeyChar == 's')
        this.snake.SnakeWay =
          (this.snake.SnakeWay==Way.NORTH)? Way.SOUTH : Way.SOUTH;
    else if(e.KeyChar == 32)
    {
        if(this.isStop)
            game.Resume();
        else
```

```
            game.Suspend();
        this.isStop =! this.isStop;
    }
    else
        e.Handled = true;
}
```

菜单栏的游戏难度选择按钮事件代码如下所示：

```
//例 4-3：游戏难度选择按钮事件的代码
private void menuItem8_Click(object sender, System.EventArgs e)
{
    ClearHook();
    this.menuItem8.Checked = true;
    this.speed = 500; //菜鸟难度
}

private void menuItem10_Click(object sender, System.EventArgs e)
{
    ClearHook();
    this.menuItem10.Checked = true;
    this.speed = 180;
}

private void menuItem11_Click(object sender, System.EventArgs e)
{
    ClearHook();
    this.menuItem11.Checked = true;
    this.speed = 100;
}

private void menuItem9_Click(object sender, System.EventArgs e)
{
    ClearHook();
    this.menuItem9.Checked = true;
    this.speed = 300;  //大鸟难度
}

//取消菜单勾选
private void ClearHook()
{
    this.menuItem8.Checked = false;
    this.menuItem9.Checked = false;
    this.menuItem10.Checked = false;
    this.menuItem11.Checked = false;
}
```

食物的生成和消失事件代码如下所示：

```
//例 4-4：食物的生成和消失事件的代码
//发放食物
private void PutFood()
{
    Random rand = new Random();
    int x = rand.Next(350);
    int y = rand.Next(250);
    Label lblFood = new Label();
    lblFood.Size = new Size(10, 10);
    lblFood.BorderStyle = System.Windows.Forms.BorderStyle.FixedSingle;
    lblFood.BackColor = foodColor;
    lblFood.Location =
      new Point(x%10==0?x:x+(10-x%10), y%10==0?y:y+(10-y%10));
    this.foodPoint = new Point(lblFood.Left, lblFood.Top);
    this.panel1.Controls.Add(lblFood);
}
private void KillFood()
{
    this.ClearFood(this.foodPoint);
}
private void ClearFood(Point food)
{
    this.panel1.Controls.Remove(this.panel1.GetChildAtPoint(food));
}
```

判断游戏是否结束的代码如下所示：

```
//例 4-5：判断游戏是否结束的代码
//是否 GameOver
private bool IsGameOver()
{
    ArrayList temp = this.snake.GetSnake();
    Label head = (Label)temp[0];
    foreach(Label lbl in temp.GetRange(1, temp.Count-1))
    {
        if(lbl.Left==head.Left && lbl.Top==head.Top)
        {
            return true;
        }
    }
    if(((Label)this.snake.GetSnake()[0]).Left==0
      || ((Label)this.snake.GetSnake()[0]).Left==390
      || ((Label)this.snake.GetSnake()[0]).Top==0
      || ((Label)this.snake.GetSnake()[0]).Top==290)
    {
        return true;
```

```
    }
    return false;
}
```

打开颜色设置对话框的代码如下所示：

```
//例 4-6：打开颜色设置事件的代码
private void menuItem2_Click(object sender, System.EventArgs e)
{
    //蛇体颜色设置
    SnakeColor temp = new SnakeColor();
    if(temp.ShowDialog(this) == DialogResult.OK)
    {
        this.snake.BodyColor = temp.Color;
        temp.Dispose();
    }
}

private void menuItem3_Click(object sender, System.EventArgs e)
{
    //食物颜色设置
    SnakeColor temp = new SnakeColor();
    if(temp.ShowDialog(this) == DialogResult.OK)
    {
        this.foodColor = temp.Color;
        temp.Dispose();
    }
}
```

4.3.2 游戏颜色设置设计编码

本界面的作用就是设置本游戏中的蛇体和食物的颜色。在本界面中，共设计了 3 种控件，供用户设置，各个控件的名称和作用如表 4-2 所示。

表 4-2 控件的名称和作用

控件名称	作 用
Label	显示选择的颜色
ComboBox	选择颜色
Button	确定

颜色设置代码如下所示：

```
//例 4-7：颜色设置代码
using System;
using System.Drawing;
using System.Collections;
```

```
using System.ComponentModel;
using System.Windows.Forms;

namespace Snake
{
    /// <summary>
    /// SnakeColor 的摘要说明。
    /// </summary>
    public class SnakeColor : System.Windows.Forms.Form
    {
        private System.Windows.Forms.Label label1;
        private System.Windows.Forms.ComboBox comboBox1;
        private System.Windows.Forms.Button button1;
        /// <summary>
        /// 必需的设计器变量。
        /// </summary>
        private System.ComponentModel.Container components = null;
        public System.Drawing.Color Color
        {
            get
            {
                return this.label1.BackColor;
            }
            set
            {
                this.label1.BackColor = value;
            }
        }

        public SnakeColor()
        {
            InitializeComponent();
        }

        /// <summary>
        /// 清理所有正在使用的资源。
        /// </summary>
        protected override void Dispose(bool disposing)
        {
            if(disposing)
            {
                if(components != null)
                {
                    components.Dispose();
                }
            }
```

```
        base.Dispose(disposing);
    }

    #region Windows 窗体设计器生成的代码
    /// <summary>
    /// 设计器支持所需的方法 - 不要使用代码编辑器修改此方法的内容。
    /// </summary>
    private void InitializeComponent()
    {
        this.label1 = new System.Windows.Forms.Label();
        this.comboBox1 = new System.Windows.Forms.ComboBox();
        this.button1 = new System.Windows.Forms.Button();
        this.SuspendLayout();
        //
        // label1
        //
        this.label1.BackColor = System.Drawing.Color.SkyBlue;
        this.label1.Location = new System.Drawing.Point(24, 40);
        this.label1.Name = "label1";
        this.label1.Size = new System.Drawing.Size(80, 40);
        this.label1.TabIndex = 0;
        //
        // comboBox1
        //
        this.comboBox1.Items.AddRange(new object[] {
                                                "红色",
                                                "黄色",
                                                "绿色",
                                                "天蓝色",
                                                "粉红色",
                                                "紫色"});
        this.comboBox1.Location = new System.Drawing.Point(128, 48);
        this.comboBox1.Name = "comboBox1";
        this.comboBox1.Size = new System.Drawing.Size(112, 20);
        this.comboBox1.TabIndex = 1;
        this.comboBox1.Text = "颜色选择";
        this.comboBox1.SelectedIndexChanged +=
          new System.EventHandler(this.comboBox1_SelectedIndexChanged);
        //
        // button1
        //
        this.button1.DialogResult =
          System.Windows.Forms.DialogResult.OK;
        this.button1.FlatStyle = System.Windows.Forms.FlatStyle.Popup;
        this.button1.Font = new System.Drawing.Font("楷体_GB2312",
          14.25F, System.Drawing.FontStyle.Bold,
```

```
        System.Drawing.GraphicsUnit.Point, ((System.Byte)(134)));
      this.button1.ForeColor = System.Drawing.Color.Red;
      this.button1.Location = new System.Drawing.Point(104, 112);
      this.button1.Name = "button1";
      this.button1.Size = new System.Drawing.Size(64, 32);
      this.button1.TabIndex = 2;
      this.button1.Text = "确定";
      //
      // SnakeColor
      //
      this.AutoScaleBaseSize = new System.Drawing.Size(6, 14);
      this.BackColor = System.Drawing.Color.AliceBlue;
      this.ClientSize = new System.Drawing.Size(272, 158);
      this.Controls.Add(this.button1);
      this.Controls.Add(this.comboBox1);
      this.Controls.Add(this.label1);
      this.MaximizeBox = false;
      this.MinimizeBox = false;
      this.Name = "SnakeColor";
      this.Text = "颜色选择";
      this.ResumeLayout(false);
    }
    #endregion

    private void comboBox1_SelectedIndexChanged(object sender,
      System.EventArgs e)
    {
      switch(this.comboBox1.SelectedIndex)
      {
        case 0: this.Color = System.Drawing.Color.Red; break;
        case 1: this.Color = System.Drawing.Color.Yellow; break;
        case 2: this.Color = System.Drawing.Color.Green; break;
        case 3: this.Color = System.Drawing.Color.SkyBlue; break;
        case 4: this.Color = System.Drawing.Color.Pink; break;
        case 5: this.Color = System.Drawing.Color.Fuchsia; break;
      }
    }
  }
}
```

4.3.3　游戏蛇设计编码

在本部分中，设计了蛇的颜色、默认移动方向、大小等，代码如下所示：

```
//例 4-8：游戏蛇设计代码
using System;
```

```
using System.Collections;
using System.Drawing;
using System.Windows.Forms;

namespace Snake
{
    /// <summary>
    /// SnakeMod 的摘要说明。
    /// </summary>
    public class SnakeMod
    {
        //判断食物是否在蛇身体里
        private bool hasFood = false;
        //蛇身介质
        private Label body;
        //蛇的颜色
        private Color _color = System.Drawing.Color.SkyBlue;

        //颜色属性
        public System.Drawing.Color BodyColor
        {
            set
            {
                this._color = value;
            }
        }

        //蛇的大小
        private Size size;

        //移动方向默认向西
        private Snake.Way way = Way.WEST;
        public Way SnakeWay
        {
            set
            {
                this.way = value;
            }
            get
            {
                return way;
            }
        }

        //蛇身
        private ArrayList snake;
```

```
//构造函数
public SnakeMod()
{
}

//画蛇
public void DrawSnake()
{
    //设置大小
    size = new Size(10, 10);
    //设置身体
    snake = new ArrayList();
    for(int i=0; i<5; i++)
    {
        body = new Label();
        body.BackColor = _color;
        body.Size = size;
        body.BorderStyle =
          System.Windows.Forms.BorderStyle.FixedSingle;
        body.Location = new Point(200+i*10, 150);
        snake.Add(body);
    }
}

//返回蛇体
public ArrayList GetSnake()
{
    return snake;
}

//蛇体移动
public void Move(System.Windows.Forms.Control control)
{
    if(!this.hasFood)
    {
        control.Controls.Remove(control.GetChildAtPoint(
          ((Label)snake[snake.Count-1]).Location));
        snake.RemoveAt(snake.Count-1);
    }
    Label temp = new Label();
    this.CopyBody(temp, (Label)snake[0]);
    switch(this.way)
    {
    case Way.WEST:
        {
        temp.Left -= 10;
```

```
                snake.Insert(0, temp);
                break;
                }

            case Way.EAST:
                {
                temp.Left += 10;
                snake.Insert(0, temp);
                break;
                }
            case Way.NORTH:
                {
                temp.Top -= 10;
                snake.Insert(0, temp);
                break;
                }
            case Way.SOUTH:
                {
                temp.Top += 10;
                snake.Insert(0, temp);
                break;
                }
            }
            control.Controls.Add((Label)snake[0]);
            if(this.hasFood)
            {
                this.hasFood = false;
            }
        }

        //copy 蛇身
        private void CopyBody(Label x, Label y)
        {
            x.Location = y.Location;
            x.BackColor = y.BackColor;
            x.Size = y.Size;
            x.BorderStyle = y.BorderStyle;
        }

        //吃东西
        public bool Eat(Point food)
        {
            if(((Label)snake[0]).Left==food.X
              && ((Label)snake[0]).Top==food.Y)
            {
                //吃到东西
```

```
                this.hasFood = true;
                return true;
            }
            return false;
        }
    }
}
```

本 章 小 结

本游戏作为游戏设计的入门经典，里面的一些方法值得我们学习，可以用来熟悉 GDI 绘图和一些相关构造，加深对游戏开发的了解。

第 5 章

员工管理信息系统

本员工管理信息系统具有以下特点：

- 可以对员工的个人信息、所属部门、月收入进行全方位的管理。
- 实现工种的浏览、添加、删除、修改等操作。
- 界面设计简单、操作方便。

本系统后台数据库采用 Access，前台采用 Visual C#作为主要开发工具。通过对本章内容的学习，读者能够熟悉微软 Visual Studio .NET 开发环境的使用，并且掌握 C#语言在面向对象的可视化编程中的应用，深入了解在 Visual Studio .NET 中所提供的数据组件的功能和原理，学会使用各类数据组件完成应用程序与数据库之间的常见操作。

5.1 系 统 概 述

5.1.1 系统功能与应用背景

目前，公司的员工信息管理工作已不再局限于对员工基本信息数据库的维护，而是越来越多地参与到为其他相关部门提供一些必要的协调与服务。

员工信息管理的现状主要为：缺乏统一的管理模式，员工数据较为分散，并且随着员工的改变，需要经常对数据进行变更，而且对于变动的数据，不能做到及时统一与修正。相关部门之间很难建立一套机制来确保数据的完整性，因而需要浪费很多的人力资源来解决这些问题。

本系统提供了一套员工综合信息管理的平台，能够让系统管理人员对公司的工种进行分类，进而确定各个工种所对应的部门信息，在已有部门信息的基础上，能够对所有的员工信息进行分类管理。

该程序的主要功能包括以下几个方面：

- 工种种类设置。
- 员工个人信息管理。
- 员工所属部门信息管理。
- 员工月收入信息管理。

5.1.2 系统预览

图 5-1 为用户登录系统后的应用程序主界面，通过该窗口所提供的主菜单，用户可以分别实现对工种信息、员工信息、部门信息、月收入信息等功能的管理，并且能够在整个系统中添加用户及不同类别的角色。

图 5-2 为员工信息浏览界面，在该界面中，用户可以通过选择工种类别，来缩小并且筛选出部门的选择范围。

在部门下拉列表框中选定了满足条件的部门名称后，该部门中所有员工的详细信息就会显示在窗口中。该窗口还提供了对学生信息进行修改及删除的功能。

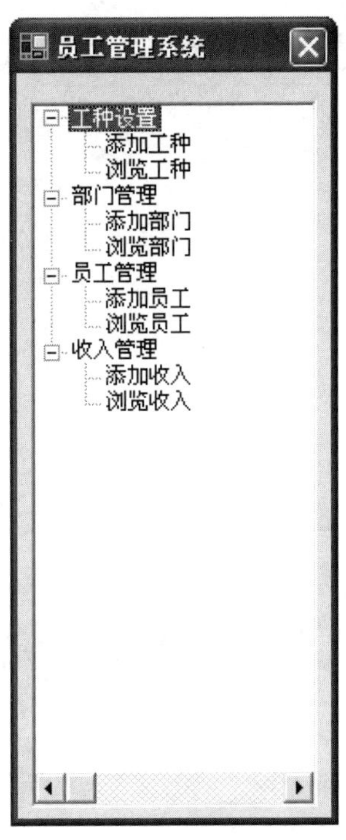

图 5-1　应用程序主界面

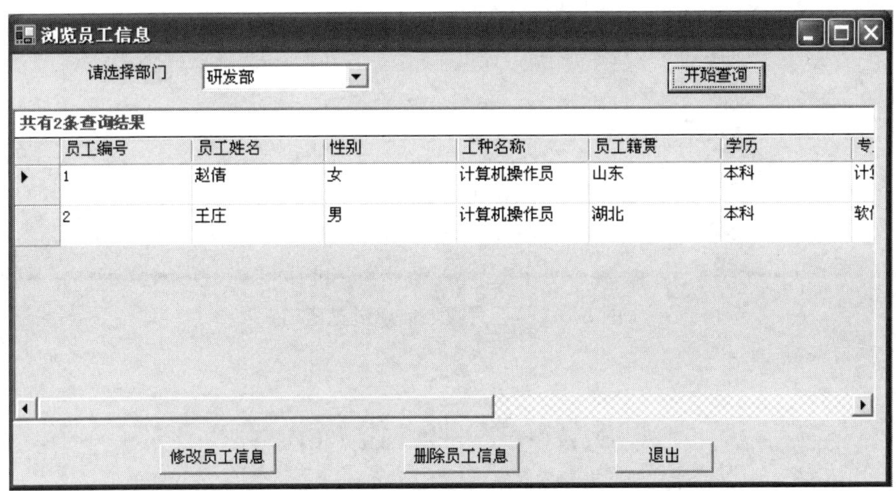

图 5-2　员工信息浏览界面

图 5-3 为部门信息浏览窗口，用户选择了工种类别后，就可筛选出符合条件的部门列表，并将部门的详细信息显示在窗口中，用户可以在该窗口中完成修改指定班级信息、删除指定班级信息的操作。

图 5-4 为员工月收入信息浏览窗口，进入窗口后，根据用户确定的选择条件，包括工种、部门、年份逐项设置后，部门中包含的员工将会显示在列表框中。用户可以任意选择其中一个员工，来查看该员工在某年每个月的收入情况，同时，管理人员可以对成绩进行修改及删除操作。

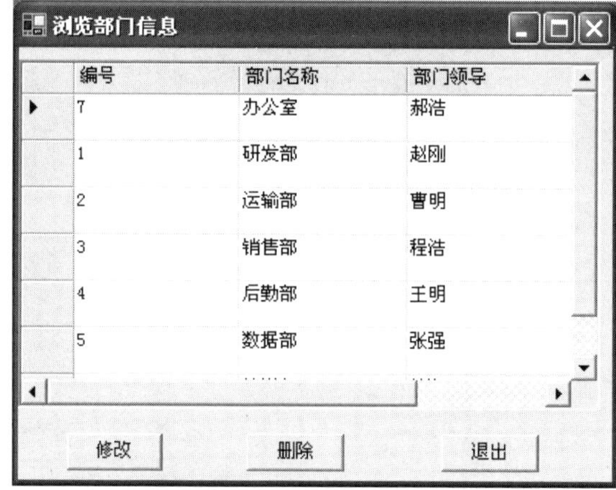

图 5-3　部门信息浏览窗口

BrowseIncome

请选择员工　朱涛　开始查询

共有4条查询结果

员工编号	月份	月收入	备注	员工姓名	自动编号
4	200706	5000	全工	朱涛	6
4	200705	5000	全工	朱涛	7
4	200704	5000	全工	朱涛	8
4	200703	5000	全工	朱涛	9

修改收入信息　删除收入信息　退出

图 5-4　员工月收入信息浏览窗口

5.2　系 统 设 计

5.2.1　系统设计思想

本实例选用较为流行的 C#作为开发语言，采用结合后台 SQL Server 数据库的 C/S 结构的开发模式，优化了程序代码及结构，提高了程序的运行效率。

该实例在 Visual Studio .NET 环境中进行开发，该环境提供了大量可供选择的数据控件，可以很方便地建立与数据库之间的连接，并在此连接的基础上，利用各种常用数据组件对数据库进行操作。

在本实例中，采用 OleDBConnection 对象与后台数据库建立连接，所有针对数据库的操作都需要利用这个控件作为数据库连接对象。

5.2.2　系统结构设计

根据上一小节的系统设计思想，可以画出如图 5-5 所示的系统结构。

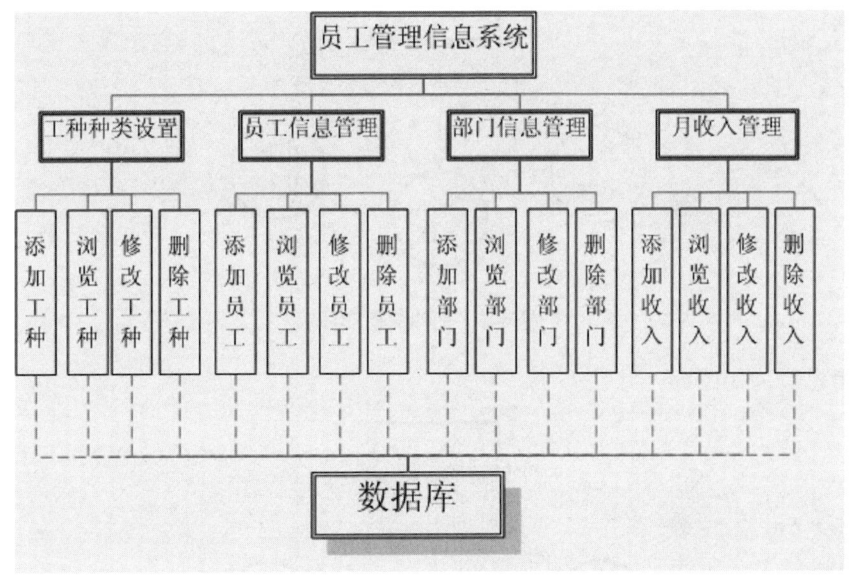

图 5-5　系统结构

5.3　数据库设计

5.3.1　数据库需求分析

在设计数据库结构时，应尽可能满足用户所提出的各项要求，同时避免冗余数据产生。由于在员工信息管理系统中需要采集大量的信息，包括工种信息、员工信息、部门信息、收入信息等，如果不能合理、有效地组织数据表的结构，以及每张表所包含的字段，那么，在后期进行数据整理及汇总时，就会增加开发人员的编程难度和工作量。

根据员工的基本信息及相关信息特点，可以总结出以下规律：

- 一个工种包含一个或多个员工。
- 一个部门包含多名员工。
- 每个员工都有不同的工号。
- 每个员工都有自己对应的月收入。
- 一个角色对应一个或多个用户。

5.3.2　数据库概念结构设计

根据数据库需求分析的结果，就可以确定程序中包含的实体及实体之间的关系，作为数据库逻辑结构设计的基础与指导。根据本程序的需要，可归纳出以下实体：工种信息实体、部门信息实体、员工信息实体、员工月收入实体。为了更好地理解各种实体及含义，用 E-R 图(即实体关系图)对实体进行描述。

工种信息实体如图 5-6 所示。

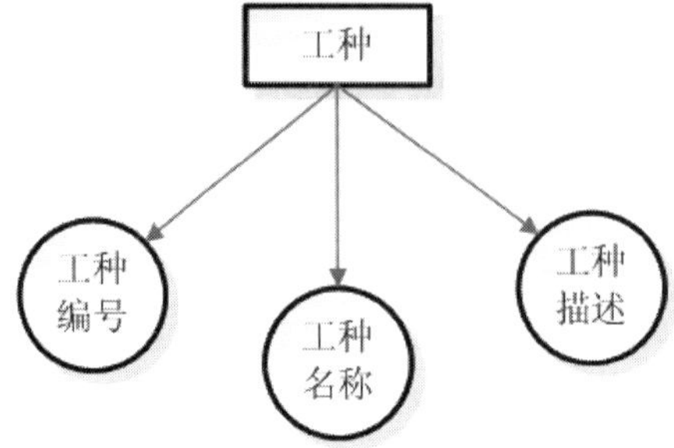

图 5-6　工种信息实体

部门信息实体如图 5-7 所示。

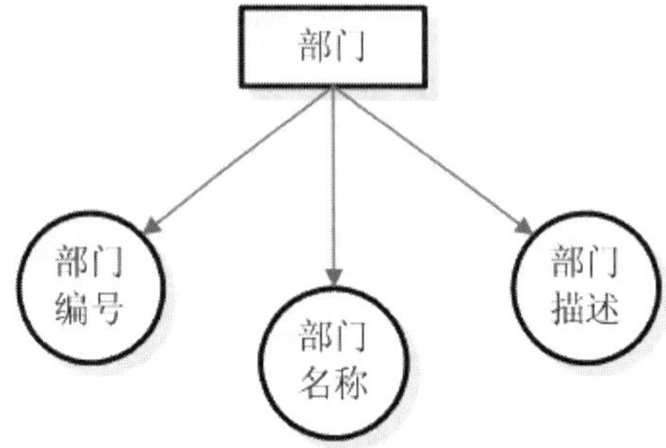

图 5-7　部门信息实体

员工信息实体如图 5-8 所示。

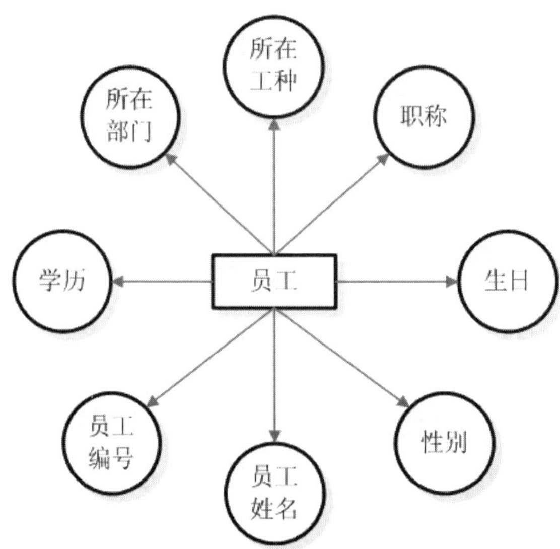

图 5-8　员工信息实体

员工月收入实体如图 5-9 所示。

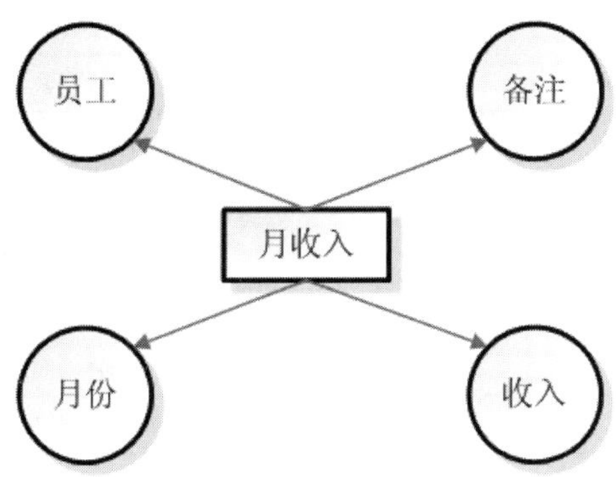

图 5-9　员工月收入实体

5.3.3　数据库逻辑结构设计

系统数据库名称为 PersonMIS，数据库中包括：

- 用户信息表(userinfo)。
- 工种信息表(jobinfo)。
- 员工信息表(personinfo)。
- 部门信息表(departinfo)。
- 员工收入表(income)。

下面列出各个表的数据结构，如表 5-1 ~ 5-5 所示。

表 5-1　用户信息表(userinfo)的数据结构

字 段 名	类　型	描　述
UID	文本	用户名(主键)
PWD	文本	密码
UserDes	文本	描述

表 5-2　工种信息表(jobinfo)的数据结构

字 段 名	类　型	描　述
JobID	自动编号	工种编号
JobName	文本	工种名称(主键)
Remark	文本	描述

表 5-3　员工信息表(personinfo)的数据结构

字 段 名	类　型	描　述
PID	文本	员工编号(主键)
Pname	文本	员工姓名

续表

字 段 名	类　型	描　述
DID	数字	部门编号
JobName	文本	工种名称
Psex	文本	性别
Pbirthday	日期/时间	生日
Pplace	文本	员工籍贯
Plevel	文本	学历
Pspecial	文本	专业
Pdate1	日期/时间	参加工作时间
Pdate2	日期/时间	进入公司时间
Pbusi	文本	职称
Remark	文本	备注

表 5-4　部门信息表(departinfo)的数据结构

字 段 名	类　型	描　述
DID	自动编号	部门编号(主键)
Dname	文本	部门名称
Dleader	文本	部门领导
Remark	文本	备注

表 5-5　员工收入表(income)的数据结构

字 段 名	类　型	描　述
IID	自动编号	收入编号(主键)
Imonth	文本	月份
PID	文本	员工编号
Income	文本	月收入
Remark	文本	备注

5.3.4　设置表与表之间的关系

一般情况下，数据库中所包含的表都不是独立存在的，而是表与表之间有一定的关系，称为关联。例如，员工信息表中的“部门”来源于部门信息表中现有的部门，部门信息表中的“工种”来源于工种信息表中现有的工种。如果数据库中的信息不能满足正常的依赖关系，就会破坏数据的完整性和一致性。

接下来将会根据本示例的需要，介绍如何在员工信息数据库中设置表之间的依赖关系。首先可以根据 E-R 模型进行分析，从而确定出哪些表之间的字段需要进行关联，分析结果如下：

- 员工信息表中的工种字段来源于工种信息表。
- 员工信息表中的部门字段来源于部门信息表。
- 员工月收入表中的员工字段来源于员工信息表。

根据本示例的特点，需要依次设置员工信息表与工种信息表、员工信息表与部门信息表，以及员工月收入表与员工信息表之间的关系，如图 5-10 所示。

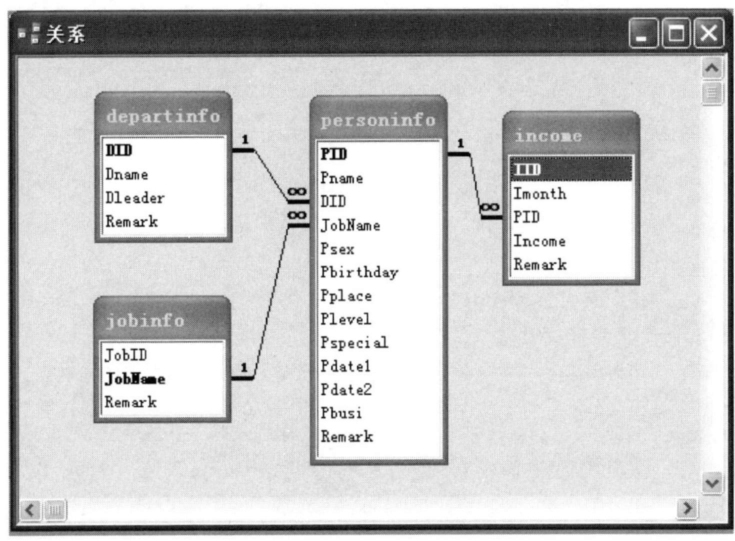

图 5-10　各表之间的关系

5.4　工种种类设置

5.4.1　添加工种种类

添加工种种类的界面功能较为简单，仅包含工种名称，及工种描述的录入，如图 5-11 所示。

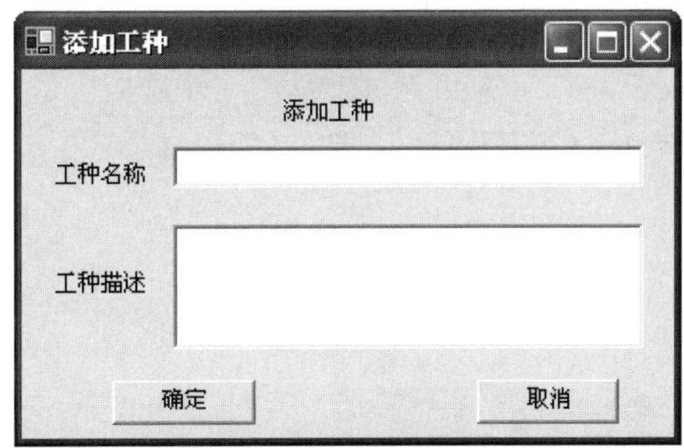

图 5-11　添加工种种类的界面

在工种种类录入的过程中，需要解决的问题包括：工种名称不能为空字符串，新添加的工种名称不能与已有的工种名称重复。

在添加新工种前，判断是否已有同名的工种时，程序中使用了 OleDbCommand 的方法 ExecuteScalar()，该方法用于取得指定 SQL 语句的查询结果，当查询结果为集合时，仅返回第一条记录。如果查询结果为空，返回结果为 Null。

此模块的部分参考代码如下：

```
//例 5-1：添加工种种类窗口的程序 Addjob.cs
//引用命名空间
using System;
using System.Drawing;
using System.Collections;
using System.ComponentModel;
using System.Windows.Forms;
using System.Data.OleDb;
using System.Runtime.InteropServices;
//“确定”按钮的单击事件
private void button1_Click(object sender, System.EventArgs e)
{
    if(textBox1.Text.Trim() == "")
        MessageBox(0, "请输入工种名称！", "提示", 0);
    else
    {
        oleDbConnection1.Open();
        OleDbCommand cmd = new OleDbCommand(
          "select * from jobinfo where JobName='"
          + textBox1.Text.Trim() + "'", oleDbConnection1);
        if(cmd.ExecuteScalar() != null)
            MessageBox(0, "工种名称重复，请重新输入！", "提示", 0);
        else
        {
            string sql = "insert into jobinfo (JobName,Remark) values ('"
              + textBox1.Text.Trim() + "','" + textBox2.Text.Trim() + "')";
            cmd.CommandText = sql;
            cmd.ExecuteNonQuery();
            MessageBox(0, "添加工种信息成功！", "提示", 0);
            textBox1.Clear(); textBox2.Clear();
        }
        oleDbConnection1.Close();
    }
}
//“退出”按钮的单击事件
private void button2_Click(object sender, System.EventArgs e)
{
    this.Close();
}
```

5.4.2　浏览工种种类

在浏览工种信息的界面中，用户可以按照列表的方式快速查看公司所有的工种，并可以在该界面中完成修改和删除操作。在该界面中采用了 DataGrid 控件，通过该控件所提供的绑定功能，可以显示程序中所检索出的数据集，在该界面中显示的是工种种类信息，界面如图 5-12 所示。

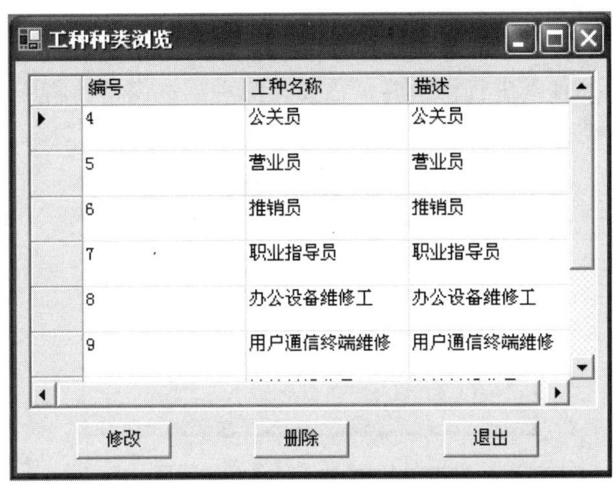

图 5-12　浏览工种种类的界面

在对 DataGrid 控件进行数据绑定前，需要定义 OleDbDataAdapter，即数据适配器对象，使用该对象来执行针对工种种类的查询语句，然后将查询结果利用 Fill 方法填充到 DataSet 数据对象中，最后将 DataGrid 与该数据集进行绑定，从而实现工种种类的显示。

实现数据绑定的代码如下：

```
//例 5-2：工种种类浏览窗口的主要程序 Browsejob.cs

//定义数据集对象 ds，用于保存查询返回的结果集
DataSet ds;

//在窗口初始化过程中，对 DataGrid1 进行绑定
private void BrowseSpecialty1_Load(object sender, System.EventArgs e)
{
    oleDbConnection1.Open();
    string sql =
      "select JobID as 编号,JobName as 工种名称,Remark as 描述 from jobinfo";
    OleDbDataAdapter adp = new OleDbDataAdapter(sql, oleDbConnection1);
    ds = new DataSet();
    ds.Clear();
    adp.Fill(ds, "job");
    dataGrid1.DataSource = ds.Tables[0].DefaultView;
}
```

```
//当 DataGrid1 中当前单元格发生变化时，将对应的工种名称显示在 DataGrid1 标题中
private void dataGrid1_CurrentCellChanged(
  object sender, System.EventArgs e)
{
    dataGrid1.CaptionText =
      dataGrid1[dataGrid1.CurrentRowIndex, 1].ToString();
}
```

5.4.3 修改工种种类

对用户选中的工种种类进行修改时，需要从工种浏览窗口中将所选中的工种种类的参数传递到修改工种种类窗口中，作为修改工种种类界面的初始化数据，如图 5-13 所示。

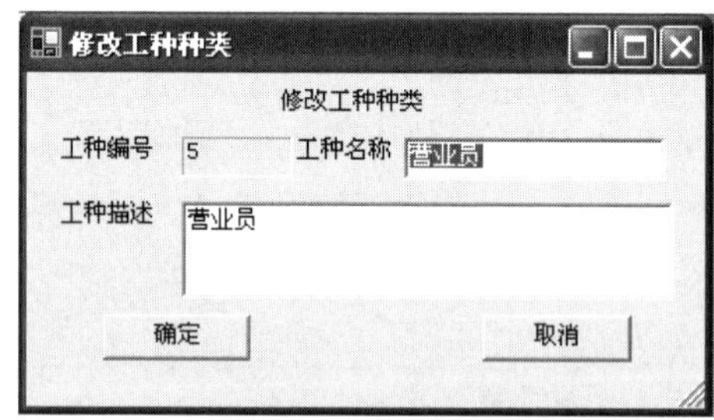

图 5-13 修改工种种类的界面

在工种种类浏览程序中，可以预先对修改专业信息窗口中的文本框控件进行赋值，然后以模态窗口的方式打开。“修改”按钮的单击事件主要代码如下：

```
//例 5-3：工种种类浏览的 button2_click 事件
private void button2_Click(object sender, System.EventArgs e)
{
    if (dataGrid1[dataGrid1.CurrentCell] != null)
    {
        modifyjob = new ModifyJob();
        modifyjob.Tag = ds.Tables[0]
          .Rows[dataGrid1.CurrentRowIndex][0].ToString().Trim();
        modifyjob.textBox1.Text = ds.Tables[0]
          .Rows[dataGrid1.CurrentRowIndex][1].ToString().Trim();
        modifyjob.textBox2.Text = ds.Tables[0]
          .Rows[dataGrid1.CurrentRowIndex][2].ToString().Trim();
        modifyjob.ShowDialog();
    }
}
```

在该事件中，分别对修改工种种类窗口的属性及包含的控件进行了初始化。在窗口的 Tag 属性中，保存了工种的自动编号，并分别在文本框 textBook1 和 textBook2 中显示了专业名称以及专业描述。

进入修改工种种类信息的窗口后，可以对现有工种进行修改，参考如下代码：

```
//例 5-4：修改工种种类信息窗口 ModifyJob.cs
private void button1_Click(object sender, System.EventArgs e)
{
    if ((textBox1.Text.Trim()=="") || (textBox2.Text.Trim()==""))
        MessageBox.Show("提示", "请输入完整的工种信息");
    else
    {
        cn.Open();
        OleDbCommand cmd = new OleDbCommand(
          "select * from jobinfo where JobName='"
          + textBox1.Text.Trim()
          + "' and JobID<>" + this.Tag.ToString().Trim(), cn);
        if (null != cmd.ExecuteScalar())
            MessageBox.Show("工种名称发生重复", "提示");
        else
        {
            string sql = "update jobinfo set JobName='"
              + textBox1.Text.Trim() + "',Remark='"
              + textBox2.Text.Trim() + "' where JobID="
              + this.Tag.ToString().Trim();
            cmd.CommandText = sql;
            cmd.ExecuteNonQuery();
            MessageBox.Show("工种信息修改成功", "提示");
        }
        cn.Close();
    }
}
```

同样，在对工种信息进行修改时，也需要考虑专业名称是否重复。

5.4.4　删除工种种类

删除某一工种记录时，需要充分考虑当前是否有与该工种相关的员工存在，如果没有，可删除此工种，否则，为了保证数据的完整性，不允许直接删除专业信息。

删除专业信息可参考如下代码：

```
//例 5-5：工种种类浏览的 button3_click 事件
private void button3_Click(object sender, System.EventArgs e)
{
    if (dataGrid1[dataGrid1.CurrentCell] != null)
    {
        string sql = "select JobName from jobinfo where JobID="
          + ds.Tables["job"]
          .Rows[dataGrid1.CurrentCell.RowNumber][0].ToString().Trim()
          + " and JobID not in (select distinct jobinfo.JobID from
          personinfo inner join jobinfo
          on personinfo.JobName=jobinfo.JobName)";
```

```
        OleDbCommand cmd = new OleDbCommand(sql, oleDbConnection1);

        OleDbDataReader dr;

        dr = cmd.ExecuteReader();

        if (!dr.Read())
        {
            MessageBox.Show("删除工种'" + ds.Tables["job"]
              .Rows[dataGrid1.CurrentCell.RowNumber][1].ToString().Trim()
              + "'失败，请先删除与此工种相关的员工", "提示");
            dr.Close();
        }
        else
        {
            dr.Close();
            sql = "delete * from jobinfo where JobName not in
              (select distinct JobName from personinfo) and JobID="
              + ds.Tables["job"]
              .Rows[dataGrid1.CurrentCell.RowNumber][0].ToString().Trim();
            cmd.CommandText = sql;
            cmd.ExecuteNonQuery();
            MessageBox.Show("删除工种'" + ds.Tables["job"]
              .Rows[dataGrid1.CurrentCell.RowNumber][1].ToString().Trim()
              + "'成功", "提示");
        }
    }
}
```

在该程序中，首先判断用户是否选择了某一个工种，如果非空，则表示用户选择有效。接下来定义了一条查询语句，该语句采用了嵌套方式，用于判断此工种是否有相关联的员工，并将查询结果保存在 dr 对象中。

5.5 员工个人信息管理

5.5.1 添加员工信息

添加员工信息界面主要完成对员工各项基本信息的录入。此模块需要解决的问题包括：工种和部门是由用户在下拉列表框中选择，而不是手工输入。添加员工信息的界面如图 5-14 所示。

为了在下拉列表中显示所有的工种种类和部门信息，程序中采用了数据绑定的方法。具体操作方法为：首先定义数据适配器对象 QleDbDataAdapter，用于执行查询语句；其次定义 DataSet 数据集对象，将对工种种类表和部门信息表的查询结果填充到该数据集中；最后将工种和部门下拉框与该数据集进行绑定。

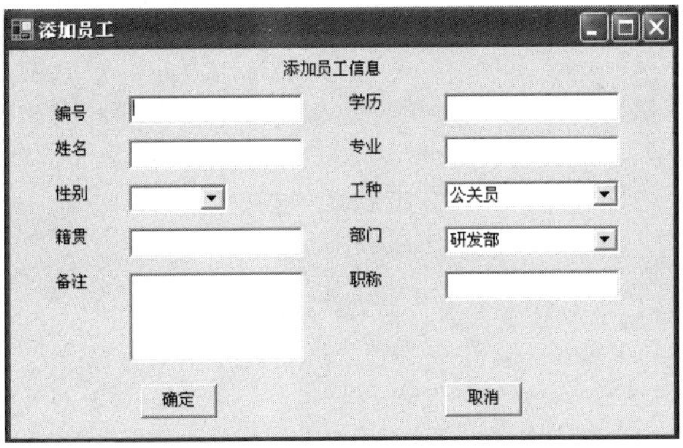

图 5-14　添加员工信息的界面

此部分功能包含在窗口的初始化事件中，参考例 5-6 和例 5-7：

```
//例 5-6：添加员工窗口的工种下拉框事件
private void tjxs_Load(object sender, System.EventArgs e)
{
    oleDbConnection1.Open();
    OleDbDataAdapter adp = new OleDbDataAdapter(
      "select JobName from jobinfo", oleDbConnection1);
    DataSet ds = new DataSet();
    adp.Fill(ds, "job");
    comboBox3.DisplayMember = "JobName";
    comboBox3.ValueMember = "JobName";
    comboBox3.DataSource = ds.Tables[0].DefaultView;
}
```

```
//例 5-7：添加员工窗口的部门下拉框事件
private void bmmc_Load(object sender, System.EventArgs e)
{
    //oleDbConnection1.Open();
    OleDbDataAdapter adp = new OleDbDataAdapter(
      "select DID,Dname from departinfo", oleDbConnection1);
    DataSet ds = new DataSet();
    adp.Fill(ds, "depart");
    comboBox2.DisplayMember = "Dname";
    comboBox2.ValueMember = "DID";
    comboBox2.DataSource = ds.Tables[0].DefaultView;
}
```

在添加员工信息时，首先要对录入的数据进行判断，判断出备注字段和职务字段以外，其他参数是否含有空值。其次，员工的编号是否有重复的。如果不能满足以上条件，就不能完成添加操作。添加员工信息的主要代码如下：

```
//例 5-8：添加员工界面 Addperson 的主要程序
private void button1_Click(object sender, System.EventArgs e)
{
```

```
    if (textBox1.Text.Trim()=="" || textBox2.Text.Trim()==""
      || comboBox1.Text.Trim()=="" || textBox4.Text.Trim()==""
      || textBox6.Text.Trim()=="" || comboBox2.Text.Trim()==""
      || textBox3.Text.Trim()=="" ||  comboBox3.Text.Trim()=="")
        MessageBox(0, "请填写完整的员工信息", "提示", 0);
    else
    {
        OleDbCommand cmd = new OleDbCommand(
          "select * from personinfo where PID='"
          + textBox1.Text.Trim() + "'", oleDbConnection1);
        if (null != cmd.ExecuteScalar())
            MessageBox(0, "员工编号重复", "提示", 0);
        else
        {
            string sql1, sql2, sql;
            sql1 = "insert into personinfo
              (PID,Pname,Psex,Pplace,Plevel,JobName,Pspecial,DID";
            sql2 = "values ('" + textBox1.Text.ToString() + "','"
              + textBox2.Text.ToString() + "','"
              + comboBox1.Text.Trim() + "','"
              + textBox4.Text.ToString() + "','"
              + textBox6.Text.ToString() + "','"
              + comboBox3.Text.Trim() + "','"
              + textBox3.Text.ToString() + "',"
              + comboBox2.SelectedValue.ToString();
            if (textBox8.Text.Trim() != "")
            {
                sql1 = sql1 + ",Remark";
                sql2 = sql2 + ",'" + textBox8.Text.Trim() + "'";
            }
            if (textBox7.Text.Trim() != "")
            {
                sql1 = sql1 + ",Pbusi";
                sql2 = sql2 + ",'" + textBox7.Text.Trim() + "'";
            }
            sql = sql1 + ") " + sql2 + ")";
            cmd.CommandText = sql;
            cmd.ExecuteNonQuery();
            MessageBox(0, "员工信息添加成功", "提示", 0);
        }
    }
}
```

5.5.2 浏览员工信息

该界面主要用到的知识点仍然是数据绑定技术。读者可以在理解本部分内容的基础上深入了解掌握数据绑定的方法和原理，灵活使用数据绑定优化程序结构，提高程序的执行效率。该界面如图 5-15 所示。

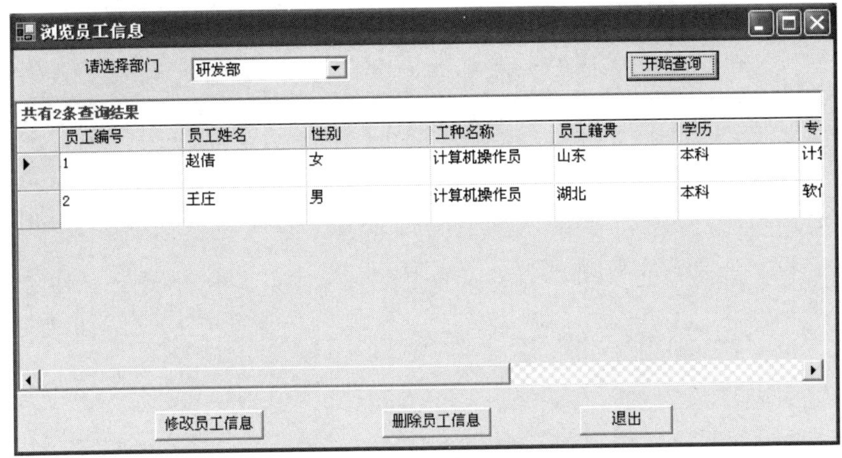

图 5-15　浏览员工信息的界面

在员工信息浏览界面中，将部门信息通过绑定方式显示在下拉列表框 comBox1 中。

在进行数据绑定时，需要确定 DataScource 属性，即数据源属性，以及显示成员属性 DisplayMember 和值成员属性 ValueMember。

在本界面中，将 DisplayMember 设置为部门名称字段，将 ValueMember 设置为部门编号字段。检索出所属部门的员工信息后，将其绑定到 DataGrid 控件。

主要代码如下所示：

```
//例 5-9：浏览员工信息界面的主要程序
private void BrowsePerson_Load(object sender, System.EventArgs e)
{
    //产生部门下拉列表
    oleDbConnection1.Open();
    string sql = "select DID,Dname from departinfo";
    OleDbDataAdapter adp = new OleDbDataAdapter(sql, oleDbConnection1);
    DataSet ds = new DataSet();
    adp.Fill(ds, "depart");
    //comboBox1.DataSource = ds.Tables["depart"].DefaultView;
    comboBox1.DisplayMember = "Dname";
    comboBox1.ValueMember = "DID";
    comboBox1.DataSource = ds.Tables[0].DefaultView;
}

DataSet ds;
private void button1_Click(object sender, System.EventArgs e)
{
    string sql = "select personinfo.PID as 员工编号,
      personinfo.Pname as 员工姓名,personinfo.Psex as 性别,
      personinfo.JobName as 工种名称,personinfo.Pplace as 员工籍贯,
```

```
        personinfo.Plevel as 学历,personinfo.Pspecial as 专业,
        personinfo.Pbusi as 职称,departinfo.DName as 部门名称,
        personinfo.Remark as 备注 from personinfo
        inner join departinfo on personinfo.DID = departinfo.DID
        where departinfo.Dname='" + comboBox1.Text.ToString()
        + "' order by PID";
    OleDbDataAdapter adp = new OleDbDataAdapter(sql, oleDbConnection1);
    ds = new DataSet();
    ds.Clear();
    adp.Fill(ds, "person");
    if (ds.Tables[0].Rows.Count != 0)
    {
        dataGrid1.DataSource = ds.Tables[0].DefaultView;
        dataGrid1.CaptionText =
          "共有" + ds.Tables[0].Rows.Count + "条查询结果";
    }
    else
    {
        dataGrid1.CaptionText = "没有您所查找的员工信息";
        dataGrid1.DataSource = null;
    }
}
```

5.5.3 修改员工信息

修改员工信息界面与员工信息添加界面相似，但在实现方法上有一定的区别，并且在修改信息时，要避免员工编号发生重复，该界面如图 5-16 所示。

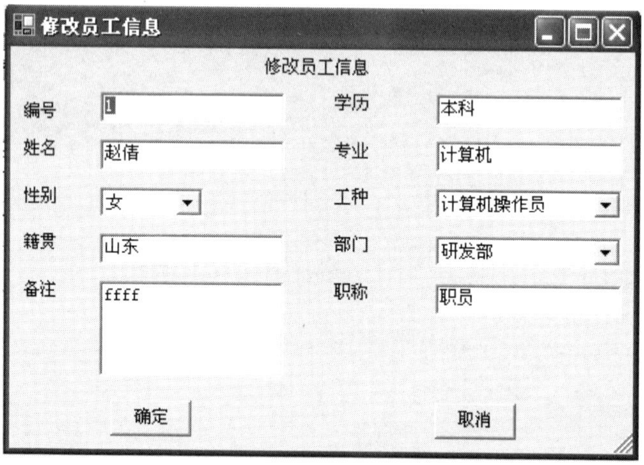

图 5-16 修改员工信息的界面

在初始化该界面时，需要将员工信息对应的文本参数传递到该窗口，并显示在相应位置的控件上。从员工信息浏览窗口向修改员工信息窗口传递参数时，可以采用将控件的私

有属性更改为共有属性的方法，以便于属性的更改。对工种和部门下拉列表进行绑定与添加员工信息界面中的方法一样，此界面可参考如下代码：

```
//例 5-10：修改员工信息界面 Modifyperson 的主要程序
private void ModifyPerson_Load(object sender, System.EventArgs e)
{
    oleDbConnection1.Open();
    OleDbDataAdapter adp = new OleDbDataAdapter(
      "select JobName from jobinfo", oleDbConnection1);
    DataSet ds = new DataSet();
    adp.Fill(ds, "job");
    comboBox3.DisplayMember = "JobName";
    comboBox3.ValueMember = "JobID";
    comboBox3.DataSource = ds.Tables[0].DefaultView;
    comboBox3.Text = label4.Text.Trim();

    OleDbDataAdapter adp1 = new OleDbDataAdapter(
      "select DID,Dname from departinfo", oleDbConnection1);
    DataSet ds1 = new DataSet();
    adp1.Fill(ds1, "depart");
    comboBox2.DisplayMember = "Dname";
    comboBox2.ValueMember = "DID";
    comboBox2.DataSource = ds1.Tables[0].DefaultView;
    comboBox2.Text = label8.Text.Trim();

    oleDbConnection1.Close();
}

private void button1_Click(object sender, System.EventArgs e)
{
    oleDbConnection1.Open();
    string sql;
    sql = "select * from personinfo where PID='"
      + textBox1.Text.Trim() + "' and number<>"
      + this.Tag.ToString().Trim();
    OleDbCommand cmd = new OleDbCommand(sql, oleDbConnection1);
    if (null != cmd.ExecuteScalar())
       MessageBox.Show("员工编号重复", "提示");
    else
    {
       sql = "update personinfo set PID='"
         + textBox1.Text.ToString()
         + "',Pname='" + textBox2.Text.ToString()
         + "',Pspecial='" + textBox3.Text.ToString()
         + "',Psex='" + comboBox1.Text.Trim()
         + "',Pplace='" + textBox4.Text.ToString()
         + "',Plevel='" + textBox6.Text.ToString()
```

```
        + "',JobName='" + comboBox3.Text.Trim()
        + "',Pbusi='" + textBox7.Text.ToString()
        + "',DID=" + comboBox2.SelectedValue.ToString();
      if (textBox8.Text.Trim() != "")
        sql = sql + ",Remark='" + textBox8.Text.Trim() + "'";
      sql = sql + " where number=" + this.Tag.ToString().Trim();
      cmd.CommandText = sql;
      cmd.ExecuteNonQuery();
      MessageBox.Show("学生信息修改成功", "提示");
   }
   oleDbConnection1.Close();
}
```

5.5.4 删除员工信息

删除员工信息之前，应该判断是否存在与当前员工相关的其他记录，如果没有，则可以删除员工记录，否则，在程序中给出提示信息。在本实例中，存在员工信息表与员工月收入信息表之间的依赖关系，因而不能直接删掉员工，需要判断月收入信息表中是否有该员工的信息。此部分功能可参考如下代码：

```
//例 5-11：员工信息浏览窗口的删除记录事件
private void button4_Click(object sender, System.EventArgs e)
{
   if (dataGrid1.CurrentRowIndex>=0
     && dataGrid1.DataSource!=null
     && dataGrid1[dataGrid1.CurrentCell]!=null)
   {
      string sql = "select * from income where PID='"
        + ds.Tables ["person"].Rows[dataGrid1.CurrentCell.RowNumber][0]
        .ToString().Trim() + "'";
      OleDbCommand cmd = new OleDbCommand(sql, oleDbConnection1);
      OleDbDataReader dr;
      dr = cmd.ExecuteReader();
      if (dr.Read())
      {
         MessageBox.Show("删除员工'" + ds.Tables["person"]
           .Rows[dataGrid1.CurrentCell.RowNumber][1]
           .ToString().Trim() + "'失败，请先删除该员工的收入信息", "提示");
         dr.Close();
      }
      else
      {
         dr.Close();
         sql = "delete * from personinfo where PID='"
           + ds.Tables ["person"]
           .Rows[dataGrid1.CurrentCell.RowNumber][0].ToString().Trim()
```

```
            + "'";
          cmd.CommandText = sql;
          cmd.ExecuteNonQuery();
          MessageBox.Show("删除员工'"
            + ds.Tables["person"].Rows [dataGrid1.CurrentCell.RowNumber]
            [1].ToString().Trim() + "'成功", "提示");
        }
    }
    else
        MessageBox.Show("没有指定的学生信息", "提示");
}
```

5.6　员工所属部门信息管理

5.6.1　添加部门信息

该界面用于部门基本信息的录入，包括部门名称、部门领导和备注。此模块的窗口如图 5-17 所示。

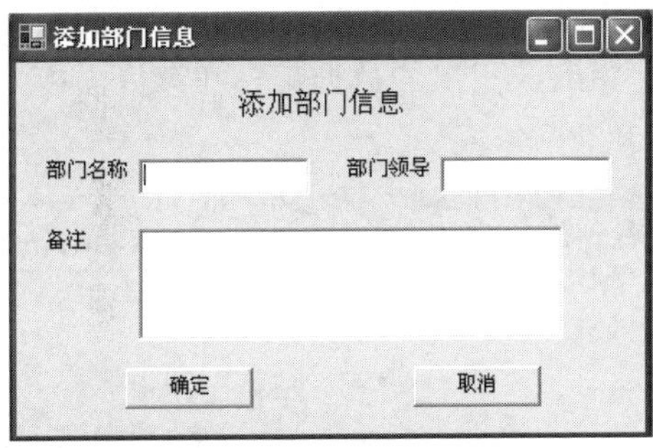

图 5-17　添加部门信息的界面

此部分的功能可参如下代码：

```
//例 5-12：添加部门信息的窗口程序 AddDepart.cs
private void button1_Click(object sender, System.EventArgs e)
{
    if(textBox1.Text.Trim()=="" || textBox2.Text.Trim()=="")
        MessageBox(0, "请输入完整信息！", "提示", 0);
    else
    {
        oleDbConnection1.Open();
        string sql1 = "select * from departinfo where Dname='"
          + textBox1.Text.Trim() + "'";
        OleDbCommand cmd = new OleDbCommand(sql1, oleDbConnection1);
        if(cmd.ExecuteScalar() != null)
            MessageBox(0, "部门名称重复，请重新输入！", "提示", 0);
        else
```

```
        {
            string sql =
              "insert into departinfo (Dname,Dleader,Remark) values ('"
              + textBox1.Text.Trim() + "','" + textBox2.Text.Trim()
              + "','" + textBox3.Text.Trim() + "')";
            cmd.CommandText = sql;
            cmd.ExecuteNonQuery();
            MessageBox(0, "添加部门信息成功！", "提示", 0);
            textBox1.Clear();
            textBox2.Clear();
            textBox3.Clear();
        }
        oleDbConnection1.Close();
    }
}
```

5.6.2 浏览部门信息

在浏览部门信息的界面中，用户可以按照列表的方式快速查看公司所有的部门，并可以在该界面中完成修改和删除操作。在该界面中采用了 DataGrid 控件，通过该控件所提供的绑定功能，可以显示程序中所检索出的数据集，在该界面中显示的是部门信息，界面如图 5-18 所示。

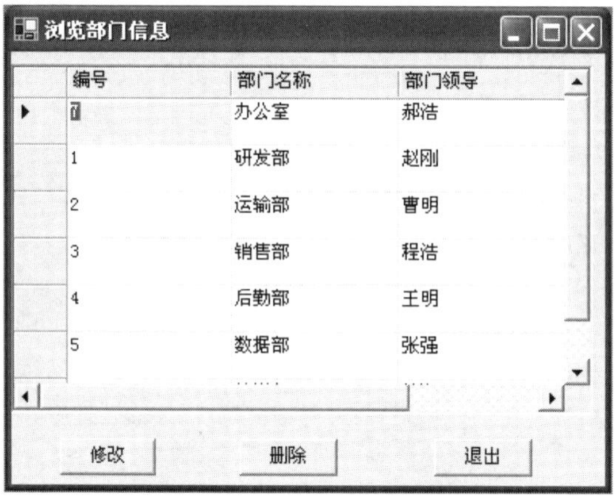

图 5-18 部门信息浏览界面

部门信息浏览的代码如下：

```
//例 5-13：部门信息浏览窗口程序 BrowseDepart.cs
DataSet ds;
private void BrowseDepart_Load(object sender, System.EventArgs e)
{
    oleDbConnection1.Open();
    string sql = "select DID as 编号,Dname as 部门名称,
```

```
    Dleader as 部门领导,Remark as 描述 from departinfo";
   OleDbDataAdapter adp = new OleDbDataAdapter(sql, oleDbConnection1);
   ds = new DataSet();
   ds.Clear();
   adp.Fill(ds, "depart");
   dataGrid1.DataSource = ds.Tables[0].DefaultView;
}
//当 DataGrid1 中当前单元格发生变化时，将对应的工种名称显示在 DataGrid1 标题中
private void dataGrid1_CurrentCellChanged(object sender,
 System.EventArgs e)
{
   dataGrid1.CaptionText =
    dataGrid1[dataGrid1.CurrentRowIndex, 1].ToString();


}

BrowseDepart browsedepart;
private void BrowseDepart_Closed(object sender, System.EventArgs e)
{
   if(browsedepart != null)
      browsedepart.Close();
   oleDbConnection1.Close();
}
```

5.6.3　修改部门信息

修改部门信息的界面与部门信息添加界面相似，但在实现方法上有一定区别，并且在修改信息时，要避免部门名称发生重复，该界面如图 5-19 所示。

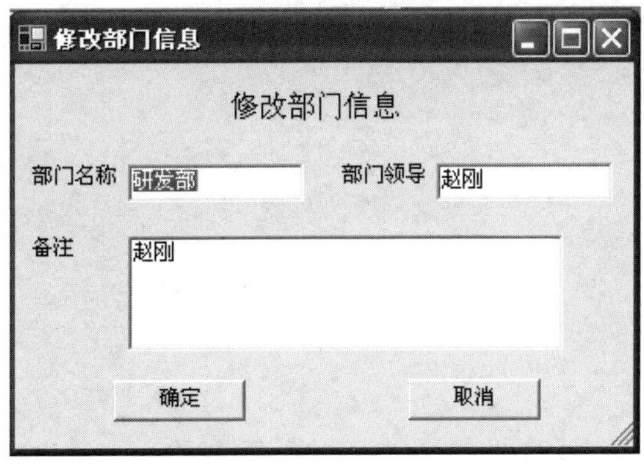

图 5-19　修改部门信息的界面

需要修改的部门编号保存在窗口的 Tag 属性中，作为 Update 语句的限定条件。程序需要确保部门名称修改后不能与现有部门名称发生重复，如果发生了重复，则弹出提示对话框，结束流程，如图 5-20 所示。

图 5-20　部门名称重复时的提示对话框

该界面的主要代码如下：

```
//例 5-14：修改部门信息窗口的程序 ModifyDepart.cs
private void button3_Click(object sender, System.EventArgs e)
{
    if (dataGrid1[dataGrid1.CurrentCell] != null)
    {
        string sql =
          "select specialtyname from specialtyinfo where specialtyid="
            + ds.Tables["specialty"]
            .Rows[dataGrid1.CurrentCell.RowNumber][0].ToString().Trim()
            + " and specialtyid not in (select distinct specialtyinfo
            .specialtyid from classinfo inner join specialtyinfo on
            classinfo.specialtyname=specialtyinfo.specialtyname)";
        OleDbCommand cmd = new OleDbCommand(sql, oleDbConnection1);
        OleDbDataReader dr;
        dr = cmd.ExecuteReader();
        if (!dr.Read())
        {
            MessageBox.Show("删除专业'" + ds.Tables["specialty"]
              .Rows[dataGrid1.CurrentCell.RowNumber][1].ToString().Trim()
              + "'失败，请先删除与此专业相关的班级", "提示");
            dr.Close();
        }
        else
        {
            dr.Close();
            sql = "delete * from specialtyinfo where specialtyname not in
              (select distinct specialtyname from classinfo)
              and specialtyid=" + ds.Tables["specialty"]
              .Rows[dataGrid1.CurrentCell.RowNumber][0].ToString().Trim();
            cmd.CommandText = sql;
            cmd.ExecuteNonQuery();
            MessageBox.Show("删除专业'" + ds.Tables["specialty"]
              .Rows[dataGrid1.CurrentCell.RowNumber][1].ToString().Trim()
              + "'成功", "提示");
        }
    }
}
private void ModifyDepart_Load(object sender, System.EventArgs e)
{
```

```
    cn = new OleDbConnection(
     "Data Source=personMIS.mdb;Jet OLEDB:Engine Type=5;
     Provider=Microsoft.Jet.OLEDB.4.0;");
}
```

5.6.4 删除部门信息

在删除部门信息前，应该判断是否存在与当前部门相关的其他记录，如果没有，则可以删除部门记录，否则，在程序中给出提示信息。在本例中，存在部门信息表与员工信息表之间的依赖关系，因而不能直接删掉部门，需要判断员工信息表中是否有该部门的信息。此部分功能可参考如下代码：

```
//例 5-15：部门信息浏览窗口中的删除事件
private void button3_Click(object sender, System.EventArgs e)
{
    if (dataGrid1[dataGrid1.CurrentCell] != null)
    {
        string sql = "select Dname from departinfo where DID="
          + ds.Tables["depart"].Rows[dataGrid1.CurrentCell.RowNumber][0]
          .ToString().Trim() + " and DID not in (select distinct
          departinfo.DID from personinfo inner join departinfo
          on personinfo.DID=departinfo.DID)";
        OleDbCommand cmd = new OleDbCommand(sql, oleDbConnection1);
        OleDbDataReader dr = cmd.ExecuteReader();
        if (!dr.Read())
        {
            MessageBox.Show("删除部门'" + ds.Tables["depart"]
              .Rows[dataGrid1.CurrentCell.RowNumber][1].ToString().Trim()
              + "'失败，请先删除与此工种相关的员工", "提示");
            dr.Close();
        }
        else
        {
            dr.Close();
            sql = "delete * from departinfo where DID not in
              (select distinct DID from personinfo) and DID="
              + ds.Tables["depart"]
              .Rows[dataGrid1.CurrentCell.RowNumber][0].ToString().Trim();
            cmd.CommandText = sql;
            cmd.ExecuteNonQuery();
            MessageBox.Show("删除部门'" + ds.Tables["depart"]
              .Rows[dataGrid1.CurrentCell.RowNumber][1].ToString().Trim()
              + "'成功", "提示");
        }
    }
}
```

5.7　员工月收入信息管理

5.7.1　添加员工月收入信息

添加员工月收入信息的界面主要完成对员工月收入各项基本信息的录入。此模块需要解决的问题包括：员工姓名由用户在下拉列表框中选择，而不是手工输入，对于同一位员工，月份不能重复。添加员工月收入信息的界面如图 5-21 所示。

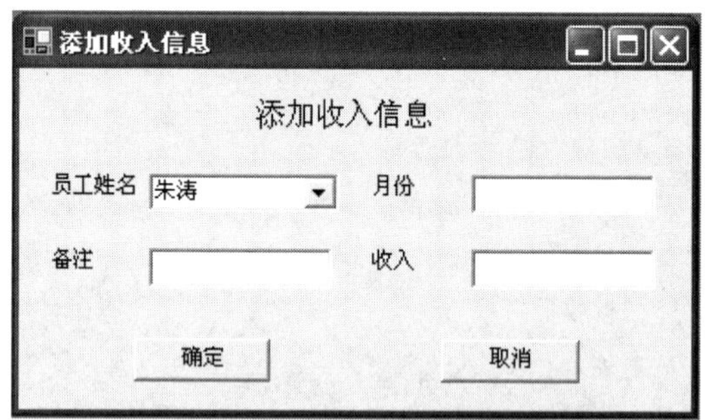

图 5-21　添加员工月收入信息的界面

为了在下拉列表中显示所有的员工姓名，程序中采了数据绑定的方法。

添加收入信息可参考如下代码：

```
//例 5-16：添加收入信息的界面 AddIncome.cs
private void button1_Click(object sender, System.EventArgs e)
{
    if (textBox2.Text.Trim()=="" || comboBox1.Text.Trim()==""
      || textBox3.Text.Trim()=="" || textBox4.Text.Trim()=="")
        MessageBox(0, "请填写完整的信息", "提示", 0);
    else
    {
        string strSQL = "select * from income where PID="
          + comboBox1.SelectedValue.ToString() + "";
        OleDbCommand cmd = new OleDbCommand(strSQL, oleDbConnection1);
        if (null != cmd.ExecuteScalar())
            MessageBox(0, "员工姓名重复", "提示", 0);
        else
        {
            string sql1, sql2, sql;
            sql1 = "insert into income (Imonth,Remark,Income,PID";
            sql2 = "values ('" + textBox2.Text.ToString()
              + "','" + textBox3.Text.ToString() + "','"
              + textBox4.Text.ToString() + "',"
              + comboBox1.SelectedValue.ToString();
            sql = sql1 + ") " + sql2 + ")";
```

```
            cmd.CommandText = sql;
            cmd.ExecuteNonQuery();
            MessageBox(0, "收入信息添加成功", "提示", 0);
        }
    }
}
private void button2_Click(object sender, System.EventArgs e)
{
    this.Close();
}
private void AddIncome_Load(object sender, System.EventArgs e)
{
    oleDbConnection1.Open();
    OleDbDataAdapter adp = new OleDbDataAdapter(
      "select PID,Pname from personinfo", oleDbConnection1);

    DataSet ds = new DataSet();
    adp.Fill(ds, "person");
    comboBox1.DisplayMember = "Pname";
    comboBox1.ValueMember = "PID";
    comboBox1.DataSource = ds.Tables[0].DefaultView;
}
```

5.7.2　浏览员工月收入信息

该界面主要用到的知识点还是数据绑定技术。读者可以更加深入地了解和掌握数据绑定的方法和原理，灵活使用数据绑定来优化程序结构，提高程序的执行效率。浏览员工月收入信息的界面如图 5-22 所示。

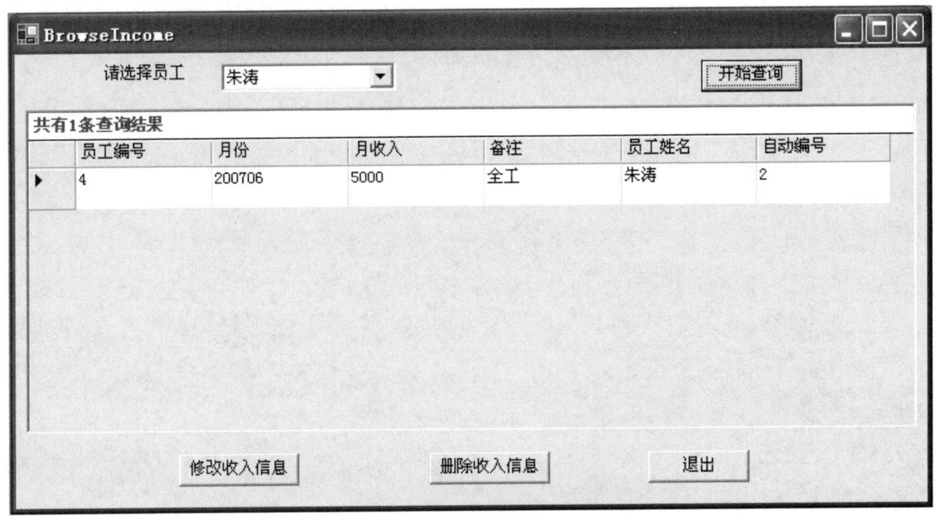

图 5-22　员工月收入信息浏览界面

在员工月收入信息浏览界面中，将员工信息通过绑定方式显示在下拉列表框 comBox1 中。检索出所属员工的月收入信息后，将其绑定到 DataGrid 控件。

主要代码如下：

```
//例 5-17：员工月收入信息浏览界面 BrowseIncome.cs
private void BrowseIncome_Load(object sender, System.EventArgs e)
{
   //产生员工下拉列表
   oleDbConnection1.Open();
   string sql = "select PID,Pname from personinfo";
   OleDbDataAdapter adp = new OleDbDataAdapter(sql, oleDbConnection1);
   DataSet ds = new DataSet();
   adp.Fill(ds, "person");
   //comboBox1.DataSource = ds.Tables["depart"].DefaultView;
   comboBox1.DisplayMember = "Pname";
   comboBox1.ValueMember = "PID";
   comboBox1.DataSource = ds.Tables[0].DefaultView;
}
DataSet ds;
private void button1_Click(object sender, System.EventArgs e)
{
   string sql = "select income.PID as 员工编号,income.Imonth as 月份,
income.Income as 月收入,income.Remark as 备注,personinfo.Pname as 员工姓名,
income.IID as 自动编号 from income inner join personinfo on income.PID =
personinfo.PID where personinfo.Pname='" + comboBox1.Text.ToString() +
"' order by IID";
   OleDbDataAdapter adp = new OleDbDataAdapter(sql, oleDbConnection1);
   ds = new DataSet();
   ds.Clear();
   adp.Fill(ds, "income");
   if (ds.Tables[0].Rows.Count != 0)
   {
      dataGrid1.DataSource = ds.Tables[0].DefaultView;
      dataGrid1.CaptionText =
        "共有" + ds.Tables[0].Rows.Count + "条查询结果";
   }
   else
   {
      dataGrid1.CaptionText = "没有您所查找的员工收入信息";
      dataGrid1.DataSource = null;
   }
}
private void button3_Click(object sender, System.EventArgs e)
{
   this.Close();
}
```

5.7.3　修改员工月收入信息

修改员工月收入信息的界面与员工月收入信息添加界面相似，但在实现方法上有一定的区别，并且在修改信息时，要避免月份发生重复，该界面如图 5-23 所示。

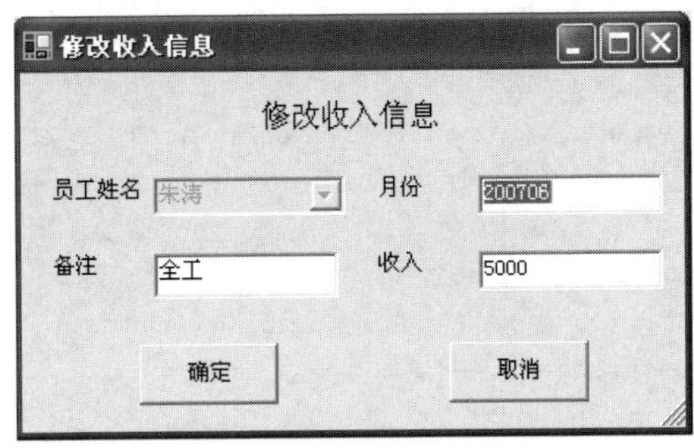

图 5-23　修改员工月收入信息的界面

在初始化该界面时，需要将与员工信息对应的文本参数传递到该窗口，并显示在相应位置的控件上，而且员工姓名不能修改。此界面可参考如下代码：

```
//例 5-18：月收入信息修改界面 ModifyIncome.cs
private void button1_Click(object sender, System.EventArgs e)
{
    string sql;
    sql = "select * from income where PID='"
      + comboBox1.SelectedValue.ToString()
      + "' and IID<>" + this.Tag.ToString().Trim();
    OleDbCommand cmd = new OleDbCommand(sql, oleDbConnection1);
    if (null != cmd.ExecuteScalar())
        MessageBox.Show("月份重复", "提示");
    else
    {
        sql = "update income set Imonth='" + textBox2.Text.ToString()
          + "',Remark='" + textBox3.Text.ToString() + "',Income='"
          + textBox4.Text.ToString() + "',PID='"
          + comboBox1.SelectedValue.ToString() + "'";
        //if (textBox8.Text.Trim() != "")
        //    sql = sql + ",Remark='" + textBox8.Text.Trim() + "'";
        sql = sql + " where IID=" + this.Tag.ToString().Trim();
        cmd.CommandText = sql;
        cmd.ExecuteNonQuery();
        MessageBox.Show("员工月收入修改成功", "提示");
    }
    oleDbConnection1.Close();
}
```

```
private void button2_Click(object sender, System.EventArgs e)
{
   this.Close();
}

private void ModifyIncome_Load(object sender, System.EventArgs e)
{
   oleDbConnection1.Open();
   OleDbDataAdapter adp = new OleDbDataAdapter(
     "select PID, Pname from personinfo", oleDbConnection1);
   DataSet ds = new DataSet();
   adp.Fill(ds, "person");
   comboBox1.DisplayMember = "personinfo";
   comboBox1.ValueMember = "PID";
   comboBox1.DataSource = ds.Tables[0].DefaultView;
   comboBox1.Text = label6.Text.Trim();
}
```

5.7.4 删除员工月收入信息

在删除员工月收入信息之前，应该判断是否存在与当前员工月收入相关的其他记录，如果没有，则可以删除员工月收入记录，否则在程序中给出提示信息。在本实例中没有这种依赖关系，因而，可以直接删掉员工月收入。此部分功能可参考如下代码：

```
//例 5-19：收入信息浏览界面中的删除事件
private void button4_Click(object sender, System.EventArgs e)
{
   if (dataGrid1.CurrentRowIndex>=0
     && dataGrid1.DataSource!=null
     && dataGrid1[dataGrid1.CurrentCell]!=null)
   {
      string sql = "delete * from income where PID='"
        + ds.Tables["income"]
        .Rows[dataGrid1.CurrentCell.RowNumber][0].ToString().Trim()
        + "'";
      OleDbCommand cmd = new OleDbCommand(sql, oleDbConnection1);
      cmd.CommandText = sql;
      cmd.ExecuteNonQuery();
      MessageBox.Show("删除员工'" + ds.Tables["income"]
        .Rows[dataGrid1.CurrentCell.RowNumber][4].ToString().Trim()
        + "'成功", "提示");
   }
   else
      MessageBox.Show("没有指定的员工收入信息", "提示");
}
```

本 章 小 结

本章的实例分别从数据库设计和应用程序设计的角度，详细描述了编写一套管理信息系统的详细方法，介绍了在编写过程中如何对数据进行处理，如数据的添加、删除、修改，以及数据与控件之间的绑定操作。

读者将会从本系统的学习中，掌握各种常用控件的使用，并灵活掌握 SQL 语句的语法格式，为以后的数据库学习打下基础。

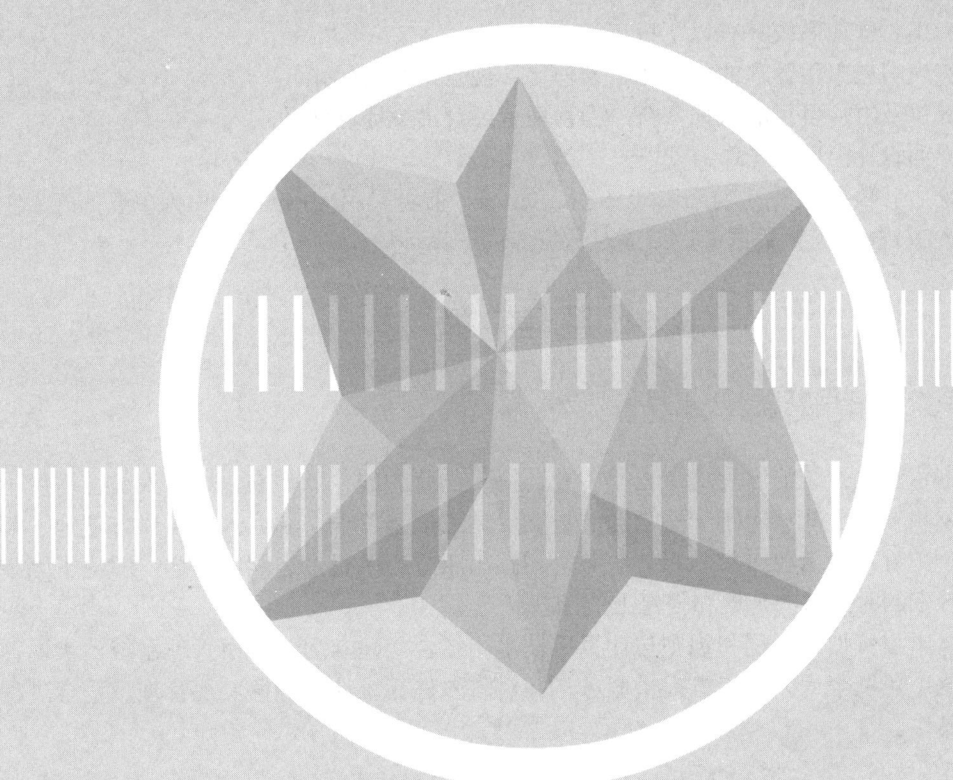

第6章

房屋出租管理系统

本房屋出租管理系统具有以下特点：

- 实现房屋出租管理的程序化、条理化、规范化和高效化。
- 提供及时、可靠的数据资料，为管理者经营决策提供帮助。
- 界面设计简单、操作方便。

本系统后台数据库采用 Microsoft SQL Server，前台采用 Visual C#作为主要的开发工具。采用 ADO 技术连接数据库，完成对数据库的一系列操作。

6.1 系统概述

6.1.1 系统的应用背景

房屋出租管理系统能够为房屋出租中介公司提供有效的帮助，它为中介人员、房屋出租者和房屋租赁者之间架起了一座沟通的桥梁。通过信息管理，中介人员可以方便地了解客户资料，更好地为出租方和承租方服务，增强出租方与承租方之间的沟通，解决了因手工操作而带来的时间上的延迟和信息上的闭塞。

将房屋出租管理的流程和规则与计算机技术相结合，建立房屋出租管理系统，实现管理的自动化，可以全程为承租方提供服务，并对收入进行统计，能够实现管理流程全过程的电子化操作。

6.1.2 系统的功能

本系统将房屋出租管理过程中的数据存储在数据库中，根据用户的需要完成相应的添加、删除、查询等操作。

主要包括以下几个功能：

- 出租人管理。在该模块中，能够添加一个新的出租人；能在界面上显示所有的出租人信息。
- 房屋信息管理。界面上显示所有的房屋信息。
- 承租者入住管理。选择客户性别、籍贯，填写客户 ID、姓名，选择入住时间，添加入住记录。
- 房屋查询。
- 承租者查询。

6.1.3 系统的预览

系统运行的主操作界面如图 6-1 所示。

图 6-2 为“出租人信息”界面。在该界面中，用户可以添加出租人信息，如姓名、编号、合同编号、联系方式、租金等。保存新添加的信息到数据库，以供查询，同时，在界面上显示所有的出租人信息。

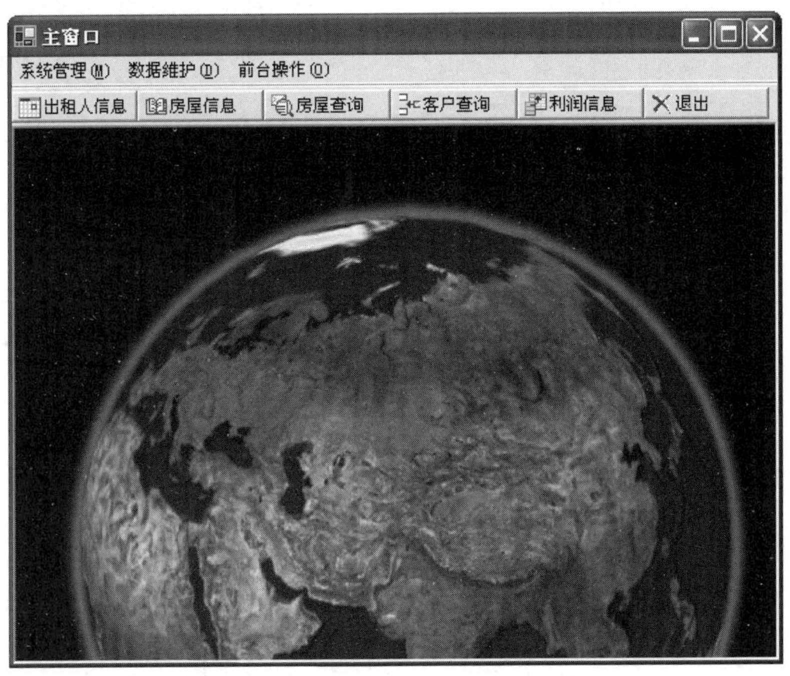

图 6-1　主操作界面

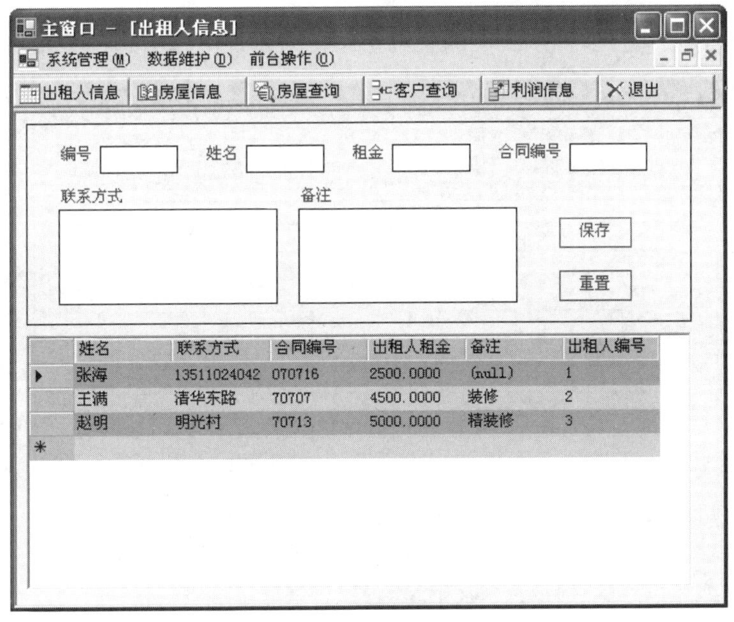

图 6-2　“出租人信息”界面

图 6-3 为“房屋信息”界面。

在该界面中，用户可以添加房屋信息，如出租人编号、房屋编号、面积、价钱等，选择是否带有电视、空调等。保存新添加的房屋信息到数据库，以供查询，同时，在界面上显示所有的房屋信息。

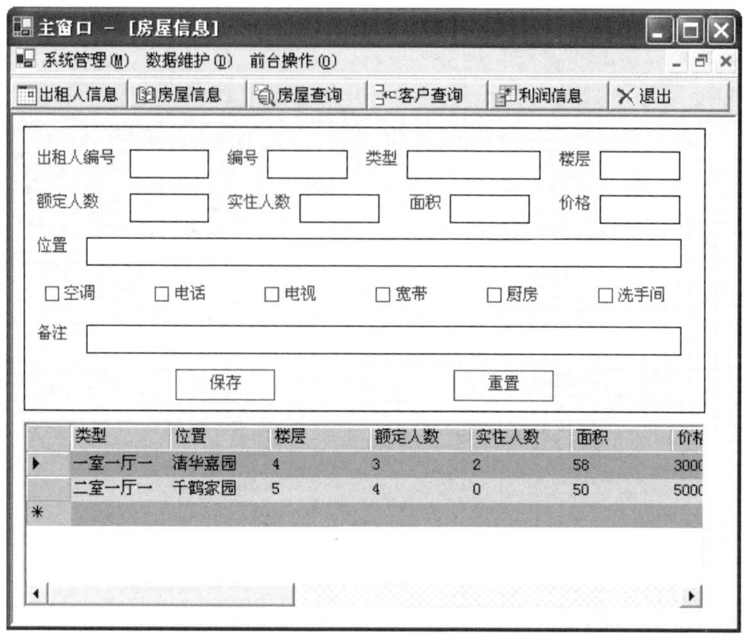

图 6-3 “房屋信息”界面

图 6-4 为“房屋查询”界面。

在该界面中，用户可以输入相应的查询条件，来查询房屋信息。

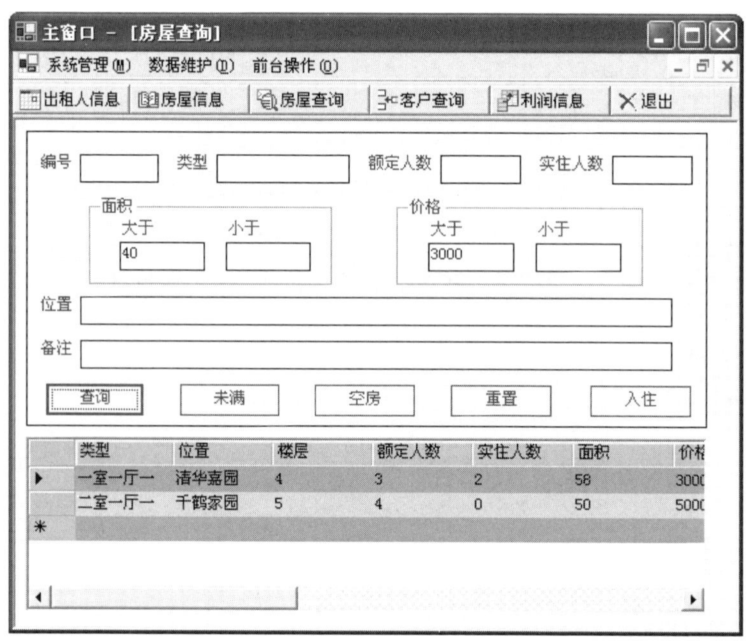

图 6-4 “房屋查询”界面

查询到房屋后，用户单击某条房间信息，然后单击“入住”按钮，将弹出如图 6-5 所示的“客户入住”界面。

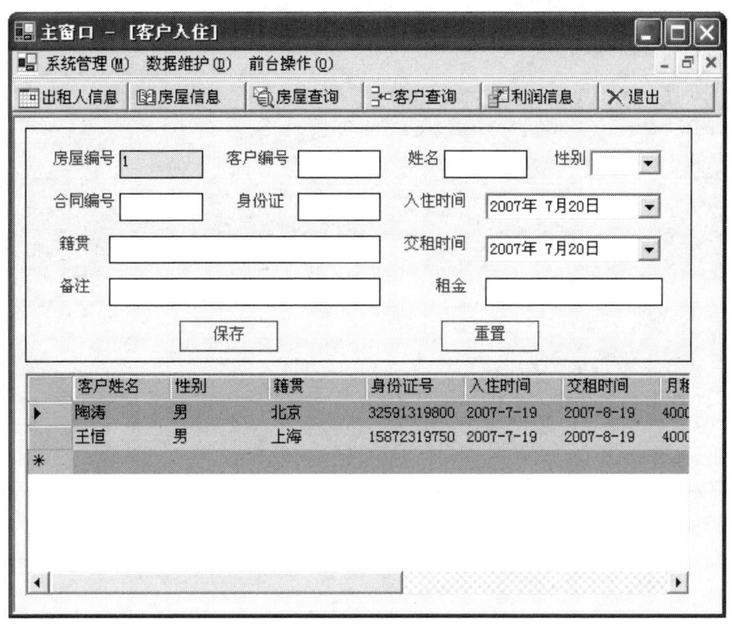

图 6-5　“客户入住”界面

在“客户入住”界面中，用户可以填写入住客户的相关信息，然后保存到数据库中，以供查询。

图 6-6 为“客户查询”界面。

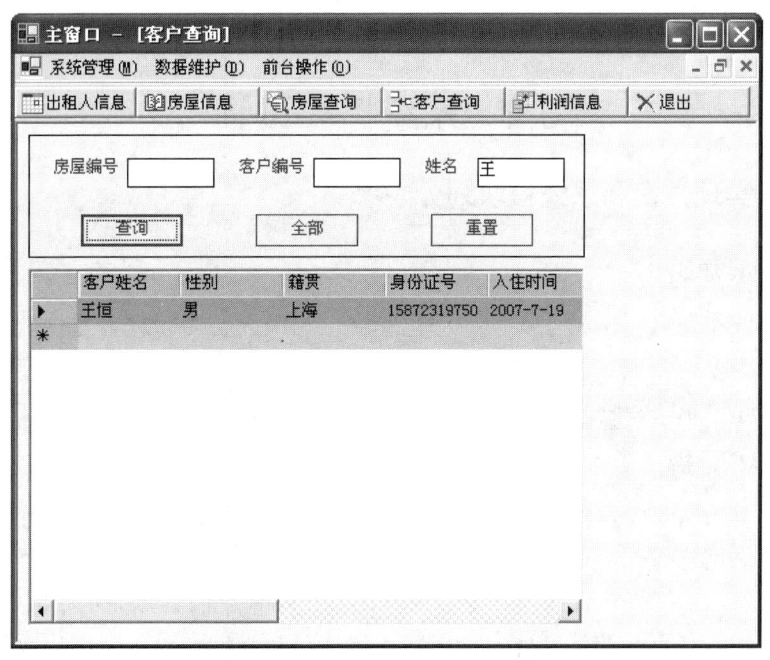

图 6-6　“客户查询”界面

在该界面中，用户可以查询所有的客户信息，也可以根据客户 ID 和房屋 ID 进行精细查询，还可以输入姓名进行模糊查询，找到符合条件的客户信息。

图 6-7 为“利润核算”界面。

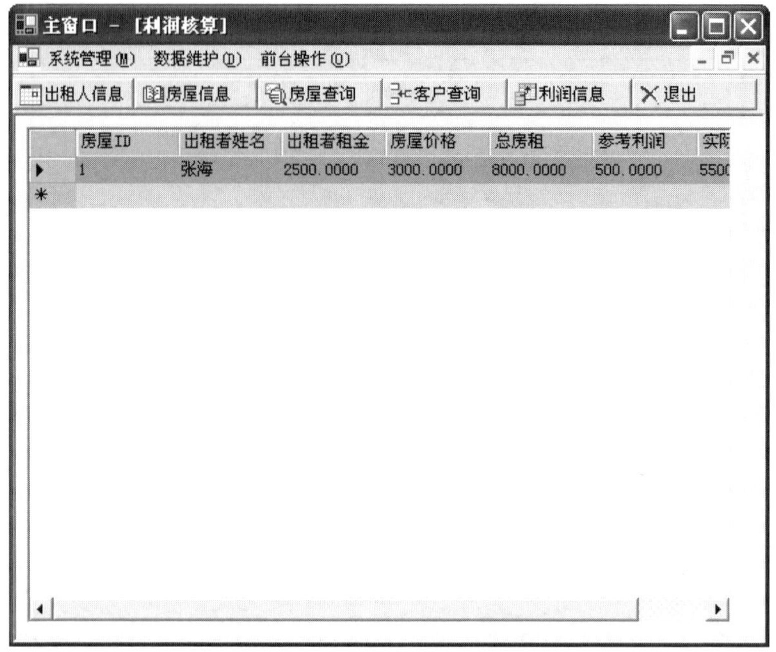

图 6-7 “利润核算”界面

在“利润核算”界面中，系统会显示出租者租金、房屋价格和房屋的总房租以及这座房屋的参考利润和实际利润。

6.2 系统概要设计

6.2.1 系统实现方案和系统模块划分

1. 系统设计思想

本系统主要实现房屋出租业务的自动化管理，为中介公司管理者提供及时的房屋信息和客户信息。本系统完成房屋管理、客户管理、房屋查询、客户查询、客户入住和利润显示等功能，因此，系统必须具有维护这些操作信息的数据表。

2. 系统架构选择

本系统采用的是两层结构的 C/S 模式，即客户端和服务器端，如图 6-8 所示。

客户端提供用户操作界面，接受用户输入的各种操作信息，并向服务器端发出各种操作命令或数据请求，接收执行操作命令后返回的数据结果，向客户显示相应的信息。

服务器端接收客户端的数据或命令请求，并执行相应的命令，得到相应的数据集，对数据集进行相应的处理，然后将数据集或处理后的数据集返回到客户端。

C/S 结构的系统架构具有访问速度快、运行稳定、安全性能好等优点，较其他架构模式更能满足本系统的快速响应及信息共享的要求。

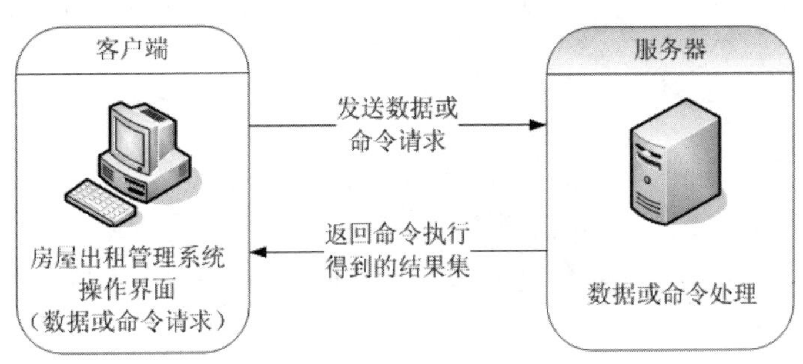

图 6-8　系统架构

3. 系统结构设计

系统结构设计如图 6-9 所示。

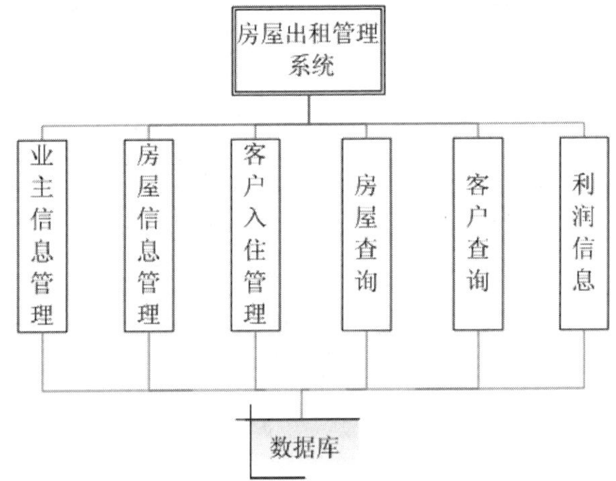

图 6-9　系统结构设计

4. 系统功能模块

根据系统的总体设计思想，主要的设计模块如图 6-10 所示。

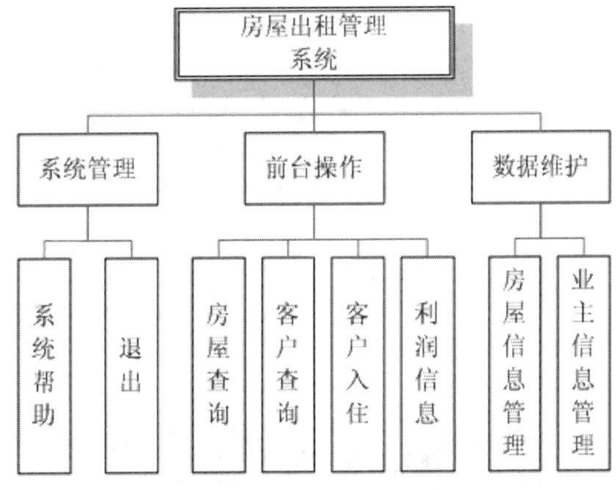

图 6-10　系统模块组成

6.2.2 数据库逻辑设计

根据房屋出租管理系统的功能要求，选取 SQL Server 2000 作为后台数据库，主要由三部分组成：基本表、视图、存储过程。

(1) 基本表。本系统中，共有 3 个表，这 3 个表分别是出租人信息表(Renter)、房屋信息表(RoomInfo)、承租客户表(Customer)。

① 出租人信息表(Renter)是对出租人信息的记录，包括出租人 ID(RenterID)、出租人姓名(RenterName)、联系方式(Contact)、合同编号(ContractID)、出租人租金(RenterRental)、备注(Remark)。出租人信息表(Renter)的结构如表 6-1 所示。

表 6-1 出租人信息表(Renter)的结构

字 段 名	数据类型	说 明
RenterID	Char	主键，非空，长度为 18
RenterName	Varchar	长度为 20
Contact	Varchar	长度为 50
ContractID	Char	非空，长度为 8
RenterRental	Money	非空，长度为 8
Remark	Varchar	长度为 50

② 房屋信息表(RoomInfo)是对房屋信息的记录，包括房屋 ID(RoomID)、出租人 ID(RenterID)、房屋类型(RoomType)、房屋位置(Location)、房屋楼层(Floor)、额定人数(RatingNum)、实住人数(TrueNum)、面积(Area)、价格(Price)、有无空调(AirCondition)、有无电话(Telephone)、有无电视(TV)、是否有卫生间(WashRoom)、是否有厨房(Kitchen)、是否有宽带(Internet)，及备注(Remark)。房屋信息表(RoomInfo)的结构如表 6-2 所示。

表 6-2 房屋信息表(RoomInfo)的结构

字 段 名	数据类型	说 明
RoomID	Char	主键，非空，长度为 4
RenterID	Char	非空，长度为 18
RoomType	Varchar	长度为 20
Location	Varchar	长度为 50
Floor	Varchar	长度为 2
RatingNum	Smallint	长度为 2
TrueNum	Smallint	长度为 2
Area	Smallint	长度为 2
Price	Money	非空，长度为 8
AirCondition	Bit	长度为 1
Telephone	Bit	长度为 1

续表

字 段 名	数据类型	说　明
TV	Bit	长度为 1
WashRoom	Bit	长度为 1
Kitchen	Bit	长度为 1
Internet	Bit	长度为 1
Remark	Varchar	长度为 50

③　承租客户表(Customer)记录承租客户的信息，包括承租客户 ID(CustomerID)、承租客户姓名(CustomerName)、性别(Sex)、籍贯(NativePlace)、身份证号(IDCard)、房屋ID(RoomID)、入住时间(InDate)、交租时间(RentalDate)、月租金额(CustomerRental)、合同编号(ContractID)，及备注(Remark)。承租客户表(Customer)的结构如表 6-3 所示。

表 6-3　承租客户表(Customer)的结构

字 段 名	数据类型	说　明
CustomerID	Char	主键，非空，长度为 18
CustomerName	Varchar	长度为 20
Sex	Char	长度为 2
NativePlace	Varchar	长度为 50
IDCard	Char	长度为 18
RoomID	Char	非空，长度为 4
InDate	Datetime	非空，长度为 8
RentalDate	Datetime	长度为 8
ContractID	Char	非空，长度为 8
CustomerRental	Money	非空，长度为 8
Remark	Varchar	长度为 50

(2)　本数据库中有两个视图，分别是客户信息视图(View_CustomerInfo)和房屋信息视图(View_RoomInfo)。

①　客户信息视图(View_CustomerInfo)基于 3 张表：出租人信息表(Renter)、房屋信息表(RoomInfo)、承租客户表(Customer)。包括承租客户姓名(CustomerName)、客房类型(RoomType)、价格(Price)、入住客户 ID(CustomerID)、房屋 ID(RoomID)、入住日期(InDate)、交租日期(RentalData)、交租金额(CustomerRental)、出租人租金(RenterRental)和实际利润(TrueProfit)。

构建视图所用的 SQL 脚本如下所示：

```
//例 6-1：客户信息视图(View_CustomerInfo)的 SQL 脚本
SELECT TOP 100 PERCENT dbo.Customer.CustomerName, dbo.RoomInfo.RoomType,
    dbo.RoomInfo.Price, dbo.Customer.CustomerID, dbo.RoomInfo.RoomID,
    dbo.Renter.RenterRental, dbo.Customer.InDate,
    dbo.Customer.RentalDate, dbo.Customer.CustomerRental,
```

```
    dbo.Customer.CustomerRental - dbo.Renter.RenterRental AS TrueProfit
FROM dbo.Customer INNER JOIN
    dbo.RoomInfo ON dbo.Customer.RoomID = dbo.RoomInfo.RoomID INNER JOIN
    dbo.Renter ON dbo.RoomInfo.RenterID = dbo.Renter.RenterID
ORDER BY dbo.Customer.CustomerID
```

客户信息视图(View_CustomerInfo)的数据表来源如图 6-11 所示，字段结构如图 6-12 所示。

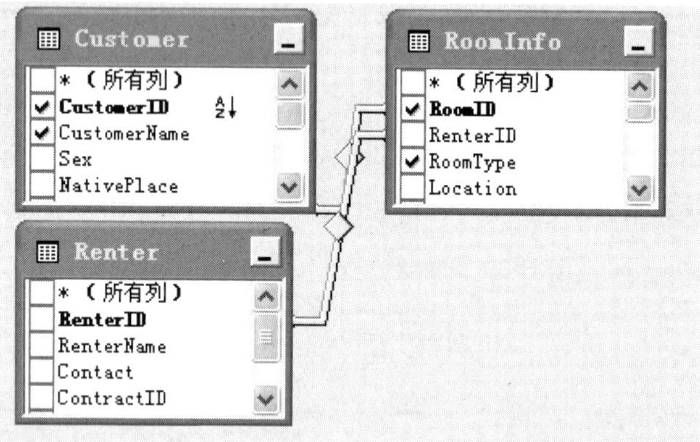

图 6-11　客户信息视图(View_CustomerInfo)的数据表来源

列	别名	表	输出	排序类型	排序顺序
CustomerName		Customer	✓		
RoomType		RoomInfo	✓		
Price		RoomInfo	✓		
CustomerID		Customer	✓	升序	1
RoomID		RoomInfo	✓		
RenterRental		Renter	✓		
InDate		Customer	✓		
RentalData		Customer	✓		
CustomerRent:		Customer	✓		
dbo.Customer.	TrueProfi		✓		

图 6-12　客户信息视图(View_CustomerInfo)的字段结构

② 房屋信息视图(View_RoomInfo)基于两张表：出租人信息表(Renter)、房屋信息表(RoomInfo)。包括出租人姓名(RenterName)、联系方式(Contact)、房屋类型(RoomType)、合同编号(ContractID)、房屋 ID(RoomID)、租金(RenterRental)、房屋位置(Location)、房屋楼层(Floor)、额定人数(RatingNum)、实住人数(TrueNum)、面积(Area)、价格(Price)和计划利润(PlanProfit)。

构建视图所用的 SQL 脚本如下所示：

```
//例 6-2：房屋信息视图(View_RoomInfo)的 SQL 脚本
SELECT TOP 100 PERCENT dbo.Renter.RenterName, dbo.Renter.Contact,
    dbo.Renter.RenterRental, dbo.RoomInfo.RoomID, dbo.RoomInfo.RoomType,
    dbo.RoomInfo.Location, dbo.RoomInfo.Floor, dbo.RoomInfo.RatingNum,
    dbo.RoomInfo.Area, dbo.RoomInfo.Price, dbo.Renter.ContractID,
```

```
    dbo.RoomInfo.TrueNum,
    dbo.RoomInfo.Price - dbo.Renter.RenterRental AS PlanProfit
FROM dbo.Renter INNER JOIN
    dbo.RoomInfo ON dbo.Renter.RenterID = dbo.RoomInfo.RenterID
ORDER BY dbo.RoomInfo.RoomID
```

房屋信息视图(View_RoomInfo)的数据表来源如图 6-13 所示，它的字段结构如图 6-14 所示。

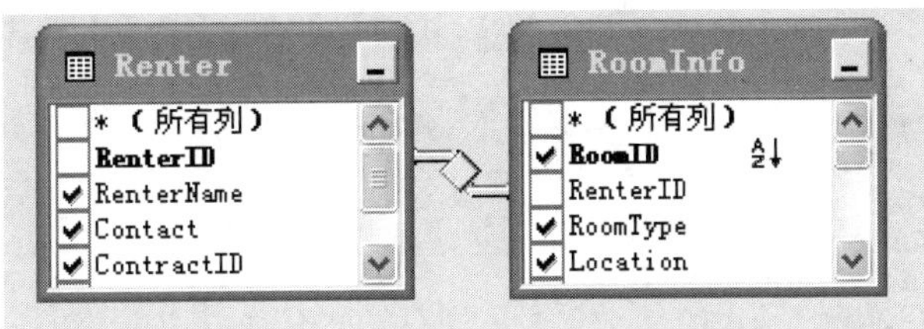

图 6-13　房屋信息视图(View_RoomInfo)的数据表来源

列	别名	表	输出	排序类型	排序顺序
RenterName		Renter	✓		
Contact		Renter	✓		
RenterRental		Renter	✓		
RoomID		RoomInfo	✓	升序	1
RoomType		RoomInfo	✓		
Location		RoomInfo	✓		
Floor		RoomInfo	✓		
RatingNum		RoomInfo	✓		
Area		RoomInfo	✓		
Price		RoomInfo	✓		
ContractID		Renter	✓		
TrueNum		RoomInfo	✓		
dbo.RoomInfo.	PlanProfi		✓		

图 6-14　房屋信息视图(View_RoomInfo)的字段结构

(3) 存储过程。本数据库中有两个存储过程，分别是添加客户存储过程(Procedure_AddCustomer)和减少客户存储过程(Procedure_MinusCustomer)。

① 添加客户存储过程(Procedure_AddCustomer)是在指定房屋添加承租客户后更新房屋信息表(RoomInfo)的实住人数(TrueNum)。

添加客户存储过程(Procedure_AddCustomer)的 SQL 脚本如下所示：

```
//例 6-3：添加客户存储过程(Procedure_AddCustomer)的 SQL 脚本
CREATE PROCEDURE dbo.Procedure_AddCustomer
   (
      @roomID char(4)
   )
AS
   Update RoomInfo Set TrueNum=TrueNum+1 Where RoomID=@roomID
   RETURN
GO
```

② 减少客户存储过程(Procedure_MinusCustomer)是在指定房屋减少承租客户后更新房屋信息表(RoomInfo)的实住人数(TrueNum)。

减少客户存储过程(Procedure_MinusCustomer)的 SQL 脚本如下所示：

```
//例 6-4：减少客户存储过程(Procedure_MinusCustomer)的 SQL 脚本
CREATE PROCEDURE dbo.Procedure_MinusCustomer
    (
        @roomID char(4)
    )
AS
    Update RoomInfo Set TrueNum=TrueNum-1 Where RoomID=@roomID
    RETURN
GO
```

6.3 系统详细设计

在系统的概要设计中，已解决了实现该系统需要的模块划分和设计问题，以及数据结构的设计等。本节将介绍系统的详细设计。

在系统的详细设计中，将确定如何具体地实现该系统，从而在编码阶段可以把这个描述直接翻译成用具体的程序语言书写的程序。该阶段主要的工作是根据在需求分析中所描述的数据、功能、运行、性能需求，并依据概要设计所确定的处理流程、总体结构和模块外部设计，设计软件系统的结构，实现逐个模块的程序描述。

本系统在设计时，将每个功能模块的操作界面与数据库操作分开，各自成为一个独立的文件，在界面操作的文件中调用数据库操作文件中的相关函数来实现功能，两个文件相互独立、相互统一。

6.3.1 数据库连接

本实例采用的是 SQL Server 数据库，打开 SQL Server 企业管理器，单击控制台前面的加号按钮，直到出现“数据库”，然后在“数据库”上单击鼠标右键，从弹出的快捷菜单中选择“所有任务”→“附加数据库”命令，然后单击“...”按钮，选择本章相关源代码中的 DataBase 文件夹下的 RentManage.mdf 文件，其他采用默认设置，然后单击“确定”按钮。

在程序中，专门设计了连接字符串模块“database\dbConnection.cs”，代码如下：

```
public static string connection
{
    get { return "data source=(local);user id=sa;password=;initial
        catalog=RentManage;integrated security=SSPI;"; }
}
```

其中，user id 为 SQL Server 的用户名，password 为密码，initial catalog 为初始数据库，data source 为服务器地址，(local)为本机服务器。

6.3.2　出租人信息管理

(1)　出租人信息管理数据输入部分设计了 6 个 TextBox 控件，用户可以方便地输入出租人信息。各个控件的名称、作用如表 6-4 所示。

表 6-4　出租人信息管理模块输入控件的设计

控件类型	控件名称	作　用
TextBox	textRenterID	输入出租者编号
	textRenterName	输入出租者姓名
	textRenterRental	输入房屋租金
	textContractID	输入合同编号
	textContact	输入出租者联系方式
	textRemark	输入备注

出租者编号(TextRenterID)、房屋租金(TextRenterRental)和合同编号(TextContractID)三个控件内容的必须输入，不能为空。

(2)　数据输出部分用一个 DataGrid 控件输出数据，控件名称是 DataGrid1，用来显示出租者信息。

(3)　数据操作部分设计了两个 Button 控件。各个控件的名称、作用如表 6-5 所示。

表 6-5　出租人信息管理模块 Button 控件设计

控件类型	控件名称	作　用
Button	btSave	保存输入的出租人信息
	btNew	把各个输入控件置空

6.3.3　房屋信息管理

(1)　房屋信息管理数据输入部分设计了 10 个 TextBox 控件和 6 个 CheckBox 控件，用户可以方便地输入房屋信息。各个控件的名称、作用如表 6-6 所示。

表 6-6　房屋信息管理模块的输入控件设计

控件类型	控件名称	作　用
TextBox	textRenterID	输入出租者编号
	textRoomID	输入房屋编号
	textRoomType	输入房屋类型
	textFloor	输入楼层
	textRatingNum	输入额定人数
	textArea	输入面积

续表

控件类型	控件名称	作　用
TextBox	textPrice	输入价格
	textRemark	输入备注
	textLocation	输入位置
	textTrueNum	输入实际人数
CheckBox	checkAircondition	选择是否有空调
	checkTelephone	选择是否有电话
	checkTV	选择是否有电视
	checkWashRoom	选择是否有洗手间
	checkKitchen	选择是否有厨房
	checkInternet	选择是否有宽带

其中，出租者编号(textRenterID)、房屋编号(textRoomID)和价格(textPrice)三个控件内容的必须输入，不能为空。

(2) 数据输出部分用一个 DataGrid 控件输出数据，控件名称是 DataGrid1，用来显示房屋信息。

(3) 数据操作部分设计了两个 Button 控件。各个控件的名称、作用如表 6-7 所示。

表 6-7　房屋信息管理模块 Button 控件设计

控件类型	控件名称	作　用
Button	btSave	保存输入的房屋信息
	btNew	把各个输入控件置空

6.3.4　房屋查询

(1) 房屋查询数据输入部分设计了 10 个 TextBox 控件，用户可以方便地输入房屋信息。各个控件的名称、作用如表 6-8 所示。

表 6-8　房屋查询管理模块输入控件设计

控件类型	控件名称	作　用
TextBox	textLocation	输入房屋位置
	textMaxArea	输入面积上限
	textMinArea	输入面积下限
	textMaxPrice	输入价格上限
	textMinPrice	输入价格下限
	textRatingNum	输入额定人数
	textTrueNum	输入实际人数

续表

控件类型	控件名称	作　用
TextBox	textRemark	输入其他条件
	textRoomID	输入房屋编号
	textRoomType	输入房屋类型

(2) 数据输出部分用一个 DataGrid 控件输出数据，控件名称是 DataGrid1，用来显示查询到房屋信息。

(3) 数据操作部分设计了 5 个 Button 控件。各个控件的名称、作用如表 6-9 所示。

表 6-9　房屋查询管理模块 Button 控件设计

控件类型	控件名称	作　用
Button	btQuery	根据输入条件查询
	btNotFull	查询未满房屋
	btEmpty	查询空的房屋
	btCheckIn	承租者入住
	btNew	输入控件重置

在单击“入住”按钮前，必须先在 DataGrid 中选择一条房屋未满的记录，这样才能进行入住操作。

6.3.5　承租者入住管理

(1) 承租者入住管理数据输入部分设计了 8 个 TextBox 控件、1 个 ComboBox 控件和两个 DateTimePicker 控件，用户可以方便地输入承租人信息。各个控件的名称、作用和类型如表 6-10 所示。

表 6-10　承租者入住管理模块输入控件设计

控件类型	控件名称	作　用
TextBox	textContractID	输入合同编号
	textCustomerID	输入承租者编号
	textCustomerRental	输入月租
	textIDCard	输入承租者身份证号
	textName	输入姓名
	textNativePlace	输入籍贯
	textRemark	输入备注
	textRoomID	输入房屋编号
DateTimePicker	dateCheckIn	选择入住时间
	dateRental	选择交租时间
ComboBox	comSex	选择性别

承租者编号(textCustomerID)、房屋编号(textRoomID)、合同编号(textContractID)、月租(textCustomerRental)和入住时间(dateCheckIn)这几个控件的内容必须输入，不能为空。

(2) 数据输出部分用一个 DataGrid 控件输出数据，控件名称是 DataGrid1，用来显示承租者信息。

(3) 数据操作部分设计了两个 Button 控件。各个控件的名称、作用如表 6-11 所示。

表 6-11　承租者入住管理模块 Button 控件设计

控件类型	控件名称	作　用
Button	btSave	保存输入的承租者信息
	btNew	把各个输入控件置空

在点击“入住”按钮前，必须先在 DataGrid 中选择一条房屋未满的记录，这样才能进行出租者入住操作。

6.3.6　承租者查询

(1) 承租者查询数据输入部分设计了 3 个 TextBox 控件，用户可以方便地输入承租人查询条件进行查询。各个控件的名称、作用如表 6-12 所示。

表 6-12　承租者查询管理模块输入控件设计

控件类型	控件名称	作　用
TextBox	textCustomerID	输入承租人编号
	textName	输入姓名
	textRoomID	输入房间号

(2) 数据输出部分用一个 DataGrid 控件输出数据，控件名称是 DataGrid1，用来显示承租者信息。

(3) 数据操作部分设计了 3 个 Button 控件。各个控件的名称、作用如表 6-13 所示。

表 6-13　承租者查询管理模块 Button 控件设计

控件类型	控件名称	作　用
Button	btQuery	根据输入的信息查询
	btNew	把各个输入控件置空
	btAll	查询所有的承租人信息

6.3.7　利润信息

在该部分中，只有一个 DataGrid 控件，用来输出数据。控件名称是 DataGrid1，用来显示利润信息。

6.4　系 统 编 制

6.4.1　主界面的编码

主界面的作用，就是显示本系统所有的功能菜单项，并把用户经常用到的功能模块设计成菜单条，以方便用户操作，然后，当用户单击相应的菜单项或菜单条按钮时，打开对应的模块窗口。

主界面的全部代码如下所示：

```
//例 6-5：主界面 MainForm 代码
using System;
using System.Drawing;
using System.Collections;
using System.ComponentModel;
using System.Windows.Forms;

namespace RentManage
{
    /// <summary>
    /// Form1 的摘要说明。
    /// </summary>
    public class mainform : System.Windows.Forms.Form
    {
        private System.Windows.Forms.MainMenu mainMenu1;
        private System.Windows.Forms.MenuItem menuItem1;
        private System.Windows.Forms.MenuItem menuItem2;
        private System.Windows.Forms.MenuItem menuItem3;
        private System.Windows.Forms.ToolBar toolBar1;
        private System.Windows.Forms.ToolBarButton information;
        private System.Windows.Forms.ImageList imageList1;
        private System.Windows.Forms.ToolBarButton query;
        private System.Windows.Forms.MenuItem menuItem4;
        private System.Windows.Forms.MenuItem menuItem5;
        private System.Windows.Forms.MenuItem menuItem6;
        private System.Windows.Forms.MenuItem menuItem7;
        private System.Windows.Forms.MenuItem menuItem8;
        private System.Windows.Forms.MenuItem menuItem9;
        private System.Windows.Forms.MenuItem menuItem10;
        private System.Windows.Forms.MenuItem menuItem11;
        private System.Windows.Forms.ToolBarButton checkin;
        private System.Windows.Forms.ToolBarButton quit;
        private System.Windows.Forms.ToolBarButton renter;
        private System.Windows.Forms.ToolBarButton rental;
        private System.ComponentModel.IContainer components;
```

```
public mainform()
{
    //
    // Windows 窗体设计器支持所必需的
    //
    InitializeComponent();

    //
    // TODO: 在 InitializeComponent 调用后添加任何构造函数代码
    //
}

/// <summary>
/// 清理所有正在使用的资源。
/// </summary>
protected override void Dispose(bool disposing)
{
    if (disposing)
    {
        if (components != null)
        {
            components.Dispose();
        }
    }
    base.Dispose(disposing);
}

#region Windows 窗体设计器生成的代码
/// <summary>
/// 设计器支持所需的方法 - 不要使用代码编辑器修改
/// 此方法的内容。
/// </summary>
private void InitializeComponent()
{
    this.components = new System.ComponentModel.Container();
    System.Resources.ResourceManager resources =
      new System.Resources.ResourceManager(typeof(mainform));
    this.mainMenu1 = new System.Windows.Forms.MainMenu();
    this.menuItem1 = new System.Windows.Forms.MenuItem();
    this.menuItem4 = new System.Windows.Forms.MenuItem();
    this.menuItem5 = new System.Windows.Forms.MenuItem();
    this.menuItem2 = new System.Windows.Forms.MenuItem();
    this.menuItem6 = new System.Windows.Forms.MenuItem();
    this.menuItem7 = new System.Windows.Forms.MenuItem();
    this.menuItem3 = new System.Windows.Forms.MenuItem();
```

```
this.menuItem8 = new System.Windows.Forms.MenuItem();
this.menuItem9 = new System.Windows.Forms.MenuItem();
this.menuItem10 = new System.Windows.Forms.MenuItem();
this.menuItem11 = new System.Windows.Forms.MenuItem();
this.toolBar1 = new System.Windows.Forms.ToolBar();
this.renter = new System.Windows.Forms.ToolBarButton();
this.information = new System.Windows.Forms.ToolBarButton();
this.query = new System.Windows.Forms.ToolBarButton();
this.checkin = new System.Windows.Forms.ToolBarButton();
this.rental = new System.Windows.Forms.ToolBarButton();
this.quit = new System.Windows.Forms.ToolBarButton();
this.imageList1 =
  new System.Windows.Forms.ImageList(this.components);
this.SuspendLayout();
//
// mainMenu1
//
this.mainMenu1.MenuItems.AddRange(
  new System.Windows.Forms.MenuItem[] {
  this.menuItem1,
  this.menuItem2,
  this.menuItem3});
//
// menuItem1
//
this.menuItem1.Index = 0;
this.menuItem1.MenuItems.AddRange(
  new System.Windows.Forms.MenuItem[] {
  this.menuItem4,
  this.menuItem5});
this.menuItem1.Text = "系统管理(&M)";
//
// menuItem4
//
this.menuItem4.Index = 0;
this.menuItem4.Text = "系统帮助";
//
// menuItem5
//
this.menuItem5.Index = 1;
this.menuItem5.Text = "退出系统";
this.menuItem5.Click +=
  new System.EventHandler(this.menuItem5_Click);
//
// menuItem2
//
```

```
this.menuItem2.Index = 1;
this.menuItem2.MenuItems.AddRange(
  new System.Windows.Forms.MenuItem[] {
  this.menuItem6,
  this.menuItem7});
this.menuItem2.Text = "数据维护(&D)";
//
// menuItem6
//
this.menuItem6.Index = 0;
this.menuItem6.Text = "出租人信息";
this.menuItem6.Click +=
  new System.EventHandler(this.menuItem6_Click);
//
// menuItem7
//
this.menuItem7.Index = 1;
this.menuItem7.Text = "房屋信息";
this.menuItem7.Click +=
  new System.EventHandler(this.menuItem7_Click);
//
// menuItem3
//
this.menuItem3.Index = 2;
this.menuItem3.MenuItems.AddRange(
  new System.Windows.Forms.MenuItem[] {
  this.menuItem8,
  this.menuItem9,
  this.menuItem10,
  this.menuItem11});
this.menuItem3.Text = "前台操作(&O)";
//
// menuItem8
//
this.menuItem8.Index = 0;
this.menuItem8.Text = "房屋查询";
this.menuItem8.Click +=
  new System.EventHandler(this.menuItem8_Click);
//
// menuItem9
//
this.menuItem9.Index = 1;
this.menuItem9.Text = "客户查询";
this.menuItem9.Click +=
  new System.EventHandler(this.menuItem9_Click);
//
```

```
// menuItem10
//
this.menuItem10.Index = 2;
this.menuItem10.Text = "客户入住";
this.menuItem10.Click +=
  new System.EventHandler(this.menuItem10_Click);
//
// menuItem11
//
this.menuItem11.Index = 3;
this.menuItem11.Text = "利润信息";
this.menuItem11.Click +=
  new System.EventHandler(this.menuItem11_Click);
//
// toolBar1
//
this.toolBar1.Buttons.AddRange(
  new System.Windows.Forms.ToolBarButton[] {
  this.renter,
  this.information,
  this.query,
  this.checkin,
  this.rental,
  this.quit});
this.toolBar1.ButtonSize = new System.Drawing.Size(90, 22);
this.toolBar1.DropDownArrows = true;
this.toolBar1.ImageList = this.imageList1;
this.toolBar1.Location = new System.Drawing.Point(0, 0);
this.toolBar1.Name = "toolBar1";
this.toolBar1.ShowToolTips = true;
this.toolBar1.Size = new System.Drawing.Size(546, 28);
this.toolBar1.TabIndex = 0;
this.toolBar1.TextAlign =
  System.Windows.Forms.ToolBarTextAlign.Right;
this.toolBar1.ButtonClick +=
  new System.Windows.Forms
  .ToolBarButtonClickEventHandler(this.toolBar1_ButtonClick);
//
// renter
//
this.renter.ImageIndex = 0;
this.renter.Text = "出租人信息";
this.renter.ToolTipText = "出租人信息";
//
// information
//
```

```
        this.information.ImageIndex = 1;
        this.information.Text = "房屋信息";
        this.information.ToolTipText = "房屋信息";
        //
        // query
        //
        this.query.ImageIndex = 2;
        this.query.Text = "房屋查询";
        this.query.ToolTipText = "房屋查询";
        //
        // checkin
        //
        this.checkin.ImageIndex = 3;
        this.checkin.Text = "客户查询";
        this.checkin.ToolTipText = "客户查询";
        //
        // rental
        //
        this.rental.ImageIndex = 4;
        this.rental.Text = "利润信息";
        this.rental.ToolTipText = "利润信息";
        //
        // quit
        //
        this.quit.ImageIndex = 5;
        this.quit.Text = "退出";
        this.quit.ToolTipText = "退出";
        //
        // imageList1
        //
        this.imageList1.ImageSize = new System.Drawing.Size(16, 16);
        this.imageList1.ImageStream =
          ((System.Windows.Forms.ImageListStreamer)
          (resources.GetObject("imageList1.ImageStream")));
        this.imageList1.TransparentColor =
         System.Drawing.Color.Transparent;
        //
        // mainform
        //
        this.AutoScaleBaseSize = new System.Drawing.Size(6, 14);
        this.BackColor = System.Drawing.SystemColors.Window;
        this.BackgroundImage = ((System.Drawing.Image)
          (resources.GetObject("$this.BackgroundImage")));
        this.ClientSize = new System.Drawing.Size(546, 403);
        this.Controls.Add(this.toolBar1);
        this.ForeColor = System.Drawing.SystemColors.Desktop;
```

```
    this.FormBorderStyle =
      System.Windows.Forms.FormBorderStyle.FixedSingle;
    this.IsMdiContainer = true;
    this.Menu = this.mainMenu1;
    this.Name = "mainform";
    this.Text = "主窗口";
    this.ResumeLayout(false);

}
#endregion

/// <summary>
/// 应用程序的主入口点。
/// </summary>
[STAThread]
static void Main()
{
    Application.Run(new mainform());
}

private void menuItem5_Click(object sender, System.EventArgs e)
{
    Application.Exit();
}

private void menuItem6_Click(object sender, System.EventArgs e)
{
    Form Renter = new Renter();
    for(int x=0; x<this.MdiChildren.Length; x++)
    {
        Form tempChild = (Form)this.MdiChildren[x];
        tempChild.Close();
    }
    Renter.MdiParent = this;
    Renter.WindowState = FormWindowState.Maximized;
    Renter.Show();
}

private void menuItem7_Click(object sender, System.EventArgs e)
{
    Form Room = new Room();
    for(int x=0; x<this.MdiChildren.Length; x++)
    {
        Form tempChild = (Form)this.MdiChildren[x];
        tempChild.Close();
    }
```

```
        Room.MdiParent = this;
        Room.WindowState = FormWindowState.Maximized;
        Room.Show();
    }

    private void menuItem8_Click(object sender, System.EventArgs e)
    {
        Form RoomQuery = new RoomQuery();
        for(int x=0; x<this.MdiChildren.Length; x++)
        {
            Form tempChild = (Form)this.MdiChildren[x];
            tempChild.Close();
        }
        RoomQuery.MdiParent = this;
        RoomQuery.WindowState = FormWindowState.Maximized;
        RoomQuery.Show();
    }

    private void menuItem10_Click(object sender, System.EventArgs e)
    {
        Form Customer = new Customer();
        for(int x=0; x<this.MdiChildren.Length; x++)
        {
            Form tempChild = (Form)this.MdiChildren[x];
            tempChild.Close();
        }
        Customer.MdiParent = this;
        Customer.WindowState = FormWindowState.Maximized;
        Customer.Show();
    }

    private void menuItem9_Click(object sender, System.EventArgs e)
    {
        Form CustomerQuery = new CustomerQuery();
        for(int x=0; x<this.MdiChildren.Length; x++)
        {
            Form tempChild = (Form)this.MdiChildren[x];
            tempChild.Close();
        }
        CustomerQuery.MdiParent = this;
        CustomerQuery.WindowState = FormWindowState.Maximized;
        CustomerQuery.Show();
    }

    private void menuItem11_Click(object sender, System.EventArgs e)
    {
```

```
    Form Profit = new Profit();
    for(int x=0; x<MdiChildren.Length; x++)
    {
        Form tempChild = (Form)MdiChildren[x];
        tempChild.Close();
    }
    Profit.MdiParent = this;
    Profit.WindowState = FormWindowState.Maximized;
    Profit.Show();
}

private void toolBar1_ButtonClick(object sender,
  System.Windows.Forms.ToolBarButtonClickEventArgs e)
{
    switch(toolBar1.Buttons.IndexOf(e.Button))
    {
    case 0:
        Form Renter = new Renter();
        for(int x=0; x<this.MdiChildren.Length; x++)
        {
            Form tempChild = (Form)this.MdiChildren[x];
            tempChild.Close();
        }
        Renter.MdiParent = this;
        Renter.WindowState = FormWindowState.Maximized;
        Renter.Show();
        break;
    case 1:
        Form Room = new Room();
        for(int x=0; x<this.MdiChildren.Length; x++)
        {
            Form tempChild = (Form)this.MdiChildren[x];
            tempChild.Close();
        }
        Room.MdiParent = this;
        Room.WindowState = FormWindowState.Maximized;
        Room.Show();
        break;
    case 2:
        Form RoomQuery = new RoomQuery();
        for(int x=0; x<this.MdiChildren.Length; x++)
        {
            Form tempChild = (Form)this.MdiChildren[x];
            tempChild.Close();
        }
        RoomQuery.MdiParent = this;
```

```
                RoomQuery.WindowState = FormWindowState.Maximized;
                RoomQuery.Show();
                break;
            case 3:
                Form CustomerQuery = new CustomerQuery();
                for(int x=0; x<this.MdiChildren.Length; x++)
                {
                    Form tempChild = (Form)this.MdiChildren[x];
                    tempChild.Close();
                }
                CustomerQuery.MdiParent = this;
                CustomerQuery.WindowState = FormWindowState.Maximized;
                CustomerQuery.Show();
                break;
            case 4:
                Form Profit = new Profit();
                for(int x=0; x<MdiChildren.Length; x++)
                {
                    Form tempChild = (Form)MdiChildren[x];
                    tempChild.Close();
                }
                Profit.MdiParent = this;
                Profit.WindowState = FormWindowState.Maximized;
                Profit.Show();
                break;
            case 5:
                Application.Exit();
                break;
            }
        }
    }
}
```

6.4.2 出租人信息管理部分的编码

出租人信息管理部分的代码包括两个部分：Renter 和 RenterManange。

Renter 为界面表现层，主要用来显示所有的出租人信息，以及添加一个新的出租人时必须指定的出租人的属性；RenterManange 为业务逻辑层，主要用来实现数据库的交互，例如从数据库中查询所有的出租人信息和把一个新的出租人添加到数据库中。

RenterManange 提供了出租人信息管理的数据库操作接口，用户界面 Renter 只要调用业务逻辑层实现的方法，便可以实现与数据库的交互。

RenterManange 的全部代码如下：

```
//例 6-6: RenterManange 代码
using System;
```

```
using System.Data;
using System.Data.SqlClient;
using RentManage.database;

namespace RentManage
{
    /// <summary>
    /// RenterManage 的摘要说明。
    /// </summary>
    public class RenterManage
    {
        private SqlConnection sqlConnection1 = null;
        private SqlCommand sqlCommand1 = null;
        private string strSql = null;

        public RenterManage()
        {
            this.sqlConnection1 =
              new SqlConnection(dbconnection.connection);
            this.sqlCommand1 = new SqlCommand();
            this.sqlCommand1.CommandType = CommandType.Text;
            this.sqlCommand1.Connection = this.sqlConnection1;
            //
            // TODO: 在此处添加构造函数逻辑
            //
        }

        public void Renter_Add(int renterID, string renterName,
          float renterRental, int contractID,
          string contact, string remark)
        {
            this.strSql = "insert into Renter
              (RenterID,RenterName,RenterRental,ContractID,Contact,Remark)"
              + " values(" + renterID + ",'" + renterName + "',"
              + renterRental + "," + contractID + ",'"
              + contact + "','" + remark + "')";
            this.sqlCommand1.CommandText = this.strSql;
            try
            {
                this.sqlConnection1.Open();
                this.sqlCommand1.ExecuteNonQuery();
            }
            catch(System.Exception E)
            {
                Console.WriteLine(E.ToString());
            }
```

```
        finally
        {
            this.sqlConnection1.Close();
        }
    }

    public bool Renter_Modify(int renterID, string renterName,
      float renterRental, int contractID,
      string contact, string remark)
    {
        this.strSql = "update Renter set RenterName="
          + renterName + "," + "RenterRental=" + renterRental + ","
          + "ContractID=" + contractID + "," + "Contact=" + contact
          + "," + "Remark=" + remark
          + " where RenterID=" + "'" + renterID + "'";
        this.sqlCommand1.CommandText = this.strSql;
        try
        {
            this.sqlConnection1.Open();
            this.sqlCommand1.ExecuteNonQuery();
            return true;
        }
        catch(System.Exception E)
        {
            Console.WriteLine(E.ToString());
            return false;
        }
        finally
        {
            this.sqlConnection1.Close();
        }
    }

    public void Renter_Del(int renterID)
    {
        this.strSql =
          "delete from Renter where RenterID= " + "'" + renterID + "'";
        this.sqlCommand1.CommandText = this.strSql;
        try
        {
            this.sqlConnection1.Open();
            this.sqlCommand1.ExecuteNonQuery();
        }
        catch(System.Exception E)
        {
            Console.WriteLine(E.ToString());
```

```
            }
            finally
            {
                this.sqlConnection1.Close();
            }
        }
    }
}
```

出租人信息管理模块需要在模块加载的时候，从数据库中查询出所有的出租人信息，并显示在 DataGrid 控件中，因此需要一个该窗体的 Load 事件，查询并显示出租人信息。

Load 事件对应的代码如下所示：

```
//例 6-7：Load 事件的代码
private void Renter_Load(object sender, System.EventArgs e)
{
    this.strSql =
      " select RenterName 姓名,Contact 联系方式,ContractID 合同编号,"
      + "RenterRental 出租人租金,Remark 备注,RenterID 出租人编号"
      + " from Renter ";
    this.FillDataGrid(strSql);
}
```

在例 6-7 中，主要定义了查询出租人信息的 SQL 语句，然后调用了 FilldataGrid()方法，来完成数据的查询和显示。下面是该方法的代码：

```
//例 6-8：FilldataGrid()方法的代码
private void FillDataGrid(string sql)
{
    if(this.sqlConnection1.State == ConnectionState.Closed)
        this.sqlConnection1.Open();
    Console.WriteLine(sql);
    SqlDataAdapter adapter = new SqlDataAdapter(sql, sqlConnection1);
    ds = new DataSet("t_renter");
    adapter.Fill(ds, "t_renter");
    this.dataGrid1.SetDataBinding(ds, "t_renter");
}
```

当用户单击界面上的“置空”按钮后，所有输入控件都清空，方便用户再次输入信息。下面是“置空”按钮的处理代码：

```
//例 6-9：“置空”按钮的处理代码
private void btNew_Click(object sender, System.EventArgs e)
{
    this.textContact.Clear();
    this.textContractID.Clear();
    this.textRenterID.Clear();
    this.textRenterName.Clear();
```

```
    this.textRenterRental.Clear();
    this.textRemark.Clear();
}
```

单击用户界面上的“保存”按钮后，输入的所有的信息将保存到数据库中。“保存”按钮的处理代码如下所示：

```
//例 6-10: “保存”按钮的处理代码
private void btSave_Click(object sender, System.EventArgs e)
{
    this.add = true;
    if(textContractID.Text=="" || textRenterID.Text==""
      || textRenterRental.Text=="")
    {
       MessageBox.Show("请输入完整信息！", "提示");
       return;
    }
    int renterID = Convert.ToInt16(this.textRenterID.Text);
    string renterName = this.textRenterName.Text;
    float renterRental = Convert.ToSingle(this.textRenterRental.Text);
    int contractID = Convert.ToInt32(this.textContractID.Text);
    string contact = this.textContact.Text;
    string remark = this.textRemark.Text;
    if(add)
    {
       this.renterManage.Renter_Add(renterID, renterName,
         renterRental, contractID, contact, remark);
       MessageBox.Show("保存成功！");
       this.FillDataGrid(this.strSql);
    }
    else
    {
       if(this.renterManage.Renter_Modify(renterID, renterName,
         renterRental, contractID, contact, remark))
       {
          MessageBox.Show("修改成功！", "提示");
          this.FillDataGrid(this.strSql);
       }
       else
       {
          MessageBox.Show("修改失败！", "提示);
       }

       this.sqlCommand1.CommandText = this.strSql;

       try
       {
```

```
            this.sqlConnection1.Open();
            this.sqlCommand1.ExecuteNonQuery();
            this.FillDataGrid(this.strSql);
        }
        catch(System.Exception E)
        {
            MessageBox.Show(E.ToString());
        }
        finally
        {
            this.sqlConnection1.Close();
        }
        this.add = false;
    }
}
```

6.4.3 房屋信息管理部分的编码

房屋信息管理部分实现代码也包括两个部分：Room 界面表现层和 RoomManage 业务逻辑层。

下面是“保存”按钮的处理代码：

例 6-11：“保存”按钮的处理代码

```
private void btSave_Click(object sender, System.EventArgs e)
{
    this.add = true;
    if(textPrice.Text==""
      || textRenterID.Text==""
      || textRoomID.Text=="")
    {
        MessageBox.Show("请输入完整信息！", "提示");
        return;
    }
    int roomID = Convert.ToInt16(this.textRoomID.Text);
    int renterID = Convert.ToInt16(this.textRenterID.Text);
    string roomtype = this.textRoomType.Text;
    string location = this.textLocation.Text;
    string floor = this.textFloor.Text;
    int ratingNum = Convert.ToInt16(this.textRatingNum.Text);
    int trueNum = Convert.ToInt16(this.textTrueNum.Text);
    int area = Convert.ToInt16(this.textArea.Text);
    float price = Convert.ToSingle(this.textPrice.Text);
    int airCondition = Convert.ToInt16(this.checkAircondition.Checked);
    int telephone = Convert.ToInt16(this.checkTelephone.Checked);
    int TV = Convert.ToInt16(this.checkTV.Checked);
    int washRoom = Convert.ToInt16(this.checkWashRoom.Checked);
```

```
    int kitchen = Convert.ToInt16(this.checkKitchen.Checked);
    int internet = Convert.ToInt16(this.checkInternet.Checked);
    string remark = this.textRemark.Text;

    if(add)
    {
        this.roomManage.room_Add(roomID, renterID, roomtype, location,
          floor, ratingNum, trueNum, area, price, airCondition, telephone,
          TV, washRoom, kitchen, internet, remark);
        MessageBox.Show("保存成功! ");
        this.FillDataGrid(strSql);
    }
    else {}

    this.sqlCommand1.CommandText = this.strSql;

    try
    {
        this.sqlConnection1.Open();
        this.sqlCommand1.ExecuteNonQuery();
        this.FillDataGrid(this.strSql);
    }
    catch(System.Exception E)
    {
        MessageBox.Show(E.ToString());
    }
    finally
    {
        this.sqlConnection1.Close();
    }
    this.add = false;
}
```

下面“置空”按钮的处理代码：

```
//例 6-12: “置空”按钮的处理代码
private void btNew_Click(object sender, System.EventArgs e)
{
    this.textArea.Clear();
    this.textFloor.Clear();
    this.textLocation.Clear();
    this.textPrice.Clear();
    this.textRatingNum.Clear();
    this.textRemark.Clear();
    this.textRenterID.Clear();
    this.textRoomID.Clear();
    this.textRoomType.Clear();
```

```
    this.textTrueNum.Clear();
    this.checkAircondition.Checked = false;
    this.checkInternet.Checked = false;
    this.checkKitchen.Checked = false;
    this.checkTelephone.Checked = false;
    this.checkTV.Checked = false;
    this.checkWashRoom.Checked = false;
}
```

6.4.4　房屋查询部分的编码

房屋查询要求根据用户的输入条件查询房屋信息，这里提供 3 种查询条件，分别是根据用户输入的条件“查询”查询、未满的房间“未满”查询和空的房间“空房”查询。

下面是“查询”按钮的处理代码：

```
//例 6-13: “查询”按钮的处理代码
private void btQuery_Click(object sender, System.EventArgs e)
{
    bool flag = true;
    this.strSql =
      " select RoomType 类型,Location 位置,Floor 楼层,RatingNum 额定人数,"
      + "TrueNum 实住人数,Area 面积,Price 价格,"
      + " case AirCondition when 1 then '有' when 0 then '无' end 空调,"
      + " case Telephone when 1 then '有' when 0 then '无' end 电话,"
      + " case TV when 1 then '有' when 0 then '无' end 电视,"
      + " case WashRoom when 1 then '有' when 0 then '无' end 卫生间,"
      + " case Kitchen when 1 then '有' when 0 then '无' end 厨房,"
      + " case Internet when 1 then '有' when 0 then '无' end 宽带,"
      + " Remark 备注,RoomID 房屋编号,RenterID 出租人编号"
      + " from RoomInfo where ";
    if(this.textRoomID.Text != "")
        this.strSql =
          this.strSql + " RoomID=" + "'" + this.textRoomID.Text + "'";
    else
    {
        if(this.textRoomType.Text != "")
        {
            this.strSql = this.strSql + " RoomType like " + "'%"
              + this.textRoomType.Text + "%'";
            flag = false;
        }
        if(this.textRatingNum.Text != "")
        {
            if(flag)
                this.strSql = this.strSql + " RatingNum=" + "'"
                  + this.textRatingNum.Text + "'";
```

```
        else
            this.strSql = this.strSql + " and RatingNum="
              + "'" + this.textRatingNum.Text + "'";
        flag = false;
    }
    if(this.textTrueNum.Text != "")
    {
        if(flag)
            this.strSql = this.strSql + " TrueNum=" + "'"
              + this.textTrueNum.Text + "'";
        else
            this.strSql = this.strSql + " and TrueNum=" + "'"
              + this.textTrueNum.Text + "'";
        flag = false;
    }
    if(this.textMinArea.Text != "")
    {
        if(flag)
            this.strSql = this.strSql + " Area>=" + "'"
              + this.textMinArea.Text + "'";
        else
            this.strSql = this.strSql + " and Area>=" + "'"
              + this.textMinArea.Text + "'";
        flag = false;
    }
    if(this.textMaxArea.Text != "")
    {
        if(flag)
            this.strSql = this.strSql + " Area<=" + "'"
              + this.textMaxArea.Text + "'";
        else
            this.strSql = this.strSql + " and Area<=" + "'"
              + this.textMaxArea.Text + "'";
        flag = false;
    }
    if(this.textMinPrice.Text != "")
    {
        if(flag)
            this.strSql =
              this.strSql + " Price>=" + this.textMinPrice.Text + "";
        else
            this.strSql = this.strSql + " and Price>="
              + this.textMinPrice.Text + "";
        flag = false;
    }
    if(this.textMaxPrice.Text != "")
```

```
    {
        if(flag)
            this.strSql =
              this.strSql + " Price<=" + this.textMaxPrice.Text + "";
        else
            this.strSql = this.strSql + " and Price<="
              + this.textMaxPrice.Text + "";
        flag = false;
    }
    if(this.textLocation.Text != "")
    {
        if(flag)
            this.strSql = this.strSql + " Location like " + "'%"
              + this.textLocation.Text + "%'";
        else
            this.strSql = this.strSql + " and Location like " + "'%"
              + this.textLocation.Text + "%'";
        flag = false;
    }
    if(this.textRemark.Text != "")
    {
        if(flag)
            this.strSql = this.strSql + " Remark like " + "'%"
              + this.textRemark.Text + "%'";
        else
            this.strSql = this.strSql + " and Remark like " + "'%"
              + this.textRemark.Text + "%'";
    }
    else
    {
        MessageBox.Show("请输入查询条件！", "提示");
        return;
    }
  }
  this.FillDataGrid(strSql);
}
```

下面是“未满”按钮的处理代码：

```
//例 6-14：“未满”按钮的处理代码
private void btNotfull_Click(object sender, System.EventArgs e)
{
  this.strSql =
    " select RoomType 类型,Location 位置,Floor 楼层,RatingNum 额定人数,"
    + "TrueNum 实住人数,Area 面积,Price 价格,"
    + " case AirCondition when 1 then '有' when 0 then '无' end 空调,"
    + " case Telephone when 1 then '有' when 0 then '无' end 电话,"
```

```
    + " case TV when 1 then '有' when 0 then '无' end 电视,"
    + " case WashRoom when 1 then '有' when 0 then '无' end 卫生间,"
    + " case Kitchen when 1 then '有' when 0 then '无' end 厨房,"
    + " case Internet when 1 then '有' when 0 then '无' end 宽带,"
    + " Remark 备注,RoomID 房屋编号,RenterID 出租人编号"
    + " from RoomInfo where RatingNum > TrueNum";
  this.FillDataGrid(strSql);
}
```

下面是“空房”按钮的处理代码：

```
//例 6-15: “空房”按钮的处理代码
private void btEmpty_Click(object sender, System.EventArgs e)
{
  this.strSql=
    " select RoomType 类型,Location 位置,Floor 楼层,RatingNum 额定人数,"
    + "TrueNum 实住人数,Area 面积,Price 价格,"
    + " case AirCondition when 1 then '有' when 0 then '无' end 空调,"
    + " case Telephone when 1 then '有' when 0 then '无' end 电话,"
    + " case TV when 1 then '有' when 0 then '无' end 电视,"
    + " case WashRoom when 1 then '有' when 0 then '无' end 卫生间,"
    + " case Kitchen when 1 then '有' when 0 then '无' end 厨房,"
    + " case Internet when 1 then '有' when 0 then '无' end 宽带,"
    + " Remark 备注,RoomID 房屋编号,RenterID 出租人编号"
    + " from RoomInfo where TrueNum=0";

  this.FillDataGrid(strSql);
}
```

在本窗体中，当用户选中一个空房后，在单击“入住”按钮后，将弹出“承租者入住”界面。

下面是“入住”按钮的处理代码：

```
//例 6-16: “入住”按钮的处理代码
private void btCheckIn_Click(object sender, System.EventArgs e)
{
  try
  {
    Customer customer = new Customer(
     dataGrid1[this.dataGrid1.CurrentCell.RowNumber,14].ToString());
    customer.Show();
  }
  catch
  {
    MessageBox.Show("请先选择房间！", "提示");
  }
}
```

6.4.5　承租者入住部分的编码

承租者入住部分的实现代码也包括两部分：Customer 界面表现层和 CustomerManage 业务逻辑层。

下面是“保存”按钮的处理代码：

```
//例 6-17：“保存”按钮的处理代码
private void btSave_Click(object sender, System.EventArgs e)
{
    add = true;
    if(textContractID.Text=="" || textCustomerID.Text==""
      || textCustomerRental.Text=="" || textRoomID.Text=="")
    {
        MessageBox.Show("请输入完整信息！", "提示");
        return;
    }
    int customerID = Convert.ToInt16(textCustomerID.Text);
    string customerName = textName.Text;
    string sex = comSex.Text;
    string nativePlace = textNativePlace.Text;
    string IDCard = textIDCard.Text;
    string roomID = textRoomID.Text;
    System.DateTime indate = Convert.ToDateTime(dateCheckIn.Text);
    System.DateTime rentalDate = Convert.ToDateTime(dateRental.Text);
    int contractID = Convert.ToInt32(textContractID.Text);
    float customerRental = Convert.ToSingle(textCustomerRental.Text);
    string remark = textRemark.Text;
    if(add)
    {
        customerManage.Customer_Add(customerID, customerName,
          sex, nativePlace, IDCard, roomID, indate,
          rentalDate, contractID, customerRental, remark);
        MessageBox.Show("保存成功！");
        FillDataGrid(strSql);
    }
    else
    {
        MessageBox.Show("保存失败！");
    }
    this.add = false;
}
```

下面是“置空”按钮的处理代码：

```
//例 6-18：“置空”按钮的处理代码
private void btNew_Click(object sender, System.EventArgs e)
```

```
{
    textContractID.Clear();
    textCustomerID.Clear();
    textCustomerRental.Clear();
    textIDCard.Clear();
    textName.Clear();
    textNativePlace.Clear();
    textRemark.Clear();
    comSex.Text = "";
    dateCheckIn.Text = "";
    dateRental.Text = Convert.ToString(DateTime.Now);
}
```

6.4.6　承租者查询部分的编码

与房屋查询一样，也提供了指定条件查询和快捷查询两种方式。按指定条件查询就是界面上“查询”按钮的处理代码，如下所示：

```
//例 6-19: “查询”按钮的处理代码
private void btQuery_Click(object sender, System.EventArgs e)
{
    strSql = " select CustomerName 客户姓名,Sex 性别,NativePlace 籍贯,"
      + "IDCard 身份证号,InDate 入住时间,"
      + "RentalDate 交租时间,CustomerRental 月租,"
      + "ContractID 合同编号,Remark 备注,CustomerID 客户编号,"
      + "RoomID 房屋编号 from Customer where ";
    if(textRoomID.Text != "")
        strSql = strSql + "RoomID=" + "'" + textRoomID.Text + "'";
    else if(textCustomerID.Text != "")
        strSql = strSql + "CustomerID=" + "'" + textCustomerID.Text + "'";
    else if(textName.Text != "")
        strSql =
          strSql + "CustomerName like" + "'%" + textName.Text + "%'";
    else
    {
        MessageBox.Show("请选择查询条件! ", "提示");
        return;
    }
    FillDataGrid(strSql);
}
```

下面是“全部”按钮的处理代码：

```
//例 6-20: “全部”按钮的处理代码
private void btAll_Click(object sender, System.EventArgs e)
{
    strSql = " select CustomerName 客户姓名,Sex 性别,"
```

```
    + "NativePlace 籍贯,IDCard 身份证号,InDate 入住时间,"
    + "RentalDate 交租时间,CustomerRental 月租,"
    + "ContractID 合同编号,Remark 备注,CustomerID 客户编号,"
    + "RoomID 房屋编号 from Customer";
  sqlCommand1.CommandText = strSql;
  FillDataGrid(strSql);
}
```

6.4.7　利润信息部分的编码

利润信息模块需要在模块加载的时候，从数据库中查询出所有的利润信息，并显示在 DataGrid 控件中，因此，需要一个该窗体的 Load 事件，查询并显示利润信息。界面 Load 事件的代码如下所示：

```
//例 6-21：界面 Load 事件的代码
private void Profit_Load(object sender, System.EventArgs e)
{
   strSql = "SELECT distinct RoomInfo.RoomID 房屋 ID,"
     + "Renter.RenterName 出租者姓名,Renter.RenterRental 出租者租金,"
     + "RoomInfo.Price 房屋价格,"
     + "(SELECT distinct SUM(Customer.CustomerRental) "
     + "FROM Customer WHERE Customer.RoomID = Customer.RoomID)"
     + " as 总房租,"
     + "RoomInfo.Price - Renter.RenterRental AS 参考利润,"
     + "(SELECT distinct SUM(Customer.CustomerRental) FROM Customer "
     + "WHERE Customer.RoomID = Customer.RoomID)"
     + "-Renter.RenterRental as 实际利润"
     + " FROM Customer INNER JOIN"
     + " RoomInfo ON Customer.RoomID = RoomInfo.RoomID INNER JOIN"
     + " Renter ON RoomInfo.RenterID = Renter.RenterID";
   FillDataGrid(strSql);
}
```

本 章 小 结

本章通过房屋出租管理系统的案例，详细介绍了一个数据库应用系统的开发过程。

通过本章的学习，读者应该对其有了一个清晰的认识，包括系统概要设计、系统的详细设计、系统编码等，能清楚地了解这些步骤的功能和主要完成的任务。

第7章

仓库管理信息系统

本仓库管理信息系统具有以下特点：

- 能实现仓库物资的入库、出库、查询等操作。
- 能实现用户权限管理，可提高系统的安全性。
- 界面设计简单、操作方便。

本系统后台数据库采用 Microsoft Access，前台采用 Visual C#作为主要开发工具。采用 ADO 技术连接数据库，完成对数据库的一系列操作。本系统按照面向对象的思想设计和开发，程序结构条理清楚。

7.1 系统概述

7.1.1 系统功能与应用背景

仓库管理信息系统在企业的整个供应链中起着至关重要的作用，如果不能保证正确的进货和库存控制及发货，将会导致管理费用的增加，服务质量难以得到保证，从而影响企业的竞争力。

仓库管理涉及计划、物料平衡、采购、入库、出库、库存等活动，这些业务涉及大量的数据和信息，对数据的准确性、及时性都要求非常高，任何信息的错误、遗漏都会造成相关的损失，若采用纯人工的方法管理，会有一定难度。因此，采用计算机技术实现仓库管理，是提高公司管理水平的有效途径。

仓库管理信息系统能够提高仓库管理的质量和效率，降低库存成本，能够合理地控制库存量和采购。系统功能包括采购申请、物品收发与报废、库存管理、往来单位、部门及人员管理等。

本章案例完成的主要功能有：

- 权限控制。
- 仓库物资信息设置。
- 入库管理。
- 出库管理。
- 库存管理。

不同的单位有不同的需求，本系统大体上能满足以下两个方面的需求。

(1) 用户的信息需求：随时查询库存状况，进行库存物资汇总，对数据能够随时删除、插入及恢复。

(2) 用户的处理需求：能随时添加、删除、修改每一条库存记录。

7.1.2 系统预览

图 7-1 为仓库管理信息系统的登录界面。

输入用户名和密码后(默认用户名和密码分别为 admin 和 admin)，单击“确定”按钮，进入应用程序主界面，如图 7-2 所示。

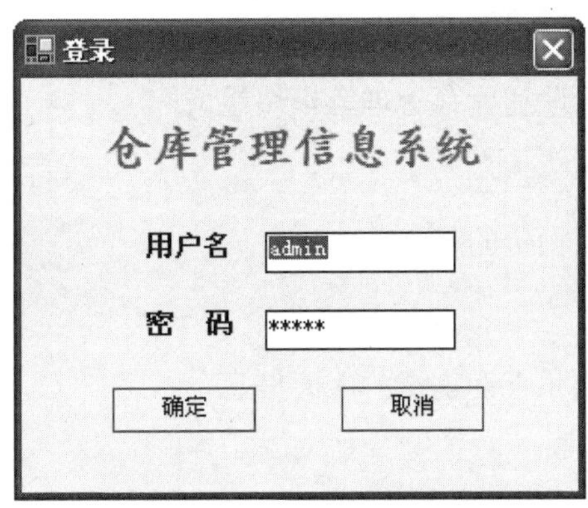

图 7-1　应用程序登录界面

图 7-2　应用程序主界面

7.2　系统设计

7.2.1　系统设计思想

本系统主要完成对仓库的库存管理，包括入库、出库、库存以及密码管理等几个方面，系统可以完成对各类信息的浏览、查询、添加、删除、修改等功能。系统核心是入库、库存和出库之间的联系，每个表的修改都将影响到其他的表，当完成入库或出库操作后，库存信息会自动修改。

7.2.2　系统功能模块设计

根据系统的设计思想，本系统完成的主要功能有：库存物资基本信息、物资入库信息、物资出库信息的输入/查询/修改，以及库存余额信息的查询等。因此，系统由物资信息设置、入库管理、出库管理和库存管理等模块组成。

1. 物资信息设置模块

可以添加、修改和查询物资的基本信息。

2. 入库管理模块

可以浏览、添加、修改和查询物资的入库信息。

3. 出库管理模块

可以浏览、添加、修改和查询物资的出库信息。

4. 库存管理模块

可以浏览、查询物资的库存信息。

仓库管理信息系统的功能结构如图 7-3 所示。

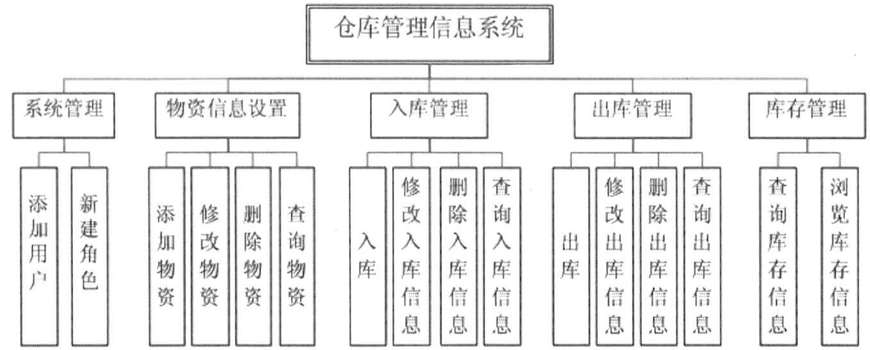

图 7-3　系统的功能结构

分析各模块功能，可以得知，本系统的数据流程如图 7-4 所示。

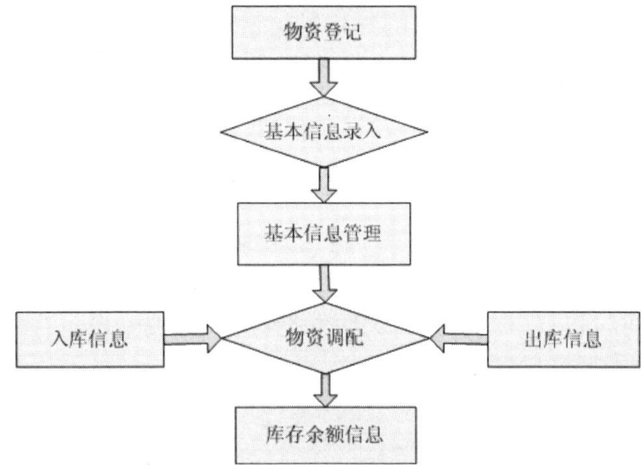

图 7-4　系统的数据流程

7.2.3　数据库设计

根据仓库管理信息系统的功能要求和数据流程分析，该系统的数据库名称为StoreMIS，数据库中包括：

- 用户信息表(userinfo)。
- 物资基本信息表(materialinfo)。
- 入库信息表(ininfo)。
- 出库信息表(outinfo)。
- 角色信息表(roles)。

下面列出各个表的数据结构，如表 7-1 ~ 7-5 所示。

表 7-1　用户信息表(userinfo)的数据结构

字 段 名	类　型	描　述
UID	文本	用户名(主键)
PWD	文本	密码
RoleName	文本	角色名

表 7-2　物资基本信息表(materialinfo)的数据结构

字 段 名	类　型	描　述
MID	文本	物资编号(主键)
MName	文本	物资名称
MModel	文本	物资型号
MType	文本	类型
MUnit	文本	单位

表 7-3　入库信息表(ininfo)的数据结构

字 段 名	类　型	描　述
InID	文本	入库编号(自动编号，主键)
MID	文本	物资编号
InAccount	文本	数量
InPrice	文本	单价
InValue	文本	金额
InDate	日期/时间	入库时间
InDealer	文本	经办人
InSaver	文本	保管人
InStore	文本	仓库
Remark	文本	备注

表 7-4　出库信息表(outinfo)的数据结构

字 段 名	类　型	描　述
OutID	文本	出库编号(自动编号，主键)
MID	文本	物资编号
OutAccount	文本	数量
OutPrice	文本	单价
OutValue	文本	金额
OutDate	日期/时间	出库时间
OutDealer	文本	经办人
OutUser	文本	领取人
OutStore	文本	仓库
Remark	文本	备注

表 7-5　角色信息表(roles)的数据结构

字 段 名	类　型	描　述
RoleName	文本	角色名(主键)
SystemManage	是/否	系统管理
MaterialManage	是/否	物资管理
InManage	是/否	入库管理
OutManage	是/否	出库管理

一般情况下，数据库中所包含的表都不是独立存在的，而是表与表之间有一定的关系，称为关联。例如，入库信息表中的“物资编号”来源于物资基本信息表中现有的物资编号，出库信息表中的“物资编号”来源于物资基本信息表中现有的物资编号。如果数据库中的信息不能满足正常的依赖关系，就会破坏数据的完整性和一致性。

根据本案例的特点，需要依次设置入库信息表与物资基本信息表、出库信息表与物资基本信息表之间的关系(见图 7-5)以及用户信息表与角色信息表之间的关系(见图 7-6)。

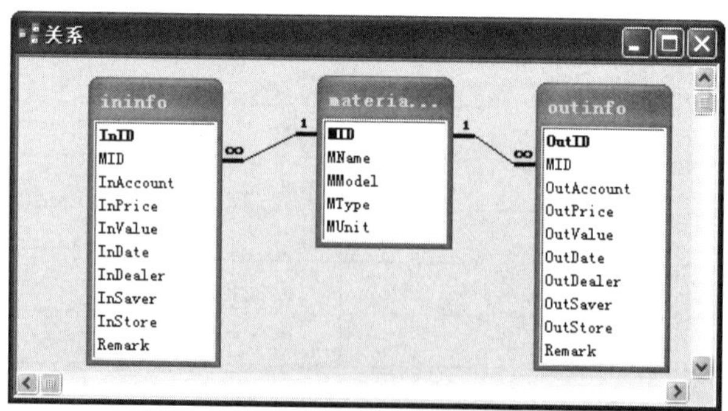

图 7-5　表之间的关系(一)

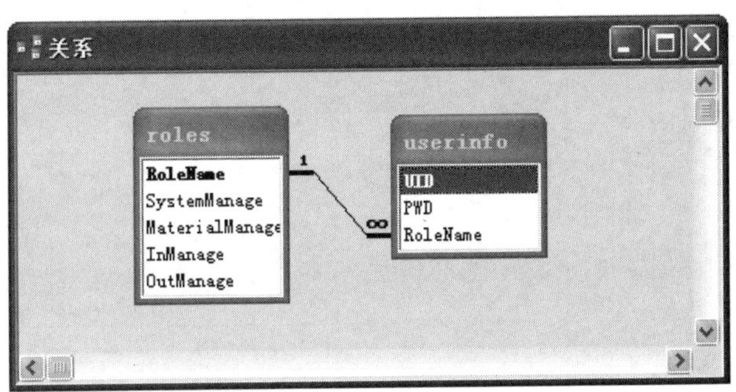

图 7-6　表之间的关系(二)

7.3　登录界面与用户模块设计

7.3.1　登录界面设计

系统登录主要用于对登录仓库管理信息系统的用户进行安全性检查和权限检查，防止非法用户登录系统。在登录系统时验证用户名及其密码，判断用户名和密码与数据库中的用户名和密码是否相同，如果相同，则允许登录，否则不允许登录。并且根据角色要求赋予权限，以显示不同的系统主界面。

输入用户名和密码后，单击“确定”按钮。这时，需要验证输入的用户名和密码与数据库中的是否一致，并根据权限描述，进入系统。

登录界面中“确定”按钮的功能代码如下所示：

```
//例 7-1：“确定”按钮的代码
private void button1_Click(object sender, System.EventArgs e)
{
   if(name.Text.Trim()=="" || password.Text.Trim()=="")
      MessageBox.Show("请输入用户名和密码", "提示");
   else
   {
      sqlConnection1.Open();
      OleDbCommand cmd = new OleDbCommand("", sqlConnection1);
      string sql = "select RoleName from userinfo where UID='"
        + name.Text.Trim() + "' and PWD='" + password.Text.Trim() + "'";
      cmd.CommandText = sql;
      string rolename;

      if (null != cmd.ExecuteScalar())
      {
         rolename = cmd.ExecuteScalar().ToString();

         //隐藏登录窗口
         this.Visible = false;
```

```
            //创建并打开主界面
            Main main = new Main();
            main.Tag = this.FindForm();
            sql = "select * from roles where RoleName='" + rolename + "'";
            OleDbDataReader dr;
            cmd.CommandText = sql;
            dr = cmd.ExecuteReader();
            dr.Read();

            main.menuItem1.Visible = (bool)(dr.GetValue(1));
            main.menuItem4.Visible = (bool)(dr.GetValue(2));
            main.menuItem5.Visible = (bool)(dr.GetValue(3));
            main.menuItem6.Visible = (bool)(dr.GetValue(4));
            main.statusBarPanel5.Text = name.Text.Trim();
            main.ShowDialog();
        }
        else
            MessageBox.Show("用户名或密码错误", "警告");

        sqlConnection1.Close();
    }
}
```

7.3.2 用户模块设计

选择“用户管理”→“修改密码”菜单命令，进入密码修改界面，如图 7-7 所示。

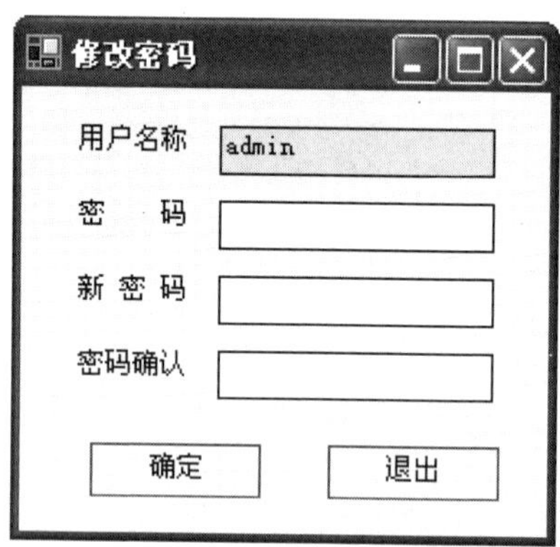

图 7-7　密码修改界面

在该界面中，用户可以修改自己的密码，修改密码的代码如下所示：

```
//例 7-2：密码修改代码
private void btSave_Click(object sender, System.EventArgs e)
{
    if (textName.Text.Trim()=="" || textPWD.Text.Trim()==""
      ||textPWDNew.Text.Trim()=="" || textPWDNew2.Text.Trim()=="")
```

```
        MessageBox.Show("请填写完整信息！", "提示");
    else
    {
        oleConnection1.Open();
        OleDbCommand cmd = new OleDbCommand("", oleConnection1);
        string sql = "select * from userinfo where UID='"
          + textName.Text.Trim() + "' and PWD='"
          + textPWD.Text.Trim() + "'";
        cmd.CommandText = sql;

        if (null != cmd.ExecuteScalar())
        {
            if (textPWDNew.Text.Trim() != textPWDNew2.Text.Trim())
                MessageBox.Show("两次密码输入不一致！", "警告");
            else
            {
                string sql1 = "update userinfo set PWD='"
                  + textPWDNew.Text.Trim()
                  + "' where UID='" + textName.Text.Trim() + "'";
                cmd.CommandText = sql1;
                cmd.ExecuteNonQuery();
                MessageBox.Show("密码修改成功！", "提示");
                this.Close();
            }
        }
        else
            MessageBox.Show("用户名或密码错误！", "提示");

        oleConnection1.Close();
    }
}
```

选择“用户管理”→“重新登录”菜单命令，即可退出当前用户，进入登录界面重新登录，代码如下所示：

```
//例 7-3：用户重新登录代码
private void menuItem24_Click(object sender, System.EventArgs e)
{
    ((System.Windows.Forms.Form)this.Tag).Visible = true;
    this.Close();
}
```

7.3.3　系统模块设计

在主界面中选择“系统管理”→“添加用户”菜单命令，将会进入“添加用户”界面，如图 7-8 所示。

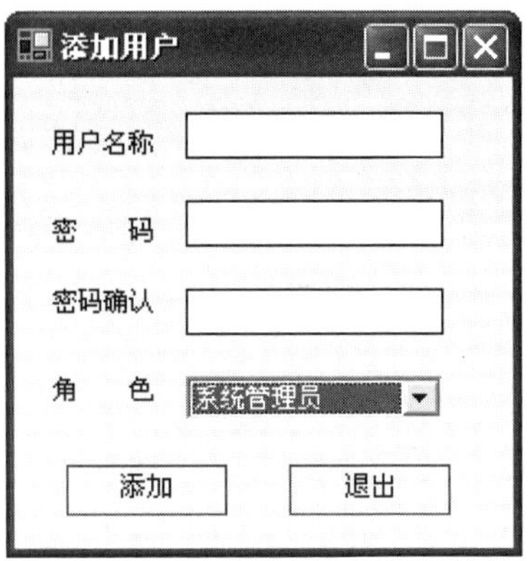

图 7-8　“添加用户”界面

在该界面中，需要把数据库数据与 ComboBox 控件绑定，这样，用户就可以设置用户名和密码，并选择角色了。代码如下所示：

```
//例 7-4：添加用户的代码
private void btAdd_Click(object sender, System.EventArgs e)
{
    if(textName.Text.Trim()=="" || textPassword.Text.Trim()==""
      || textPWDNew.Text.Trim()=="" || comRole.Text.Trim()=="")
        MessageBox.Show("请输入完整信息！", "警告");
    else
    {
        if (textPassword.Text.Trim() != textPWDNew.Text.Trim())
            MessageBox.Show("两次密码输入不一致！", "警告");
        else
        {
            sqlConnection1.Open();
            OleDbCommand cmd = new OleDbCommand("", sqlConnection1);
            string sql = "select * from userinfo where UID = '"
              + textName.Text.Trim() + "'";
            cmd.CommandText = sql;
            if (null == cmd.ExecuteScalar())
            {
                string sql1 = "insert into userinfo (UID,PWD,RoleName) "
                  + "values ('" + textName.Text.Trim() + "','"
                  + textPWDNew.Text.Trim() + "','"
                  + comRole.Text.Trim() + "')";
                cmd.CommandText = sql1;
                cmd.ExecuteNonQuery();
                MessageBox.Show("添加用户成功！", "提示");
                this.Close();
            }
            else
                MessageBox.Show(
```

```
                "用户名" + textName.Text.Trim() + "已经存在! ", "提示");
            sqlConnection1.Close();
        }
    }
}
private void AddUser_Load(object sender, System.EventArgs e)
{
    //数据绑定
    DataSet ds = new DataSet();
    OleDbDataAdapter adp = new OleDbDataAdapter("", sqlConnection1);
    adp.SelectCommand.CommandText = "select RoleName from roles";
    adp.Fill(ds);
    comRole.DataSource = ds.Tables[0].DefaultView;
    comRole.DisplayMember = "RoleName";
    comRole.ValueMember = "RoleName";
}
```

选择“系统管理”→“新建角色”菜单命令，可以进入“新建角色”界面，如图 7-9 所示。

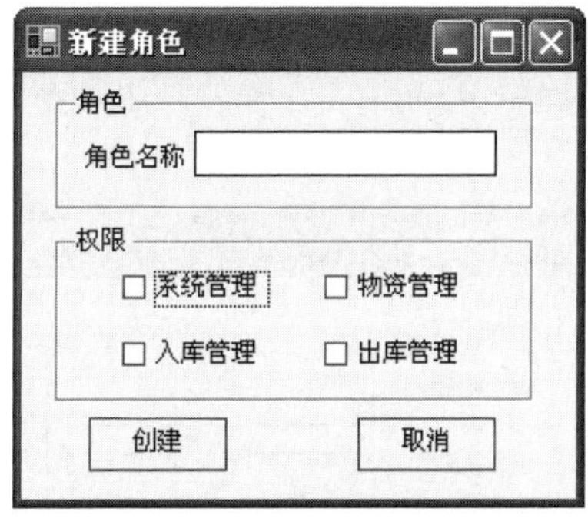

图 7-9　“新建角色”界面

在该界面中，用户可以设置角色名，并为每个角色选择权限，根据权限的不同，用户进入的界面也会不同。代码如下所示：

```
//例 7-5：新建角色的代码
private void btAdd_Click(object sender, System.EventArgs e)
{
    sqlConnection1.Open();
    OleDbCommand cmd = new OleDbCommand("", sqlConnection1);
    if (textRole.Text.Trim() != "")
    {
        string sql = "select * from roles where RoleName = '"
          + textRole.Text.Trim() + "'";
        cmd.CommandText = sql;
        if (null == cmd.ExecuteScalar())
        {
            string sql1 = "insert into roles values ('"
```

```
            + textRole.Text.Trim() + "',"
            + ckSys.Checked + "," + ckMate.Checked + ","
            + "" + ckIn.Checked + "," + ckOut.Checked + ")";
          cmd.CommandText = sql1;
          cmd.ExecuteNonQuery();
          MessageBox.Show("新建角色成功! ", "提示");
      }
      else
          MessageBox.Show("角色名称重复! ", "警告");
  }
  else
      MessageBox.Show("角色名称不能为空! ", "警告");
  sqlConnection1.Close();
}
```

7.4 物资信息管理

7.4.1 添加物资信息

在主界面中单选择“物资信息管理”→“添加物资信息”菜单命令，可以进入物资信息添加界面，如图 7-10 所示。

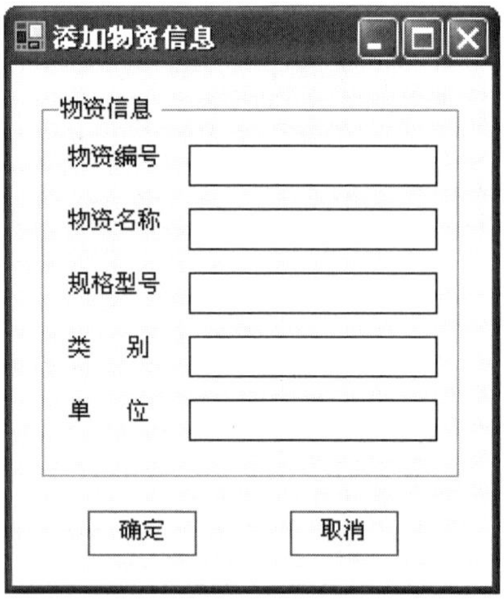

添加物资信息

物资信息

物资编号	
物资名称	
规格型号	
类　别	
单　位	

确定　　取消

图 7-10　物资信息添加界面

在这个界面录入的过程中，需要解决的问题包括物资编号不能为空字符串、新添加的物资编号不能与已有的物资编号重复，否则会给出警告提示。

单击“确定”按钮，就把填写的数据保存到相应的数据库表中，代码如下所示：

```
//例 7-6：物资信息添加的代码
private void btAdd_Click(object sender, System.EventArgs e)
{
    if (textID.Text.Trim() == "")
```

```
        MessageBox.Show("请输入物资编号！", "提示");
    else
    {
        oleConnection1.Open();
        string sql = "select * from materialinfo where MID = '"
          + textID.Text.Trim() + "'";
        this.oleCommand1.CommandText = sql;

        if (null == oleCommand1.ExecuteScalar())
        {
            string sql1 = "insert into materialinfo values ('"
              + textID.Text.Trim() + "','" + textName.Text.Trim() + "',"
              + "'" + textModel.Text.Trim() + "','" + textType.Text.Trim()
              + "','" + textUnit.Text.Trim() + "')";
            oleCommand1.CommandText = sql1;
            oleCommand1.ExecuteNonQuery();
            MessageBox.Show("添加物资信息成功！", "提示");
        }
        else
            MessageBox.Show(
              "物资编号" + textID.Text.Trim() + "已经存在！", "警告");
        oleConnection1.Close();
    }
}
```

7.4.2　浏览物资信息

在主界面中选择“物资信息管理”→“浏览物资信息”菜单命令，将会进入物资信息浏览界面，如图 7-11 所示。

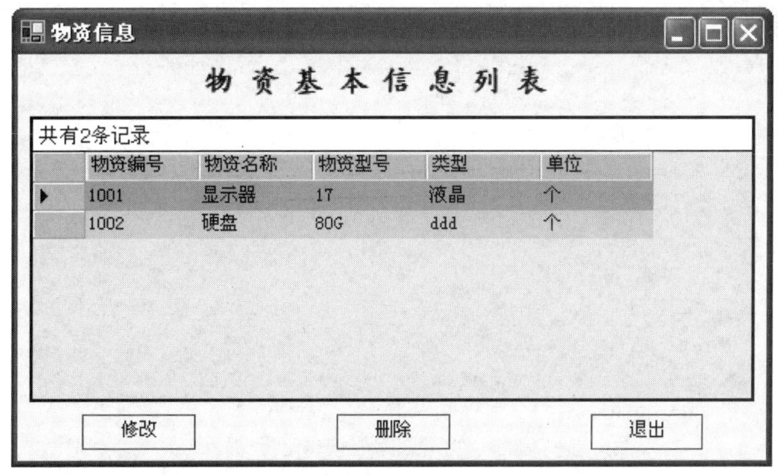

图 7-11　物资信息浏览界面

在这个界面中，主要设置了一个 DataGrid 控件，通过该控件所提供的绑定功能，可以显示程序中所检索出的数据集。在该界面中显示的是物资信息。

数据绑定代码如下所示：

```
//例 7-7：物资信息浏览的代码
private void Material_Load(object sender, System.EventArgs e)
{
   oleConnection1.Open();
   string sql = "select MID as 物资编号,MName as 物资名称,MModel as "
     + "物资型号,Mtype as 类型,MUnit as 单位 from materialinfo";

   OleDbDataAdapter adp = new OleDbDataAdapter(sql, oleConnection1);
   ds = new DataSet();
   ds.Clear();
   adp.Fill(ds, "material");
   dataGrid1.DataSource = ds.Tables[0].DefaultView;
   dataGrid1.CaptionText = "共有" + ds.Tables[0].Rows.Count + "条记录";
   oleConnection1.Close();
}
```

在这个界面中，还包括 3 个 button 控件，分别是“修改”、“删除”、“退出”。

删除某条信息时，必须考虑与该信息相关的其他信息的存在，如果没有，则可直接删掉，否则，为了保证数据的完整性，则不允许直接删掉该条信息。

“删除”按钮的代码如下所示：

```
//例 7-8：“删除”按钮的代码
private void btDel_Click(object sender, System.EventArgs e)
{
   if (dataGrid1.CurrentRowIndex>=0 && dataGrid1.DataSource!=null
     && dataGrid1[dataGrid1.CurrentCell]!=null)
   {
      string sql = "select * from ininfo where MID='"
        + ds.Tables["material"].Rows[dataGrid1.CurrentCell.RowNumber][0]
        .ToString().Trim() + "'";

      OleDbCommand cmd = new OleDbCommand(sql, oleConnection1);
      OleDbDataReader dr;
      dr = cmd.ExecuteReader();
      if (dr.Read())
      {
         MessageBox.Show("删除物资'"
           + ds.Tables["material"].Rows[dataGrid1.CurrentCell
           .RowNumber][1].ToString().Trim()
           + "'失败，请先删除该物资入库信息！", "提示");
         dr.Close();
      }
      else
```

```
        {
            dr.Close();
            string sql1 = "delete * from materialinfo where MID = '"
              + ds.Tables["material"].Rows[dataGrid1.CurrentCell
              .RowNumber][0].ToString().Trim() + "'";

            cmd.CommandText = sql1;
            cmd.ExecuteNonQuery();
            MessageBox.Show("删除物资'" + ds.Tables["material"]
              .Rows[dataGrid1.CurrentCell.RowNumber][1].ToString().Trim()
              + "'成功! ", "提示");
        }
    }
    else
        MessageBox.Show("没有指定物资信息! ", "提示");
}
```

7.4.3　修改物资信息

在物资信息浏览界面中单击“修改”按钮，进入物资信息修改界面，如图 7-12 所示。

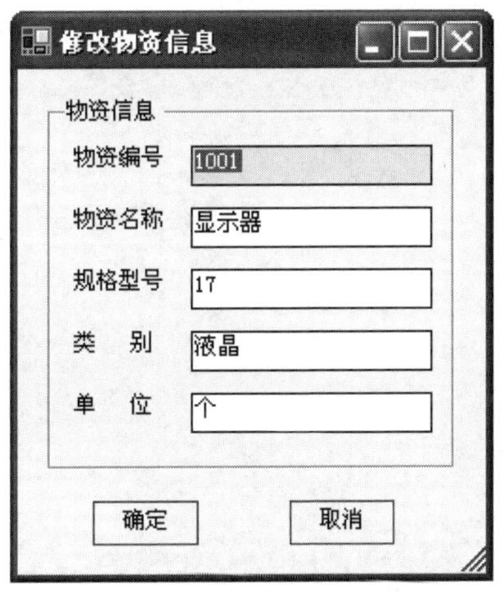

图 7-12　物资信息修改界面

对用户选中的物资进行修改时，需要从物资信息浏览窗口中，将所选中的物资信息的参数传递到修改物资信息窗口中，作为修改物资信息界面的初始化数据。

该部分代码如下所示：

```
//例 7-9：数据绑定传递的代码
MaterialModify materailModify;
private void btModify_Click(object sender, System.EventArgs e)
{
    if (dataGrid1.DataSource != null
      || dataGrid1[dataGrid1.CurrentCell] != null)
```

```
    {
        materailModify = new MaterialModify();
        materailModify.textID.Text = ds.Tables[0]
          .Rows[dataGrid1.CurrentCell.RowNumber][0].ToString().Trim();
        materailModify.textName.Text = ds.Tables[0]
          .Rows[dataGrid1.CurrentCell.RowNumber][1].ToString().Trim();
        materailModify.textModel.Text = ds.Tables[0]
          .Rows[dataGrid1.CurrentCell.RowNumber][2].ToString().Trim();
        materailModify.textType.Text = ds.Tables[0]
          .Rows[dataGrid1.CurrentCell.RowNumber][3].ToString().Trim();
        materailModify.textUnit.Text = ds.Tables[0]
          .Rows[dataGrid1.CurrentCell.RowNumber][4].ToString().Trim();
        materailModify.ShowDialog();
    }
    else
        MessageBox.Show("没有指定物资信息！", "提示");
}
```

在物资修改界面中，物资编号为只读，其他属性都可以修改。修改完后，单击“确定”按钮，把修改后的数据更新到数据库中相应的字段中。

“确定”按钮的代码如下所示：

```
//例 7-10: “确定”按钮的代码
private void btAdd_Click(object sender, System.EventArgs e)
{
    oleConnection1.Open();
    string sql = "update materialinfo set MName='"
      + textName.Text.Trim() + "',MModel='" + textModel.Text.Trim()
      + "'," + "MType='" + textType.Text.Trim() + "',MUnit='"
      + textUnit.Text.Trim() + "' where MID='"
      + textID.Text.Trim() + "'";

    oleCommand1.CommandText = sql;
    oleCommand1.ExecuteNonQuery();
    MessageBox.Show("修改信息成功！", "提示");
    this.Close();
    oleConnection1.Close();
}
```

7.4.4　查询物资信息

在主界面中选择“物资信息管理”→“查询物资信息”菜单命令，进入物资信息查询界面，如图7-13所示。

在该界面中，共有 3 个查询条件：物资编号、物资名称和物资型号。可以根据任意一个条件进行查询，也可以根据物资名称和物资型号两个条件来查询。

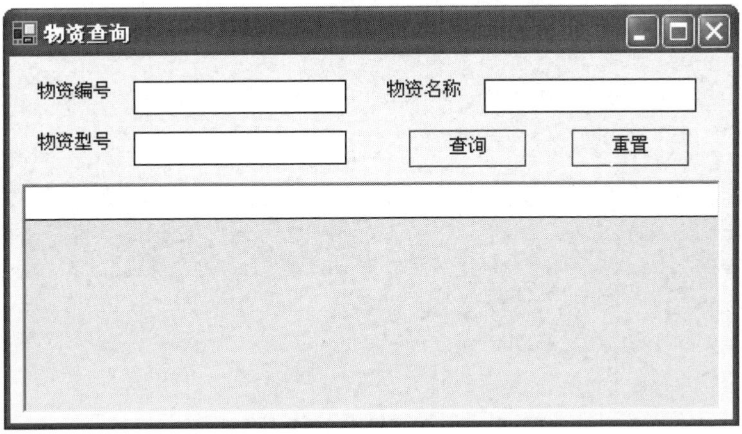

图 7-13　物资信息查询界面

查询功能的代码如下所示：

```
//例 7-11：查询的代码
private void btQuery_Click(object sender, System.EventArgs e)
{
    bool flag = true;
    string sql = "select MID as 物资编号,MName as 物资名称,"
      + "MModel as 物资型号,Mtype as 类型,"
      + "MUnit as 单位 from materialinfo where ";
    if (textID.Text.Trim()==""
      && textName.Text.Trim()==""
      && textModel.Text.Trim()=="")
    {
        MessageBox.Show("请输入查询条件！", "警告");
        return;
    }
    else if (textID.Text.Trim() != "")
        sql = sql + "MID= " + "'" + textID.Text.Trim() + "'";
    else
    {
        if (textName.Text.Trim() != "")
        {
            sql = sql + "MName= " + "'" + textName.Text + "'";
            flag = false;
        }
        if (textModel.Text.Trim() != "")
        {
            if (flag)
                sql = sql + "MModel= " + "'" + textModel.Text + "'";
            else
                sql = sql + " and MModel= " + "'" + textModel.Text + "'";
        }
```

```
    }
    oleConnection1.Open();
    OleDbDataAdapter adp = new OleDbDataAdapter(sql, oleConnection1);
    DataSet ds = new DataSet();
    ds.Clear();
    adp.Fill(ds, "material");
    dataGrid1.DataSource = ds.Tables[0].DefaultView;
    dataGrid1.CaptionText = "共有" + ds.Tables[0].Rows.Count + "条查询记录";
    oleConnection1.Close();
}
```

7.5 入库信息管理

7.5.1 添加入库信息

在主界面中选择“入库信息管理”→“添加入库信息”菜单命令，进入入库信息添加界面，如图 7-14 所示。

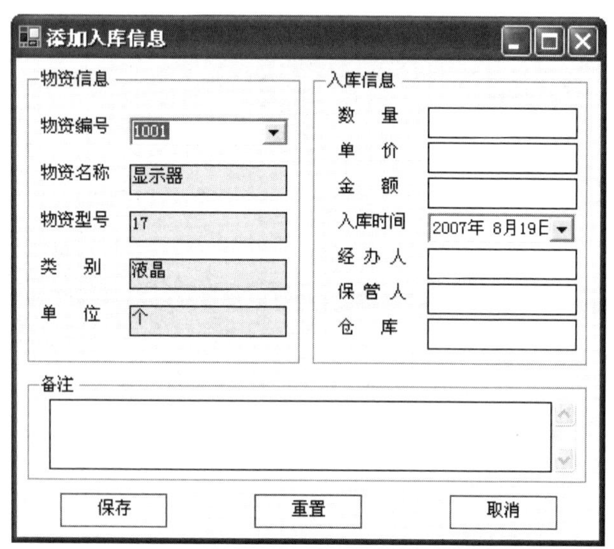

图 7-14　入库信息添加界面

这个界面分为两个部分，物资信息和入库信息。物资信息是从物资信息表中得到的，把物资编号与 ComboBox 控件绑定，然后通过选择物资编号来显示物资信息，并把它们显示到相应的 TextBox 控件中。该部分的代码如下所示：

```
//例 7-12：物资信息显示的代码
private void InAdd_Load(object sender, System.EventArgs e)
{
    //把物资编号绑定到 comMID 控件
    DataSet ds = new DataSet();
    OleDbDataAdapter adp = new OleDbDataAdapter("", oleConnection1);
```

```
    adp.SelectCommand.CommandText = "select MID from materialinfo";
    adp.Fill(ds);
    comMID.DataSource = ds.Tables[0].DefaultView;
    comMID.DisplayMember = "MID";
    comMID.ValueMember = "MID";
}

private void comMID_SelectedIndexChanged(
  object sender, System.EventArgs e)
{
    //根据 comMID 控件数据的选择，显示物资信息
    DataSet ds = new DataSet();
    OleDbDataAdapter adp = new OleDbDataAdapter("", oleConnection1);
    string sql = "select * from materialinfo where MID='"
      + comMID.Text.Trim() + "'";
    adp.SelectCommand.CommandText = sql;
    adp.Fill(ds);
    this.textName.Text = ds.Tables[0].Rows[0][1].ToString().Trim();
    this.textModel.Text = ds.Tables[0].Rows[0][2].ToString().Trim();
    this.textType.Text = ds.Tables[0].Rows[0][3].ToString().Trim();
    this.textUnit.Text = ds.Tables[0].Rows[0][4].ToString().Trim();
}
```

在入库信息部分，把相应的数据填写完整，单击“确定”按钮，把数据编号和入库信息保存到入库信息表中。该部分的代码如下所示：

```
//例 7-13：“确定”按钮的代码
private void btAdd_Click(object sender, System.EventArgs e)
{
    if (comMID.Text.Trim() == "")
        MessageBox.Show("请填写物资编号！", "提示");
    else
    {
        oleConnection1.Open();
        string sql =
          "select * from ininfo where MID='" + comMID.Text.Trim() + "'";
        this.oleCommand1.CommandText = sql;

        if (null == oleCommand1.ExecuteScalar())
        {
            string sql1 = "insert into ininfo (MID,InAccount,InPrice,"
              + "InValue,InDate,InDealer,InSaver,InStore,Remark) values "
              + "('" + comMID.Text.Trim() + "','" + textAccount.Text.Trim()
              + "',"+ "'" + textPrice.Text.Trim() + "','"
              + textValue.Text.Trim() + "','" + date1.Text.Trim() + "','"
              + textDealer.Text.Trim() + "'," + "'"
              + textSaver.Text.Trim() + "','" + textStore.Text.Trim()
```

```
            + "','" + textRemark.Text.Trim() + "')";
          oleCommand1.CommandText = sql1;
          oleCommand1.ExecuteNonQuery();
          MessageBox.Show("添加入库信息成功！", "提示");
          this.Close();
      }
      else
          MessageBox.Show(
            "物资编号" + comMID.Text.Trim() + "已经存在！", "警告");
      oleConnection1.Close();
  }
}
```

7.5.2　浏览入库信息

在主界面中选择“入库信息管理”→“浏览入库信息”菜单命令，进入入库信息浏览界面，如图 7-15 所示。

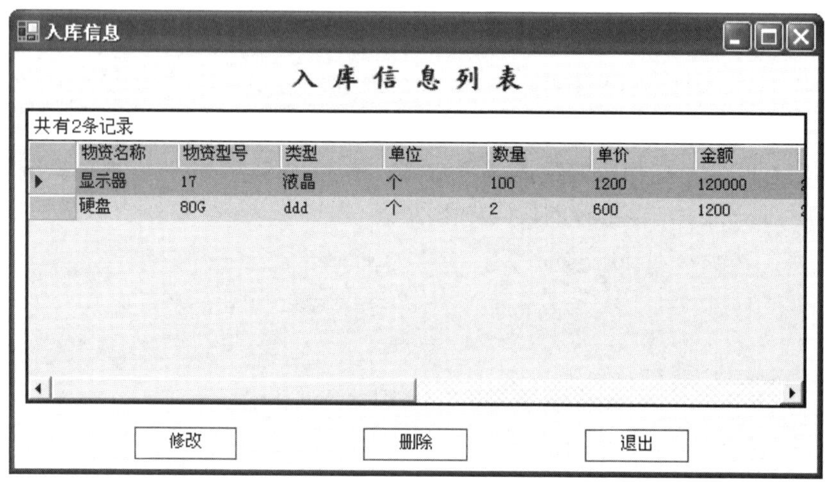

图 7-15　入库信息浏览界面

在这个界面中有一个 DataGrid 控件，通过该控件所提供的绑定功能，可以显示程序中所检索出的数据集，在该界面中显示的是入库信息，数据绑定的代码如下所示：

```
//例 7-14：数据绑定的代码
DataSet ds;
private void In_Load(object sender, System.EventArgs e)
{
    oleConnection1.Open();
    string sql = "select MName as 物资名称,MModel as 物资型号,Mtype as 类型,"
      + "MUnit as 单位,InAccount as 数量,"
      + "InPrice as 单价,InValue as 金额,InDate as 入库时间,"
      + "InDealer as 经办人,InSaver as 保管人,"
```

```
        + "InStore as 仓库,Remark as 备注,"
        + "ininfo.MID as 物资编号,InID as 入库编号 from materialinfo,"
        + "ininfo where materialinfo.MID = ininfo.MID";
    OleDbDataAdapter adp = new OleDbDataAdapter(sql, oleConnection1);
    ds = new DataSet();
    ds.Clear();
    adp.Fill(ds, "in");
    dataGrid1.DataSource = ds.Tables[0].DefaultView;
    dataGrid1.CaptionText = "共有" + ds.Tables[0].Rows.Count + "条记录";
    oleConnection1.Close();
}
```

在这个界面中还包括 3 个 button 控件，分别是“修改”、“删除”、“退出”。

删除某条信息时，必须考虑与该信息相关的其他信息的存在，如果没有，则可直接删掉，否则为了保证数据的完整性，则不允许直接删掉该条信息。

“删除”按钮的代码如下所示：

```
//例 7-15：“删除”按钮的代码
private void btDel_Click(object sender, System.EventArgs e)
{
    if (dataGrid1.CurrentRowIndex>=0
      && dataGrid1.DataSource != null
      && dataGrid1[dataGrid1.CurrentCell] != null)
    {
        string sql = "delete * from ininfo where InID="
          + ds.Tables["in"].Rows[dataGrid1.CurrentCell.RowNumber][13]
          .ToString().Trim() + "";
        oleConnection1.Open();
        oleCommand1.CommandText = sql;
        oleCommand1.ExecuteNonQuery();
        MessageBox.Show("删除进货'" + ds.Tables["in"]
          .Rows[dataGrid1.CurrentCell.RowNumber][0].ToString().Trim()
          + "'成功", "提示");
        oleConnection1.Close();
    }
    else
        MessageBox.Show("没有指定进货信息！", "提示");
}
```

7.5.3　修改入库信息

在入库信息浏览界面中，单击“修改”按钮，可以进入入库信息修改界面，如图 7-16 所示。在该界面中物资信息为只读，修改的只是入库信息表中的数据。

对用户选中的入库信息进行修改时，需要从入库信息浏览窗口中，将所选中的入库信息的参数，即入库编号，传递到修改入库信息窗口中，作为修改入库信息界面的初始化数据，用的方法是 Tag 属性。

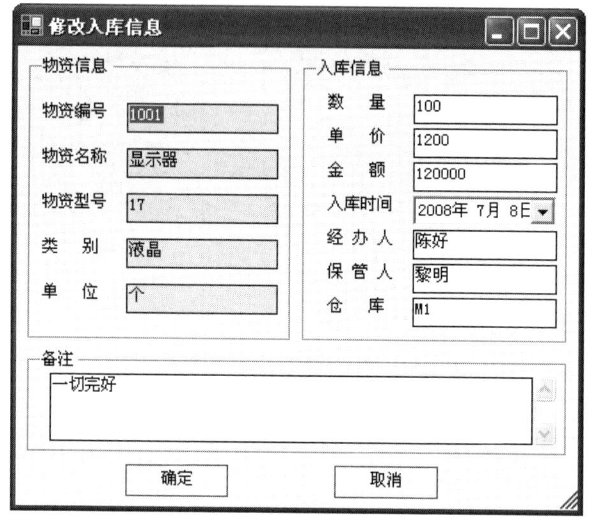

图 7-16 入库信息修改界面

该部分代码如下所示：

```
//例 7-16：数据绑定传递的代码
InModify inModify;
private void btModify_Click(object sender, System.EventArgs e)
{
    if (dataGrid1.DataSource!=null
      || dataGrid1[dataGrid1.CurrentCell]!=null)
    {
        inModify = new InModify();
        inModify.textMID.Text = ds.Tables[0].Rows[dataGrid1.CurrentCell
          .RowNumber][12].ToString().Trim();
        inModify.textName.Text = ds.Tables[0].Rows[dataGrid1.CurrentCell
          .RowNumber][0].ToString().Trim();
        inModify.textModel.Text = ds.Tables[0].Rows[dataGrid1.CurrentCell
          .RowNumber][1].ToString().Trim();
        inModify.textType.Text = ds.Tables[0].Rows[dataGrid1.CurrentCell
          .RowNumber][2].ToString().Trim();
        inModify.textUnit.Text = ds.Tables[0].Rows[dataGrid1.CurrentCell
          .RowNumber][3].ToString().Trim();
        inModify.textAccount.Text = ds.Tables[0].Rows[dataGrid1
          .CurrentCell.RowNumber][4].ToString().Trim();
        inModify.textPrice.Text = ds.Tables[0].Rows[dataGrid1
          .CurrentCell.RowNumber][5].ToString().Trim();
        inModify.textValue.Text = ds.Tables[0].Rows[dataGrid1.CurrentCell
          .RowNumber][6].ToString().Trim();
        inModify.date1.Text = ds.Tables[0].Rows[dataGrid1.CurrentCell
          .RowNumber][7].ToString().Trim();
```

```
        inModify.textDealer.Text = ds.Tables[0].Rows[dataGrid1.CurrentCell
          .RowNumber][8].ToString().Trim();
        inModify.textSaver.Text = ds.Tables[0].Rows[dataGrid1.CurrentCell
          .RowNumber][9].ToString().Trim();
        inModify.textStore.Text = ds.Tables[0].Rows[dataGrid1.CurrentCell
          .RowNumber][10].ToString().Trim();
        inModify.textRemark.Text = ds.Tables[0].Rows[dataGrid1.CurrentCell
          .RowNumber][11].ToString().Trim();
        inModify.Tag = ds.Tables[0].Rows[dataGrid1.CurrentCell
          .RowNumber][13].ToString().Trim();
        inModify.ShowDialog();
    }
    else
        MessageBox.Show("没有指定入库信息！", "提示");
}
```

修改完后，单击“确定”按钮，把修改后的数据更新到数据库中相应的字段中。

“确定”按钮的代码如下所示：

```
//例 7-17：“确定”按钮的代码
private void btAdd_Click(object sender, System.EventArgs e)
{
    this.oleConnection1.Open();

    string sql = "update ininfo set InAccount='"
      + textAccount.Text.Trim() + "',InPrice='" + textPrice.Text.Trim()
      + "'," + "InValue='" + textValue.Text.Trim() + "',InDate='"
      + date1.Text.Trim() + "',InDealer='" + textDealer.Text.Trim()
      + "'," + "InSaver='" + textSaver.Text.Trim() + "',InStore='"
      + textStore.Text.Trim() + "',Remark='" + textRemark.Text.Trim()
      + "'" + " where InID=" + this.Tag.ToString().Trim() + "";

    oleCommand1.CommandText = sql;
    oleCommand1.ExecuteNonQuery();
    MessageBox.Show("修改进货信息成功！", "提示");
    this.Close();
    this.oleConnection1.Close();
}
```

7.5.4 查询入库信息

在主界面中选择“入库信息管理”→“查询入库信息”菜单命令，进入入库信息查询界面，如图 7-17 所示。

在该界面中，共有 4 个查询条件：物资编号、物资名称、入库时间和物资型号。可以根据任意一个条件进行查询，也可以根据物资名称、入库时间和物资型号三个条件查询。

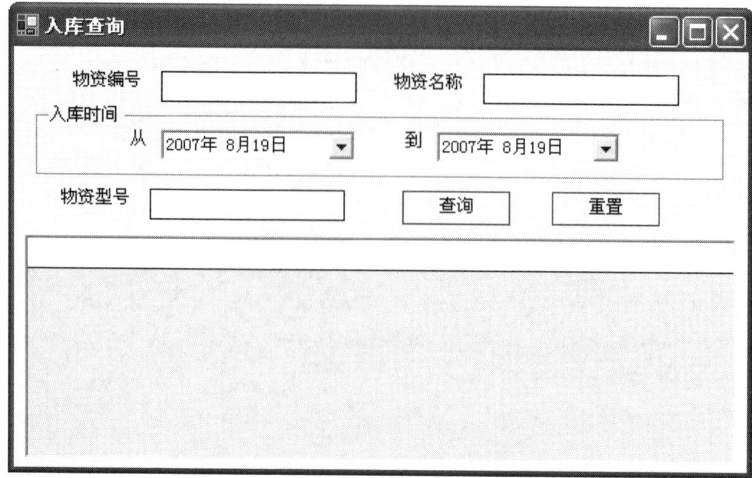

图 7-17　入库信息查询界面

查询功能的代码如下所示：

```
//例 7-18：查询功能的代码
private void btQuery_Click(object sender, System.EventArgs e)
{
    string sql = "select MName as 物资名称,MModel as 物资型号,Mtype as 类型,"
      + "MUnit as 单位,InAccount as 数量,"
      + "InPrice as 单价,InValue as 金额,InDate as 入库时间,"
      +  "InDealer as 经办人,InSaver as 保管人,"
      + "InStore as 仓库,Remark as 备注,"
      + "ininfo.MID as 物资编号,InID as 入库编号 from materialinfo,ininfo "
      + "where materialinfo.MID = ininfo.MID";
    if (textID.Text.Trim()==""
      && textName.Text.Trim()==""
      && textModel.Text.Trim()==""
      && date1.Text.Trim()==""
      && date2.Text.Trim()=="")
    {
        MessageBox.Show("请输入查询条件! ", "警告");
        return;
    }
    else if (textID.Text.Trim() != "")
        sql = sql + " and ininfo.MID= " + "'" + textID.Text.Trim() + "'";
    else
    {
        if (textName.Text.Trim() != "")
            sql = sql + " and MName= " + "'" + textName.Text + "'";
        if (textModel.Text.Trim() != "")
            sql = sql + " and MModel= " + "'" + textModel.Text + "'";
        if (date1.Text.Trim()!="" && date2.Text.Trim()!="")
        {
```

```
            DateTime dt1 = Convert.ToDateTime(date1.Text);
            DateTime dt2 = Convert.ToDateTime(date2.Text);
            sql = sql + " and InDate between " + "#" + dt1
              + "#" + " and " + "#" + dt2 + "#";
        }
    }

    oleConnection1.Open();
    OleDbDataAdapter adp = new OleDbDataAdapter(sql, oleConnection1);
    DataSet ds = new DataSet();
    ds.Clear();
    adp.Fill(ds, "in");
    dataGrid1.DataSource = ds.Tables[0].DefaultView;
    dataGrid1.CaptionText = "共有" + ds.Tables[0].Rows.Count + "条查询记录";
    oleConnection1.Close();
}
```

7.6　出库信息管理

7.6.1　添加出库信息

在主界面中选择“出库信息管理”→“添加出库信息”菜单命令，进入出库信息添加界面，如图 7-18 所示。

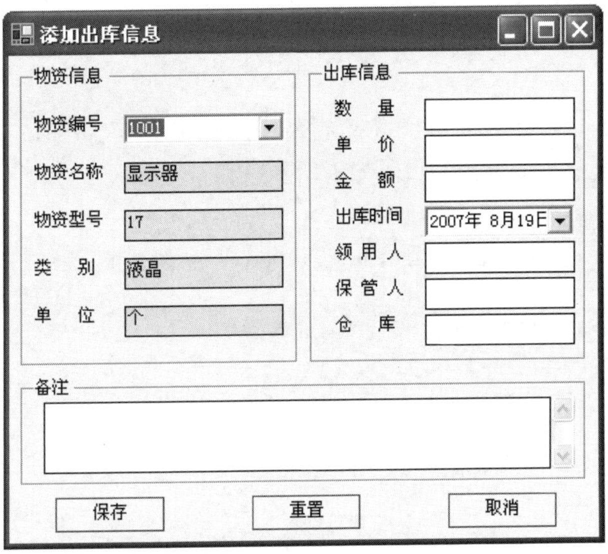

图 7-18　出库信息添加界面

这个界面分为两个部分，物资信息和出库信息。物资信息是从物资信息表中得到的，把物资编号与 ComboBox 控件绑定，然后通过选择物资编号来显示物资信息，并把它们显示到相应的 TextBox 控件中。

该部分的代码如下所示：

```
//例 7-19：数据绑定的代码
private void OutAdd_Load(object sender, System.EventArgs e)
{
    DataSet ds = new DataSet();
    OleDbDataAdapter adp = new OleDbDataAdapter("", oleConnection1);
    adp.SelectCommand.CommandText = "select MID from materialinfo";
    adp.Fill(ds);
    comMID.DataSource = ds.Tables[0].DefaultView;
    comMID.DisplayMember = "MID";
    comMID.ValueMember = "MID";
}

private void comMID_SelectedIndexChanged(
  object sender, System.EventArgs e)
{
    DataSet ds = new DataSet();
    OleDbDataAdapter adp = new OleDbDataAdapter("", oleConnection1);
    string sql = "select * from materialinfo where MID='"
      + comMID.Text.Trim() + "'";
    adp.SelectCommand.CommandText = sql;
    adp.Fill(ds);
    this.textName.Text = ds.Tables[0].Rows[0][1].ToString().Trim();
    this.textModel.Text = ds.Tables[0].Rows[0][2].ToString().Trim();
    this.textType.Text = ds.Tables[0].Rows[0][3].ToString().Trim();
    this.textUnit.Text = ds.Tables[0].Rows[0][4].ToString().Trim();
}
```

在出库信息部分，把相应的数据填写完整，单击“确定”按钮，把数据编号和出库信息保存到出库信息表中。该部分的代码如下所示：

```
//例 7-20：“确定”按钮的代码
private void btAdd_Click(object sender, System.EventArgs e)
{
    if (comMID.Text.Trim() == "")
        MessageBox.Show("请填写物资编号！", "提示");
    else
    {
        oleConnection1.Open();
        string sql =
          "select * from outinfo where MID='" + comMID.Text.Trim() + "'";
        this.oleCommand1.CommandText = sql;

        if (null == oleCommand1.ExecuteScalar())
        {
            string sql1 = "insert into outinfo (MID,OutAccount,OutPrice,"
```

```
            + "OutValue,OutDate,OutDealer,OutSaver,OutStore,Remark)values"
            + "('" + comMID.Text.Trim() + "','" + textAccount.Text.Trim()
            + "'," + "'" + textPrice.Text.Trim() + "','"
            + textValue.Text.Trim() + "','" + date1.Text.Trim() + "','"
            + textDealer.Text.Trim() + "'," + "'" + textSaver.Text.Trim()
            + "','" + textStore.Text.Trim() + "','"
            + textRemark.Text.Trim() + "')";
            oleCommand1.CommandText = sql1;
            oleCommand1.ExecuteNonQuery();
            MessageBox.Show("添加出库信息成功！", "提示");
            this.Close();
        }
        else
            MessageBox.Show(
              "物资编号" + comMID.Text.Trim() + "已经存在！", "警告");
        oleConnection1.Close();
    }
}
```

7.6.2　浏览出库信息

在主界面中选择“出库信息管理”→“浏览出库信息”菜单命令，进入出库信息浏览界面，如图 7-19 所示。

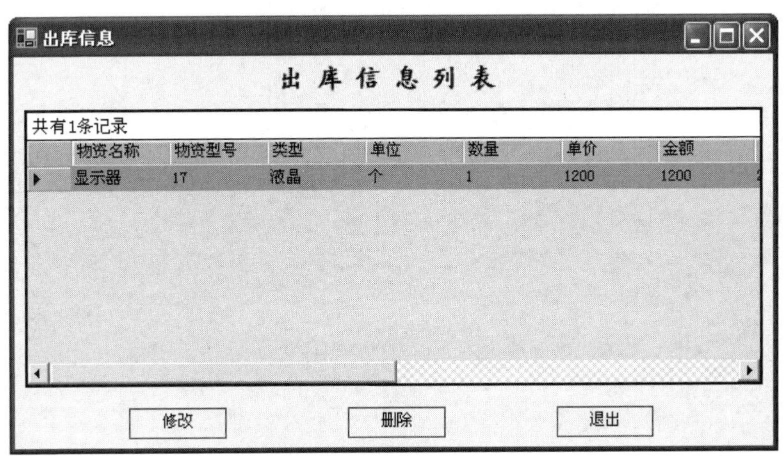

图 7-19　出库信息浏览界面

在这个界面中有一个 DataGrid 控件，通过该控件所提供的绑定功能，可以显示程序中所检索出的数据集，在该界面中显示的是入库信息。数据绑定的代码如下所示：

```
//例 7-21：数据绑定的代码
DataSet ds;
private void Out_Load(object sender, System.EventArgs e)
{
```

```
    oleConnection1.Open();
    string sql = "select MName as 物资名称,MModel as 物资型号,Mtype as 类型,"
      + "MUnit as 单位,OutAccount as 数量,"
      + "OutPrice as 单价,OutValue as 金额,OutDate as 出库时间,"
      + "OutDealer as 领取人,OutSaver as 保管人,"
      + "OutStore as 仓库,Remark as 备注,"
      + "Outinfo.MID as 物资编号,OutID as 入库编号 from materialinfo,"
      + "Outinfo where materialinfo.MID = Outinfo.MID";
    OleDbDataAdapter adp = new OleDbDataAdapter(sql,oleConnection1);
    ds = new DataSet();
    ds.Clear();
    adp.Fill(ds, "out");
    dataGrid1.DataSource = ds.Tables[0].DefaultView;
    dataGrid1.CaptionText = "共有" + ds.Tables[0].Rows.Count + "条记录";
    oleConnection1.Close();
}
```

在这个界面中，还包括 3 个 button 控件，分别是“修改”、“删除”、“退出”。

删除某条信息时，必须考虑与该信息相关的其他信息的存在，如果没有，则可直接删掉，否则，为了保证数据的完整性，则不允许直接删掉该条信息。

“删除”按钮的代码如下所示。

```
//例 7-22: “删除”按钮的代码
private void btDel_Click(object sender, System.EventArgs e)
{
    if (dataGrid1.CurrentRowIndex>=0 && dataGrid1.DataSource!=null
      && dataGrid1[dataGrid1.CurrentCell]!=null)
    {
        string sql = "delete * from outinfo where OutID="
          + ds.Tables["out"].Rows[dataGrid1.CurrentCell.RowNumber][13]
          .ToString().Trim() + "";
        oleConnection1.Open();
        oleCommand1.CommandText = sql;
        oleCommand1.ExecuteNonQuery();
        MessageBox.Show("删除出库'" + ds.Tables["out"]
          .Rows[dataGrid1.CurrentCell.RowNumber][0].ToString().Trim()
          + "'成功", "提示");
        oleConnection1.Close();
    }
    else
        MessageBox.Show("没有指定出库信息! ", "提示");
}
```

7.6.3 修改出库信息

在出库信息浏览界面中单击“修改”按钮，进入出库信息修改界面，如图 7-20 所示。

图 7-20　出库信息修改界面

在该界面中，物资信息为只读，修改的只是出库信息表中的数据。对用户选中的出库信息进行修改时，需要从出库信息浏览窗口中将所选中的出库信息的参数，即出库编号，传递到修改出库信息窗口中，作为修改出库信息界面的初始化数据，用的方法是 Tag 属性，该部分代码如下所示：

```
//例 7-23：数据绑定传递的代码
OutModify outModify;
private void btModify_Click(object sender, System.EventArgs e)
{
    if (dataGrid1.DataSource!=null
      || dataGrid1[dataGrid1.CurrentCell]!=null)
    {
        outModify = new OutModify();
        outModify.textMID.Text = ds.Tables[0].Rows[dataGrid1
          .CurrentCell.RowNumber][12].ToString().Trim();
        outModify.textName.Text = ds.Tables[0].Rows[dataGrid1
          .CurrentCell.RowNumber][0].ToString().Trim();
        outModify.textModel.Text = ds.Tables[0].Rows[dataGrid1
          .CurrentCell.RowNumber][1].ToString().Trim();
        outModify.textType.Text = ds.Tables[0].Rows[dataGrid1
          .CurrentCell.RowNumber][2].ToString().Trim();
        outModify.textUnit.Text = ds.Tables[0].Rows[dataGrid1
          .CurrentCell.RowNumber][3].ToString().Trim();
        outModify.textAccount.Text = ds.Tables[0].Rows[dataGrid1
          .CurrentCell.RowNumber][4].ToString().Trim();
        outModify.textPrice.Text = ds.Tables[0].Rows[dataGrid1
          .CurrentCell.RowNumber][5].ToString().Trim();
        outModify.textValue.Text = ds.Tables[0].Rows[dataGrid1
```

```
        .CurrentCell.RowNumber][6].ToString().Trim();
      outModify.date1.Text = ds.Tables[0].Rows[dataGrid1
        .CurrentCell.RowNumber][7].ToString().Trim();
      outModify.textDealer.Text = ds.Tables[0].Rows[dataGrid1
        .CurrentCell.RowNumber][8].ToString().Trim();
      outModify.textSaver.Text = ds.Tables[0].Rows[dataGrid1
        .CurrentCell.RowNumber][9].ToString().Trim();
      outModify.textStore.Text = ds.Tables[0].Rows[dataGrid1
        .CurrentCell.RowNumber][10].ToString().Trim();
      outModify.textRemark.Text = ds.Tables[0].Rows[dataGrid1
        .CurrentCell.RowNumber][11].ToString().Trim();
      outModify.Tag = ds.Tables[0].Rows[dataGrid1
        .CurrentCell.RowNumber][13].ToString().Trim();
      outModify.ShowDialog();
   }
   else
      MessageBox.Show("没有指定出库信息！", "提示");
}
```

修改完后，单击“确定”按钮，把修改后的数据更新到数据库中相应的字段中。

“确定”按钮的代码如下所示：

```
//例 7-24：“确定”按钮的代码
private void btAdd_Click(object sender, System.EventArgs e)
{
   this.oleConnection1.Open();
   string sql = "update outinfo set OutAccount='"
     + textAccount.Text.Trim() + "',OutPrice='" + textPrice.Text.Trim()
     + "'," "OutValue='" + textValue.Text.Trim() + "',OutDate='"
     + date1.Text.Trim() + "',OutDealer='" + textDealer.Text.Trim()
     + "'," + "OutSaver='" + textSaver.Text.Trim() + "',OutStore='"
     + textStore.Text.Trim() + "',Remark='" + textRemark.Text.Trim()
     + "'" + " where OutID=" + this.Tag.ToString().Trim() + "";
   oleCommand1.CommandText = sql;
   oleCommand1.ExecuteNonQuery();
   MessageBox.Show("修改出库信息成功！", "提示");

   this.Close();
   this.oleConnection1.Close();
}
```

7.6.4 查询出库信息

在主界面中选择“出库信息管理”→“查询出库信息”菜单命令，进入出库信息查询界面，如图 7-21 所示。

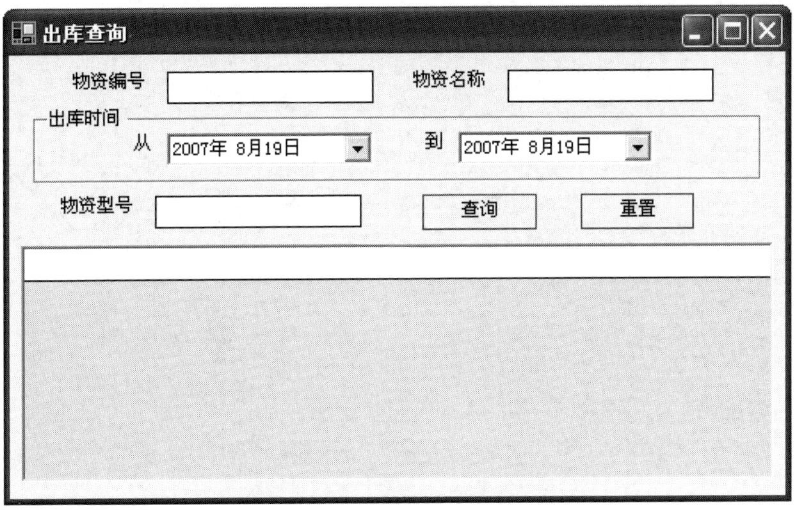

图 7-21　出库信息查询界面

在该界面中，共有 4 个查询条件：物资编号、物资名称、出库时间和物资型号。可以根据任意一个条件进行查询，也可以根据物资名称、出库时间和物资型号三个条件查询。

查询功能的代码如下所示：

```
//例 7-25：查询功能的代码
private void btQuery_Click(object sender, System.EventArgs e)
{
    string sql = "select MName as 物资名称,MModel as 物资型号,Mtype as 类型,"
      + "MUnit as 单位,OutAccount as 数量,"
      + "OutPrice as 单价,OutValue as 金额,OutDate as 入库时间,"
      + "OutDealer as 经办人,OutSaver as 保管人,"
      + "OutStore as 仓库,Remark as 备注,"
      + "Outinfo.MID as 物资编号,OutID as 入库编号 from materialinfo,"
      + "outinfo where materialinfo.MID = Outinfo.MID";

    if (textID.Text.Trim()==""
      && textName.Text.Trim()==""
      && textModel.Text.Trim()==""
      && date1.Text.Trim()==""
      && date2.Text.Trim()=="")
    {
        MessageBox.Show("请输入查询条件！", "警告");
        return;
    }
    else if (textID.Text.Trim() != "")
        sql = sql + " and ininfo.MID= " + "'" + textID.Text.Trim() + "'";
    else
    {
        if (textName.Text.Trim() != "")
            sql = sql + " and MName= " + "'" + textName.Text + "'";
```

```
        if (textModel.Text.Trim() != "")
            sql = sql + " and MModel= " + "'" + textModel.Text + "'";
        if (date1.Text.Trim()!="" && date2.Text.Trim()!="")
        {
            DateTime dt1 = Convert.ToDateTime(date1.Text);
            DateTime dt2 = Convert.ToDateTime(date2.Text);
            sql = sql + " and OutDate between "
              + "#" + dt1 + "#" + " and " + "#" + dt2 + "#";
        }
    }

    oleConnection1.Open();
    OleDbDataAdapter adp = new OleDbDataAdapter(sql, oleConnection1);
    DataSet ds = new DataSet();
    ds.Clear();
    adp.Fill(ds, "out");
    dataGrid1.DataSource = ds.Tables[0].DefaultView;
    dataGrid1.CaptionText =
      "共有" + ds.Tables[0].Rows.Count + "条查询记录";

    oleConnection1.Close();
}
```

7.7　库存信息管理

7.7.1　浏览库存信息

在主界面中选择“库存信息管理”→“浏览库存信息”菜单命令，进入库存信息浏览界面，如图 7-22 所示。

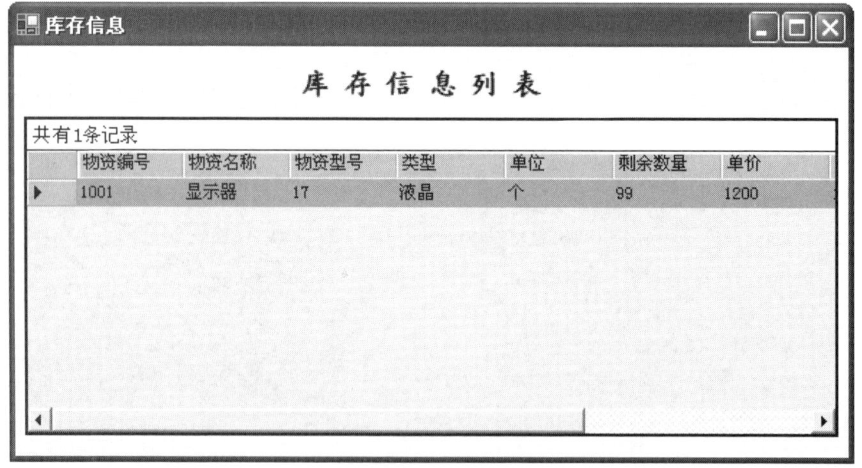

图 7-22　库存信息浏览界面

在该界面中显示的数据是物资信息表、入库信息表和出库信息表三张表中数据的融合。把物资信息表中的每种物资的入库数量减去出库数量，得到目前的库存数量，入库金额减去出库金额，得到剩余物资的金额。该部分的代码如下所示：

```
//例 7-26：库存信息浏览的代码
DataSet ds;
private void Store_Load(object sender, System.EventArgs e)
{
   oleConnection1.Open();
   string sql = "select materialinfo.MID as 物资编号,MName as 物资名称,"
     + "MModel as 物资型号,Mtype as 类型,MUnit as 单位,"
     + "InAccount-OutAccount as 剩余数量,InPrice as 单价,InValue-OutValue"
     + "as 金额,InStore as 仓库,ininfo.Remark as 备注"
     + " from materialinfo,ininfo,outinfo where materialinfo.MID="
     + " ininfo.MID and materialinfo.MID = outinfo.MID";
   OleDbDataAdapter adp = new OleDbDataAdapter(sql, oleConnection1);
   ds = new DataSet();
   ds.Clear();
   adp.Fill(ds, "store");
   dataGrid1.DataSource = ds.Tables[0].DefaultView;
   dataGrid1.CaptionText = "共有" + ds.Tables[0].Rows.Count + "条记录";
   oleConnection1.Close();
}
```

7.7.2　查询库存信息

在主界面中选择“库存信息管理”→“查询库存信息”菜单命令，进入库存信息查询界面，如图 7-23 所示。

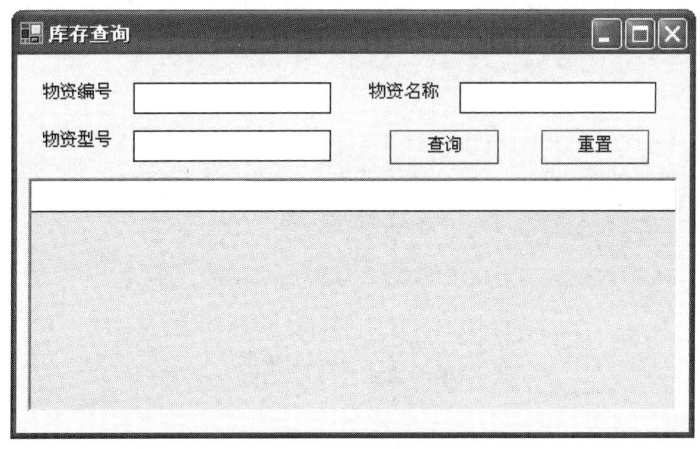

图 7-23　库存信息查询界面

在该界面中，共有 3 个查询条件：物资编号、物资名称和物资型号。在库存信息的基础上，可以根据任意一个条件进行查询，也可以根据物资名称和物资型号两个条件查询。

查询功能的代码如下所示：

```
//例 7-27：库存信息查询的代码
private void btQuery_Click(object sender, System.EventArgs e)
{
    string sql = "select materialinfo.MID as 物资编号,MName as 物资名称,"
      + "MModel as 物资型号,Mtype as 类型,MUnit as 单位,"
      + "InAccount-OutAccount as 剩余数量,InPrice as 单价,InValue-OutValue "
      + "as 金额,InStore as 仓库,ininfo.Remark as 备注"
      + " from materialinfo,ininfo,outinfo where materialinfo.MID="
      + "ininfo.MID and materialinfo.MID = outinfo.MID";
    if (textID.Text.Trim()==""
      && textName.Text.Trim()==""
      && textModel.Text.Trim()=="")
    {
        MessageBox.Show("请输入查询条件！", "警告");
        return;
    }
    else if (textID.Text.Trim() != "")
        sql = sql + " and materialinfo.MID= " + "'"
          + textID.Text.Trim() + "'";
    else
    {
        if (textName.Text.Trim() != "")
            sql = sql + " and MName= " + "'" + textName.Text + "'";
        if (textModel.Text.Trim() != "")
            sql = sql + " and MModel= " + "'" + textModel.Text + "'";
    }

    oleConnection1.Open();
    OleDbDataAdapter adp = new OleDbDataAdapter(sql, oleConnection1);
    DataSet ds = new DataSet();
    ds.Clear();
    adp.Fill(ds, "store");
    dataGrid1.DataSource = ds.Tables[0].DefaultView;
    dataGrid1.CaptionText = "共有" + ds.Tables[0].Rows.Count + "条查询记录";
    oleConnection1.Close();
}
```

本 章 小 结

本章的案例分别从数据库设计和应用程序设计的角度介绍了一套简单的仓库管理信息系统。本系统虽然简单，但包括了一些最基本的功能。读者可以在学习本系统的基础上添加一些功能模块，以适应实际需要。

第 8 章

研究生管理信息系统

本研究生管理信息系统具有以下特点：

- 实现研究生的个人信息、课程、成绩、专业等的管理。
- 提供完整的资料，方便学校统一管理。
- 界面设计简单、操作方便。

本系统后台数据库采用 Microsoft Access，前台采用 Visual C#作为主要开发工具。采用 ADO 技术连接数据库，完成对数据库的一系列操作。

8.1 系 统 概 述

8.1.1 系统功能

研究生信息管理是一项非常重要的工作，它关系到整个学校的工作效率，能够方便系统管理人员对学校基本数据进行维护，包括信息的增加、修改及对各项信息的变动等进行操作。采用研究生管理信息系统，不仅可以节省人力、物力，而且能够增强学校资料的安全性，提高学校的管理能力。

研究生信息管理涉及专业、课程、成绩、个人信息等活动，需要处理大量数据和信息，对这些数据的准确性、及时性都要求非常高，任何信息的错误、遗漏都会造成学校管理的混乱，若采用纯人工的方法管理，是有一定难度的，因此，目前大多数学校都开始采用计算机技术实现研究生信息管理。

本系统的功能主要包括以下几个方面：

- 系统管理员添加年级信息、班级信息、所开的课程信息和系统用户信息，对用户的权限进行设置并对其维护。
- 新生入学时，普通管理员录入研究生的基本信息，并在以后的教学中对研究生信息进行基本维护。
- 考试结束后，由任课老师对研究生的成绩进行录入，并对成绩进行分析。
- 学期之初，导师给每位研究生选择课程，并可以对研究生信息和成绩进行查询。
- 每位研究生可以对以上录入的信息根据自己的需要进行适当的查询。

8.1.2 系统预览

图 8-1 为研究生管理信息系统的登录界面。

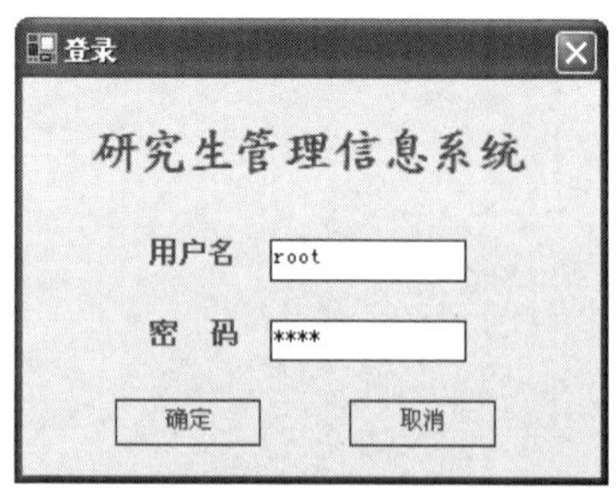

图 8-1 登录界面

输入用户名和密码(默认用户名和密码分别为 admin 和 admin，为系统管理员用户)，单击“确定”按钮，进入主程序界面。

应用程序的主界面如图 8-2 所示(该界面为系统管理员界面)。

图 8-2　应用程序主界面

8.2　系统概要设计

8.2.1　功能模块设计

研究生管理信息系统由系统管理、专业管理、课程管理、班级管理、研究生信息管理、成绩管理、用户管理等模块组成，具体如下。

1. 系统管理模块

可以添加新用户，并新建角色，为角色赋予权限。

2. 专业管理模块

可以浏览、添加、修改、删除专业信息。

3. 课程管理模块

可以浏览、添加、修改、删除课程信息。

4. 研究生信息管理模块

可以浏览、添加、修改、删除研究生基本信息。

5. 成绩管理模块

可以浏览、添加、修改、删除和查询研究生成绩信息。

6. 用户管理模块

可以修改密码，重新登录。

研究生管理信息系统的系统功能结构如图 8-3 所示。

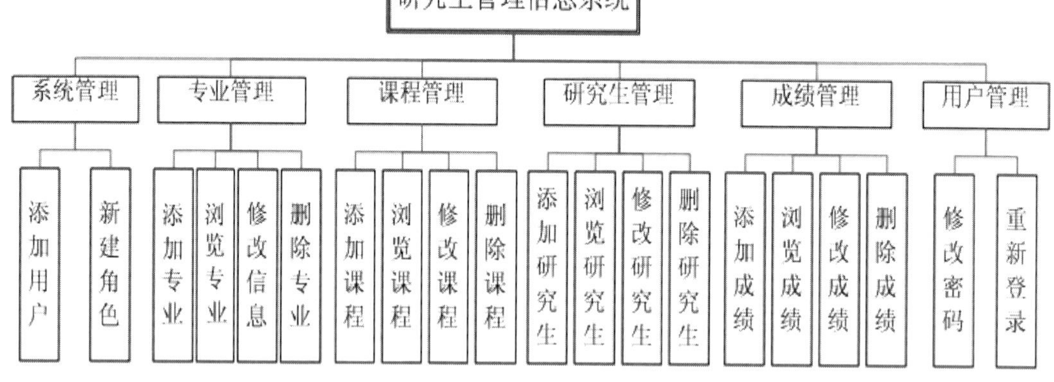

图 8-3　系统功能结构

8.2.2　文件架构设计

为了使系统更加清晰，这里列出了研究生信息系统的文件架构，表示各个窗体的作用及相互之间的关系。

主文件的架构如图 8-4 所示。

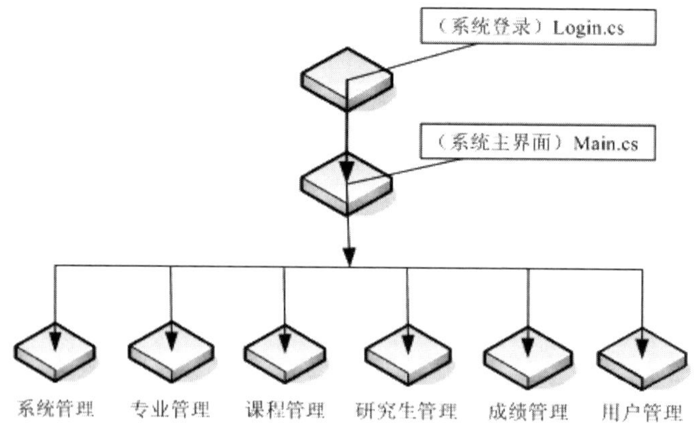

图 8-4　主文件的架构

各个功能模块的文件架构如图 8-5 所示。

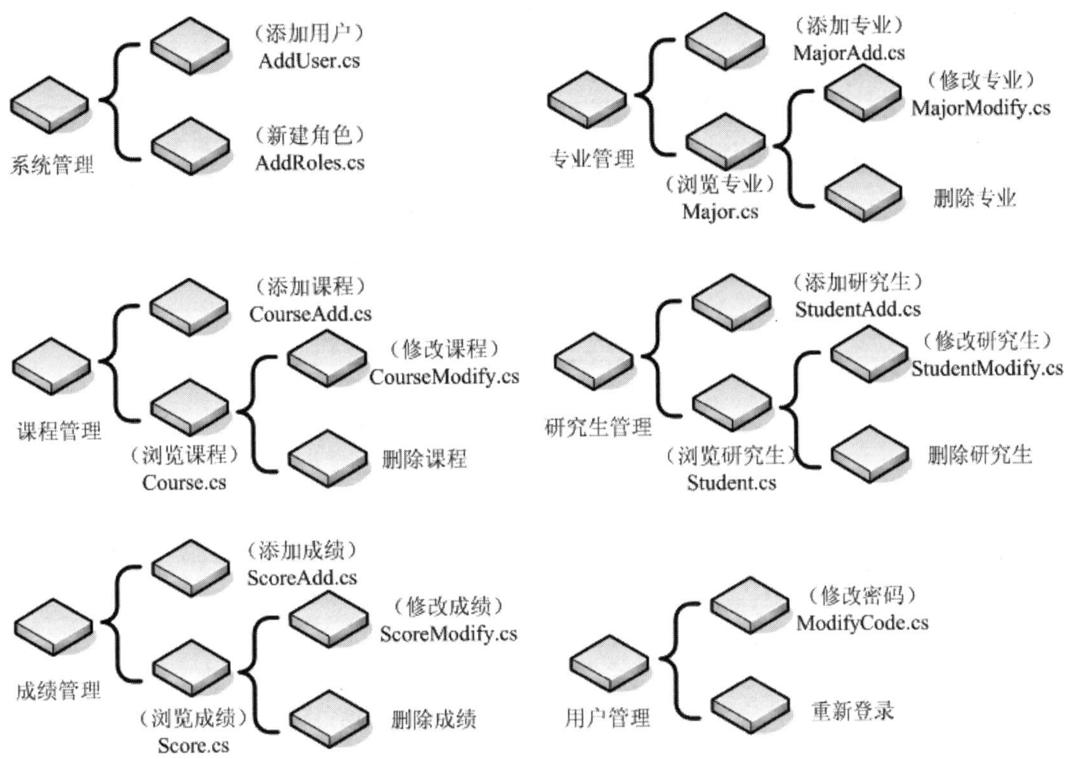

图 8-5　各功能模块的文件架构

8.2.3　数据库设计

根据研究生管理信息系统的功能要求，该系统的数据库名称为 masterMIS，数据库中共包含 7 张表。

(1) 用户信息表(userinfo)：包含用户的名称、口令和角色信息。

(2) 角色信息表(roles)：包含角色名称和与该角色相关的权限信息。

(3) 专业信息表(majorinfo)：包含学校所开设专业的名称和详细介绍。

(4) 课程信息表(courseinfo)：包含学校所开设课程的名称和详细介绍。

(5) 研究生基本信息表(studentinfo)：包含研究生的学号、姓名、性别、专业等的基本信息。

(6) 成绩信息表(scoreinfo)：包含研究生的学号、课程、成绩等信息。

(7) 教师信息表(teacherinfo)：包括教师的姓名等信息。

下面列出各个表的数据结构，如表 8-1～8-7 所示。

表 8-1　用户信息表(userinfo)的数据结构

字 段 名	类　型	描　述
UName	文本	用户名(主键)
PWD	文本	密码
RoleName	文本	角色名

表 8-2　角色信息表(roles)的数据结构

字 段 名	类　型	描　述
RoleName	文本	角色名(主键)
SystemManage	是/否	系统管理
MajorManage	是/否	专业管理
CourseManage	是/否	课程管理
ScoreManage	是/否	成绩管理

表 8-3　专业信息表(majorinfo)的数据结构

字 段 名	类　型	描　述
MID	文本	专业编号
MName	文本	专业名称(主键)
MRemark	文本	专业描述

表 8-4　课程信息表(courseinfo)的数据结构

字 段 名	类　型	描　述
CID	自动编号	课程编号(主键)
CName	文本	课程名称
CDate	文本	学时
CNum	文本	学分
MName	文本	专业名称
CRemark	文本	课程描述

表 8-5　研究生基本信息表(studentinfo)的数据结构

字 段 名	类　型	描　述
SID	文本	研究生学号(主键)
SName	文本	研究生姓名
SSex	文本	性别
SPID	文本	身份证号
SBirth	日期/时间	出生日期
TID	文本	老师编号
MName	文本	专业名称
SRemark	文本	备注

表 8-6　成绩信息表(scoreinfo)的数据结构

字 段 名	类　型	描　述
RID	自动编号	成绩编号(主键)
SID	文本	学号
CName	文本	课程名称
Score	文本	分数

表 8-7　教师信息表(teacherinfo)的数据结构

字 段 名	类　型	描　述
TID	文本	教师编号(主键)
TName	文本	用户名

一般情况下，数据库中所包含的表都不是独立存在的，而是表与表之间有一定的关系，称为关联。如果数据库中的信息不能满足正常的依赖关系，就会破坏数据的完整性和一致性。根据本示例的特点，需要设置课程信息表、专业信息表、研究生信息表、成绩信息表和教师信息表之间的关系，如图 8-6 所示，以及用户信息表与角色信息表之间的关系，如图 8-7 所示。

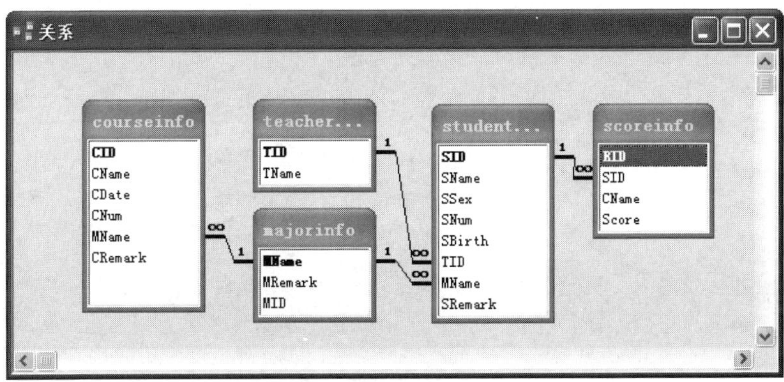

图 8-6　数据库表间的关系

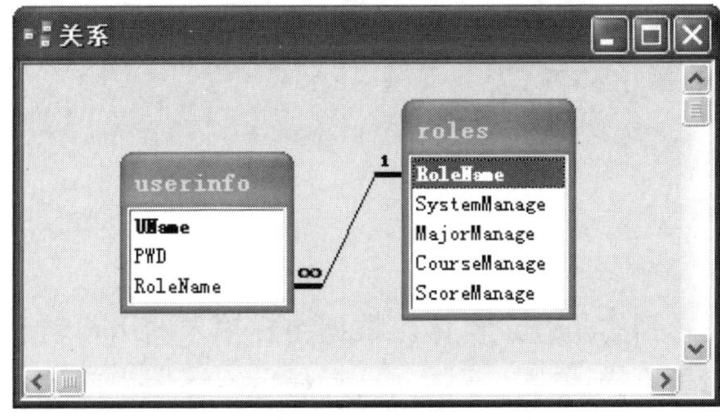

图 8-7　用户和角色间的关系

8.3 系统详细设计

8.3.1 数据库连接

本系统采用的是 Access 文件数据库，降低了程序对硬件操作系统版本的要求。并且 Access 数据库操作方便，配置简单，只需要把数据库文件放置到合适的目录下即可。

在本系统中，数据库文件是 CH08\MasterMIS\MasterMIS\bin\Debug\masterMIS.mdb。

在程序中，专门设计了连接字符串模块 database\dbConnection.cs，代码如下所示：

```
//例 8-1：数据库连接代码
using System;
namespace MasterMIS.database
{
    /// <summary>
    /// dbConnection 的摘要说明。
    /// </summary>
    public class dbConnection
    {
        public dbConnection()
        {
        }
        public static string connection
        {
            get
            {
                return "Data Source=masterMIS.mdb;Jet OLEDB:Engine Type=5;
                        Provider=Microsoft.Jet.OLEDB.4.0;";
            }
        }
    }
}
```

并在程序中设置了变量来调用这个连接，代码如下所示：

```
//例 8-2：数据库调用代码
private OleDbConnection oleConnection1 =
  new OleDbConnection(MasterMIS.database.dbConnection.connection);
```

8.3.2 主界面

程序运行后，首先看到的是登录窗体。根据用户输入的用户名和密码，判断是否是本系统用户，并根据它的角色描述规定权限，选择显示给该用户的主界面。登录后，将会进入主程序界面。在主界面中使用了一个 MainMenu 控件、一个 ToolBar 控件、一个 ImageList 控件和一个 StatusBar 控件。

8.3.3　系统管理

在主界面中选择“系统管理”→“添加用户”菜单命令，即可进入“添加用户”界面，如图 8-8 所示。

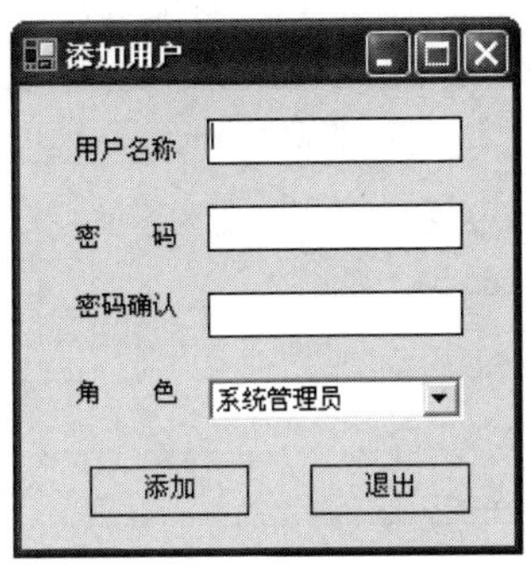

图 8-8　“添加用户”界面

在该界面中，可以建立新的用户，并可在角色下拉框中选择角色描述。单击“确定”按钮，如用户信息填写完整并且用户名称不重复，则显示添加成功，否则添加失败。

在该窗体中使用了 3 个 TextBox 控件、2 个 Button 控件和一个 ComboBox 控件。各个控件的名称、作用如表 8-8 所示。

表 8-8　“添加用户”界面的控件

控件类型	控件名称	作　用
TextBox	textName	输入用户名
	textPassWord	输入密码
	textPWDNew	重复输入密码
Button	btAdd	添加
	btClose	退出
ComboBox	comboRole	选择角色

在主界面中选择“系统管理”→“新建角色”菜单命令，即可进入角色新建界面，如图 8-9 所示。

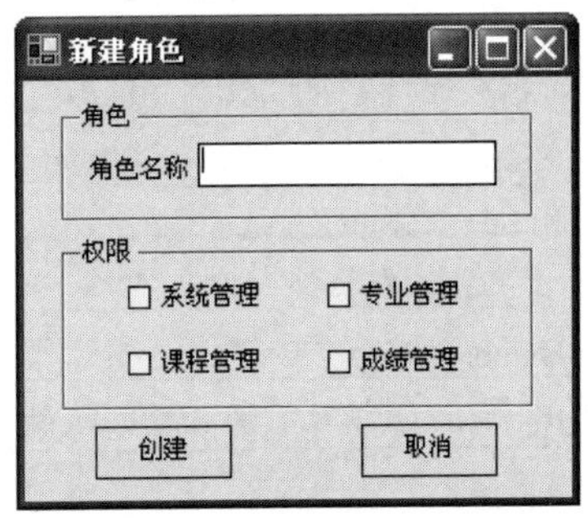

图 8-9　“新建角色”界面

在该界面中，可以建立新的角色，并在选择“权限”选项组中的复选框后，该角色就会具有相应的权限。

在该窗体中使用了一个 TextBox 控件和 4 个 CheckBox 控件。各个控件的名称、作用如表 8-9 所示。

表 8-9 “新建角色”界面的控件

控件类型	控件名称	作　用
TextBox	textRole	输入角色名称
Button	btAdd	添加
	btClose	退出
ComboBox	ckSys	系统管理员
	ckMajor	专业管理员
	ckCourse	课程管理员
	ckScore	成绩管理员

8.3.4 专业管理

在主界面中选择“专业管理”→“添加专业”菜单命令，即可进入专业添加界面，如图 8-10 所示。用户可以在这个窗体中设置专业信息，然后单击“确定”按钮，如专业信息填写完整并且专业名称不重复，则显示添加成功，否则添加失败。

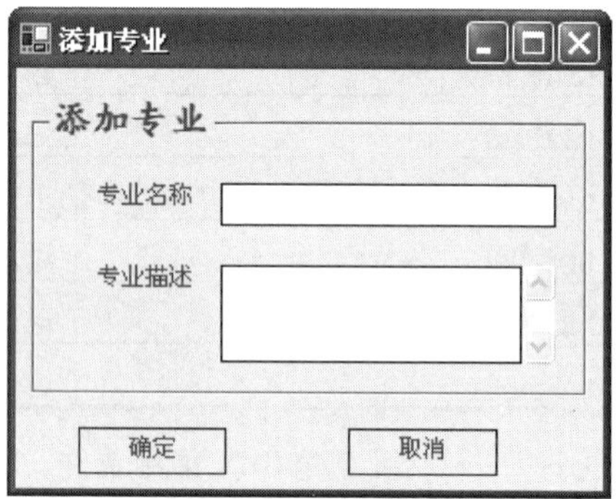

图 8-10 专业添加界面

在该窗体中使用了两个 TextBox 控件。各个控件的名称、作用如表 8-10 所示。

表 8-10 专业添加界面的控件

控件类型	控件名称	作　用
TextBox	textName	输入专业名称
	textRemark	输入专业描述
Button	btAdd	添加
	btClose	退出

选择“专业管理”→“浏览专业”菜单命令或者单击工具栏上的专业按钮，即可进入浏览专业的界面，如图 8-11 所示。界面中用一个 DataGrid 控件来输出数据，控件名称是 DataGrid1，用来显示专业信息。

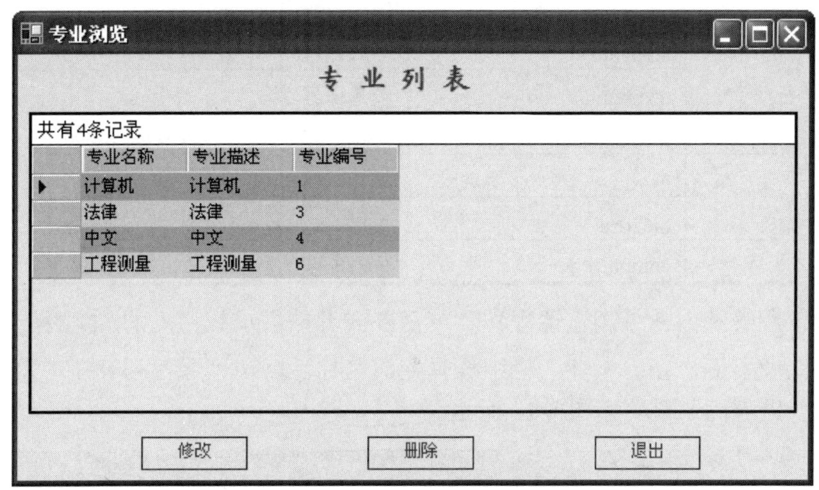

图 8-11　“专业浏览”界面

8.3.5　课程管理

在主界面中选择“课程管理”→“添加课程”菜单命令，即可进入课程添加界面，如图 8-12 所示。

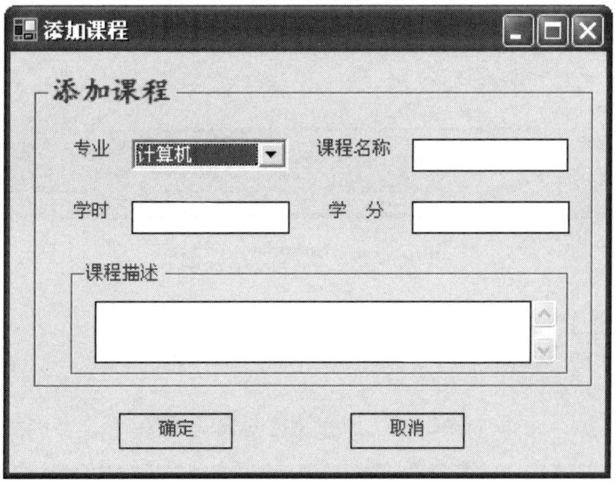

图 8-12　课程添加界面

用户可以在这个窗体中设置课程信息，然后单击“确定”按钮，如课程信息填写完整并且在同一专业中课程名称不重复，则显示添加成功，否则添加失败。

在该窗体中使用了一个 ComboBox 控件和 4 个 TextBox 控件。各个控件的名称、作用如表 8-11 所示。

表 8-11　课程添加界面的控件

控件类型	控件名称	作　用
TextBox	textName	输入课程名称
	textDate	输入课程学时
	textNum	输入课程学分
	textRemark	课程描述(属性多行并有滚动条)
Button	btAdd	添加
	btClose	退出
ComboBox	comboMajor	选择专业信息

选择“课程管理”→“浏览课程”菜单命令或者单击工具栏上的 课程 按钮，即可进入课程浏览界面，在“专业”栏中选择专业名称后，在“课程列表”中将显示该专业的课程信息。课程浏览界面如图 8-13 所示。

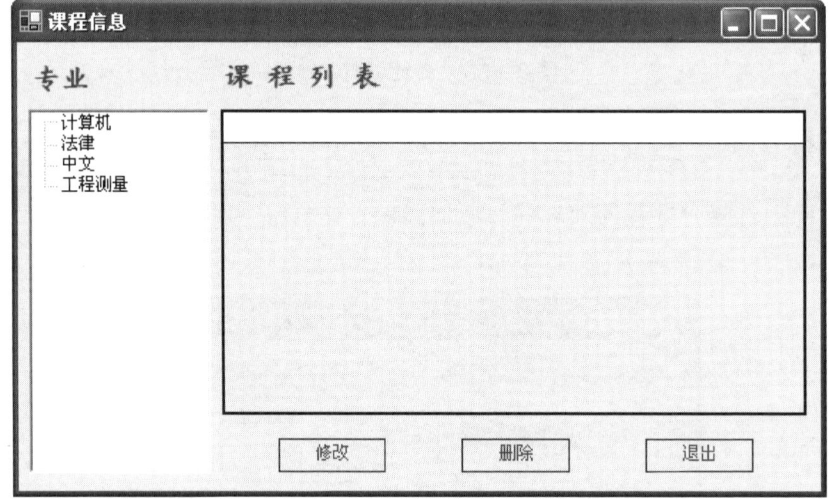

图 8-13　课程浏览界面

在该窗体中，使用了一个 TreeView 控件和一个 DataGrid 控件。各个控件的名称、作用如表 8-12 所示。

表 8-12　课程浏览界面的控件

控件类型	控件名称	作　用
TreeView	treeView1	显示专业列表
Button	btModify	修改
	btDel	删除
	btClose	退出
DataGrid	dataGrid1	显示课程信息

8.3.6　研究生管理

在主界面中选择“研究生管理”→“添加信息”菜单命令，即可进入研究生添加界面，如图 8-14 所示。

图 8-14　研究生添加界面

用户可以在这个窗体中设置研究生信息，然后单击“确定”按钮，如研究生信息填写完整并且在同一学号研究生的身份证不重复，则显示添加成功，否则添加失败。

在该窗体中使用了 3 个 ComboBox 控件、4 个 TextBox 控件和一个 DateTimePicker 控件。各个控件的名称、作用如表 8-13 所示。

表 8-13　研究生添加界面的控件

控件类型	控件名称	作　用
TextBox	textID	输入学号
	textName	输入姓名
	textNum	输入身份证号
	textRemark	输入备注
Button	btAdd	添加
	btClose	退出
ComboBox	comboSex	选择性别
	comboTeacher	选择导师
	comboMajor	选择专业
DateTimePicker	date1	选择出生日期

选择“研究生管理”→“浏览信息”菜单命令或者单击工具栏中的 研究生 按钮，即可进入研究生浏览界面，在“专业”栏中选择专业名称后，在“学生信息列表”中将显示该专业的研究生信息。

研究生浏览界面如图 8-15 所示。

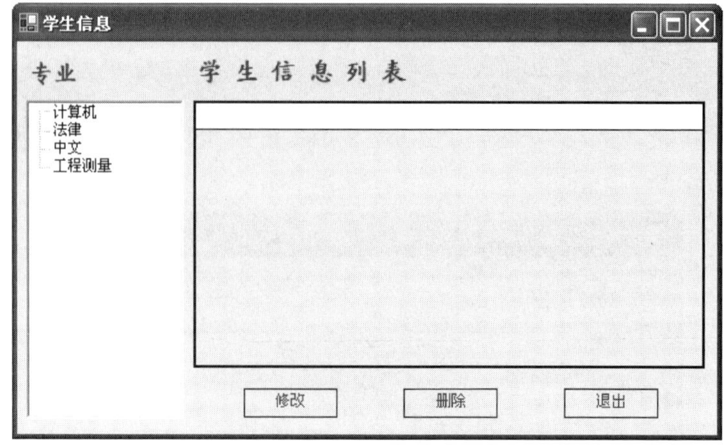

图 8-15　研究生浏览界面

在该窗体中使用了一个 TreeView 控件和一个 DataGrid 控件。各个控件的名称、作用如表 8-14 所示。

表 8-14　研究生浏览界面的控件

控件类型	控件名称	作　用
TreeView	treeView1	显示专业列表
Button	btModify	修改
	btDel	删除
	btClose	退出
DataGrid	dataGrid1	显示研究生信息

8.3.7　成绩管理

在主界面中选择“成绩管理”→“添加成绩”菜单命令，即可进入成绩添加界面，如图 8-16 所示。

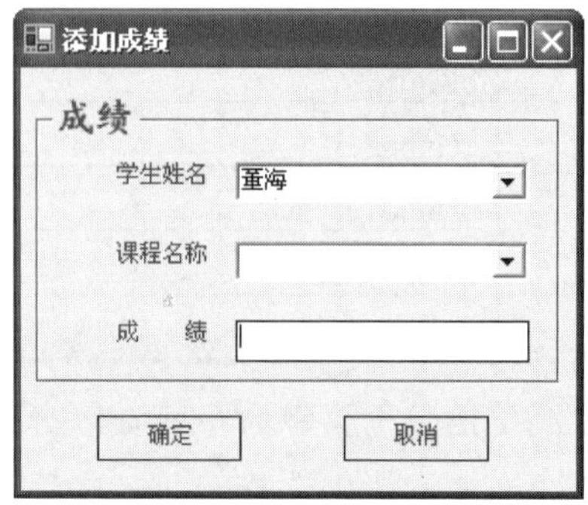

图 8-16　成绩添加界面

用户可以在这个窗体中添加学生的成绩，然后单击“确定”按钮。如成绩填写完整，并且同一学号研究生的相同课程的成绩不重复，则显示添加成功，否则添加失败。

在该窗体中使用了一个 TextBox 控件和两个 ComboBox 控件。各个控件的名称、作用如表 8-15 所示。

表 8-15　成绩添加界面的控件

控件类型	控件名称	作　用
ComboBox	textSName	选择学生姓名
	textCName	选择课程名称
Button	btAdd	添加
	btClose	退出
TextBox	textScore	填写成绩

选择“成绩管理”→“浏览成绩”菜单命令或者单击工具栏上的 成绩 按钮，即可进入成绩浏览界面，在“专业/课程”栏中选择专业和课程，在“学生成绩列表”中，将显示该专业该课程的成绩信息。成绩浏览界面如图 8-17 所示。

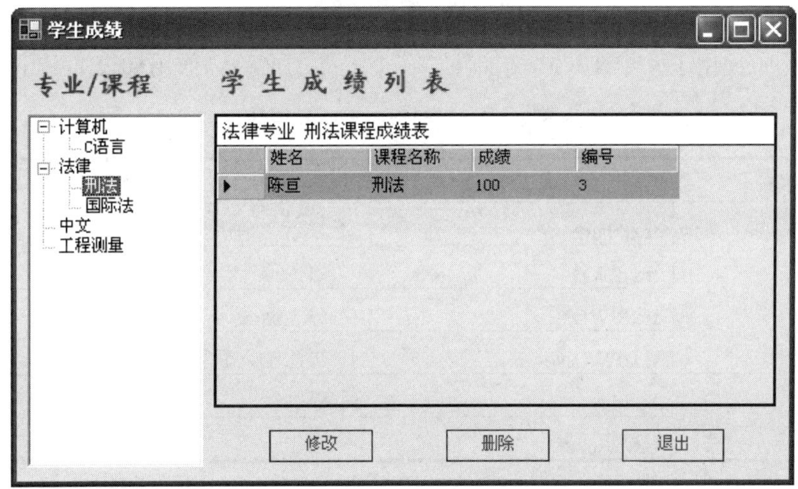

图 8-17　成绩浏览界面

在该窗体中使用了一个 TreeView 控件和一个 DataGrid 控件。各个控件的名称、作用如表 8-16 所示。

表 8-16　成绩浏览界面的控件

控件类型	控件名称	作　用
TreeView	treeView1	显示专业和课程列表
Button	btModify	修改
	btDel	删除
	btClose	退出
DataGrid	dataGrid1	显示成绩信息

8.3.8　用户管理

在主界面中选择“用户管理”→“修改密码”菜单命令，或者单击工具栏中的用户按钮，即可进入密码修改界面，如图 8-18 所示。单击“确定”按钮，如密码正确并且新密码与确认密码相同，则显示修改成功，否则修改失败。

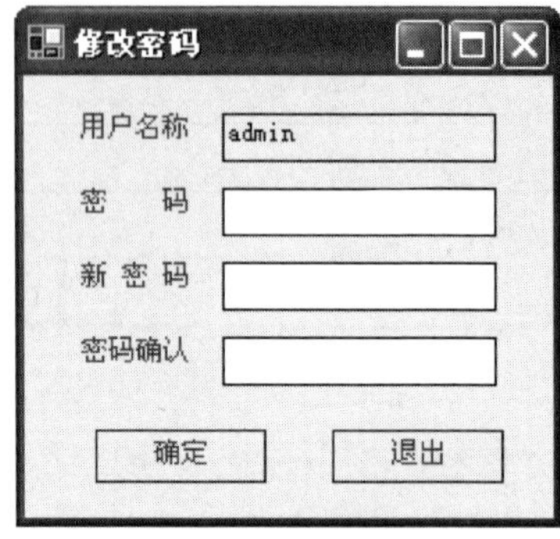

图 8-18　密码修改界面

在该窗体中使用了 4 个 TextBox 控件。各个控件的名称、作用如表 8-17 所示。

表 8-17　密码修改界面的控件

控件类型	控件名称	作　用
TextBox	textName	显示当前用户名称(只读)
	textPWD	输入原密码
	textPWDNew	输入新密码
	textPWDNew2	再次输入新密码
Button	btAdd	添加
	btClose	退出

选择“用户管理”→“重新登录”菜单命令，即可退出当前用户，进入登录界面重新登录。

8.4　系统程序设计

8.4.1　登录界面编码

系统登录主要用于对登录系统的用户进行安全性检查和权限检查，防止非法用户登录系统。在登录系统时验证用户名及其密码，判断用户名和密码与数据库中的用户名和密码是否相同，如果相同，则允许登录，否则不允许登录。并且根据角色要求赋予权限，以显示不同的系统主界面。

在登录界面中，需要根据权限确定显示的界面，并且要把登录用户的用户名显示到主界面的状态栏中。代码如下所示：

```
//例 8-3：登录界面部分的代码
static void Main()
{
   Application.Run(new Login());
}

private void btAdd_Click(object sender, System.EventArgs e)
{
   if(name.Text.Trim()=="" || password.Text.Trim()=="")
      MessageBox.Show("请输入用户名和密码", "提示");
   else
   {
      oleConnection1.Open();
      OleDbCommand cmd = new OleDbCommand("", oleConnection1);
      string sql = "select RoleName from userinfo where UName='"
        + name.Text.Trim() + "' and PWD='" + password.Text.Trim() + "'";
      cmd.CommandText = sql;
      string rolename;

      if (null != cmd.ExecuteScalar())
      {
         rolename = cmd.ExecuteScalar().ToString();
         this.Visible = false;  //隐藏登录窗口
         Main main = new Main(); //创建主界面
         main.Tag = this.FindForm(); //打开主界面
         sql = "select * from roles where RoleName='" + rolename + "'";
         OleDbDataReader dr;
         cmd.CommandText = sql;
         dr = cmd.ExecuteReader();
         dr.Read();

         main.menuItem1.Visible = (bool)(dr.GetValue(1));
         main.menuItem4.Visible = (bool)(dr.GetValue(1));
         main.menuItem5.Visible = (bool)(dr.GetValue(2));
         main.menuItem6.Visible = (bool)(dr.GetValue(2));
         main.menuItem7.Visible = (bool)(dr.GetValue(3));
         main.statusBarPanel2.Text = name.Text.Trim(); //状态栏显示用户名
         main.ShowDialog();
      }
      else
         MessageBox.Show("用户名或密码错误", "警告");
      oleConnection1.Close();
   }
}
```

```
private void btClose_Click(object sender, System.EventArgs e)
{
    this.Close();
}
```

8.4.2 主界面编码

主界面的作用，就是显示本系统所有的功能菜单命令，并把用户经常用到的功能模块设计成工具条，以方便用户操作，然后当用户选择相应的菜单命令或单击工具条按钮时，打开对应的模块窗口。并且在状态栏中显示当前界面的一些信息。

主界面中，菜单栏的部分菜单功能代码如下所示：

```
//例 8-4：部分菜单功能的代码
AddUser addUser; //添加用户
private void menuItem2_Click(object sender, System.EventArgs e)
{
    addUser = new AddUser();
    for(int x=0; x<this.MdiChildren.Length; x++)
    {
        Form tempChild = (Form)this.MdiChildren[x];
        tempChild.Close();
    }
    addUser.MdiParent = this;
    addUser.WindowState = FormWindowState.Maximized;
    addUser.Show();
}

AddRoles addRoles; //新建角色
private void menuItem3_Click(object sender, System.EventArgs e)
{
    addRoles = new AddRoles();
    for(int x=0; x<this.MdiChildren.Length; x++)
    {
        Form tempChild = (Form)this.MdiChildren[x];
        tempChild.Close();
    }
    addRoles.MdiParent = this;
    addRoles.WindowState = FormWindowState.Maximized;
    addRoles.Show();
}

MajorAdd majorAdd; //添加专业
private void menuItem10_Click(object sender, System.EventArgs e)
{
    majorAdd = new MajorAdd();
    for(int x=0; x<this.MdiChildren.Length; x++)
```

```
    {
        Form tempChild = (Form)this.MdiChildren[x];
        tempChild.Close();
    }
    majorAdd.MdiParent = this;
    majorAdd.WindowState = FormWindowState.Maximized;
    majorAdd.Show();
}

//重新登录
private void menuItem20_Click(object sender, System.EventArgs e)
{
    ((System.Windows.Forms.Form)this.Tag).Visible = true;
    this.Close();
}

ModifyCode modifyCode; //修改密码
private void menuItem19_Click(object sender, System.EventArgs e)
{
    modifyCode = new ModifyCode();
    for(int x=0; x<this.MdiChildren.Length; x++)
    {
        Form tempChild = (Form)this.MdiChildren[x];
        tempChild.Close();
    }
    modifyCode.MdiParent = this;
    modifyCode.Tag = this.statusBarPanel2.Text.Trim();  //传递用户名
    modifyCode.WindowState = FormWindowState.Maximized;
    modifyCode.Show();
}
```

主界面中工具栏的代码如下所示：

```
//例 8-5：工具栏功能的代码
private void toolBar1_ButtonClick(object sender,
  System.Windows.Forms.ToolBarButtonClickEventArgs e)
{
    switch(toolBar1.Buttons.IndexOf(e.Button))
    {
    case 0: //浏览专业界面
        Form major = new Major();
        for(int x=0; x<this.MdiChildren.Length; x++)
        {
            Form tempChild = (Form)this.MdiChildren[x];
            tempChild.Close();
        }
        major.MdiParent = this;
```

```
        major.WindowState = FormWindowState.Maximized;
        major.Show();
        break;
    case 1: //浏览课程界面
        Form course = new Course();
        for(int x=0; x<this.MdiChildren.Length; x++)
        {
            Form tempChild = (Form)this.MdiChildren[x];
            tempChild.Close();
        }
        course.MdiParent = this;
        course.WindowState = FormWindowState.Maximized;
        course.Show();
        break;
    case 2: //浏览学生界面
        Form student = new Student();
        for(int x=0; x<this.MdiChildren.Length; x++)
        {
            Form tempChild = (Form)this.MdiChildren[x];
            tempChild.Close();
        }
        student.MdiParent = this;
        student.WindowState = FormWindowState.Maximized;
        student.Show();
        break;
    case 3: //浏览成绩界面
        Form score = new Score();
        for(int x=0; x<this.MdiChildren.Length; x++)
        {
            Form tempChild = (Form)this.MdiChildren[x];
            tempChild.Close();
        }
        score.MdiParent = this;
        score.WindowState = FormWindowState.Maximized;
        score.Show();
        break;
    case 4: //修改密码界面
        Form modifyCode = new ModifyCode();
        for(int x=0; x<MdiChildren.Length; x++)
        {
            Form tempChild = (Form)MdiChildren[x];
            tempChild.Close();
        }
        modifyCode.MdiParent = this;
        modifyCode.Tag = this.statusBarPanel2.Text.Trim();
        modifyCode.WindowState = FormWindowState.Maximized;
```

```
            modifyCode.Show();
            break;
        }
}
```

主界面中状态栏的代码如下所示：

```
//例 8-6：状态栏代码
private void Main_Load(object sender, System.EventArgs e)
{
    this.statusBarPanel3.Text = DateTime.Now.ToString();
    this.statusBarPanel4.Text = "作者：ddl";
    this.statusBarPanel5.Text = "研究生管理信息系统";
}
```

8.4.3　系统管理编码

系统管理包括添加用户和新建角色两个界面。

在添加用户界面中，首先需要通过 DataSet 把数据库数据和 ComboBox 控件绑定起来，设置为键值对，代码如下所示：

```
//例 8-7：数据绑定代码
private void AddUser_Load(object sender, System.EventArgs e)
{
    DataSet ds = new DataSet();
    OleDbDataAdapter adp = new OleDbDataAdapter("", oleConnection1);
    adp.SelectCommand.CommandText = "select RoleName from roles";
    adp.Fill(ds);
    comRole.DataSource = ds.Tables[0].DefaultView;
    comRole.DisplayMember = "RoleName";
    comRole.ValueMember = "RoleName";
}
```

单击“确定”按钮时，需要判断信息是否填写完整，并且还要判断用户名是否已经存在，以及两次密码的输入是否一致。该部分代码如下所示：

```
//例 8-8：“确定”按钮的代码
private void btAdd_Click(object sender, System.EventArgs e)
{
    if (textName.Text.Trim()=="" || textPassword.Text.Trim()==""
      || textPWDNew.Text.Trim()=="" || comRole.Text.Trim()=="")
    {
        MessageBox.Show("请输入完整信息！", "警告");
    }
    else
    {
        if (textPassword.Text.Trim() != textPWDNew.Text.Trim())
```

```
        {
            MessageBox.Show("两次密码输入不一致！", "警告");
        }
        else
        {
            oleConnection1.Open();
            OleDbCommand cmd = new OleDbCommand("", oleConnection1);
            string sql = "select * from userinfo where UName = '"
              + textName.Text.Trim() + "'";
            cmd.CommandText = sql;

            if (null == cmd.ExecuteScalar())
            {
                string sql1 = "insert into userinfo (UName,PWD,RoleName) "
                  + "values ('" + textName.Text.Trim() + "','"
                  + textPWDNew.Text.Trim() + "','"
                  + comRole.Text.Trim() + "')";
                cmd.CommandText = sql1;
                cmd.ExecuteNonQuery();
                MessageBox.Show("添加用户成功！", "提示");
                this.Close();
            }
            else
                MessageBox.Show(
                  "用户名" + textName.Text.Trim() + "已经存在！", "提示");
            oleConnection1.Close();
        }
    }
}
```

在新建角色中，也首先要判断填写的信息是否完整，角色的名称是否重复，代码如下所示：

```
//例 8-9：新建角色的代码
private void btAdd_Click(object sender, System.EventArgs e)
{
    oleConnection1.Open();
    OleDbCommand cmd = new OleDbCommand("", oleConnection1);
    if (textRole.Text.Trim() != "")
    {
        string sql = "select * from roles where RoleName = '"
          + textRole.Text.Trim() + "'";
        cmd.CommandText = sql;
        if (null == cmd.ExecuteScalar())
        {
            string sql1 = "insert into roles values ('"
              + textRole.Text.Trim() + "'," + ckSys.Checked + ","
```

```
            + ckMajor.Checked + "," + "" + ckCourse.Checked + ","
            + ckScore.Checked + ")";
          cmd.CommandText = sql1;
          cmd.ExecuteNonQuery();
          MessageBox.Show("新建角色成功！", "提示");
       }
       else
          MessageBox.Show("角色名称重复！", "警告");
   }
   else
       MessageBox.Show("角色名称不能为空！", "警告");
   oleConnection1.Close();
}
```

8.4.4　专业管理编码

添加专业的代码如下所示：

```
//例 8-10：添加专业的代码
private void btAdd_Click(object sender, System.EventArgs e)
{
   if ((textName.Text.Trim()=="") || (textRemark.Text.Trim()==""))
      MessageBox.Show("请输入完整的专业信息", "提示");
   else
   {
      oleConnection1.Open();
      string sql1 = "select * from majorinfo where MName='"
        + textName.Text.Trim() + "'";
      oleCommand1.CommandText = sql1;
      if (null != oleCommand1.ExecuteScalar())
         MessageBox.Show("专业名称发生重复", "提示");
      else
      {
         string sql2 =
           "insert into majorinfo (MName,MRemark) values ('"
           + textName.Text.Trim() + "','"
           + textRemark.Text.Trim() + "')";
         oleCommand1.CommandText = sql2;
         oleCommand1.ExecuteNonQuery();
         MessageBox.Show("专业信息添加成功", "提示");
         textName.Clear();
         textRemark.Clear();
      }
      oleConnection1.Close();
   }
}
```

浏览专业的代码如下所示，该部分代码会在界面加载时调用：

```
//例 8-11：浏览专业的代码
DataSet ds;
private void Major_Load(object sender, System.EventArgs e)
{
    oleConnection1.Open();
    string sql = "select MName as 专业名称,MRemark as 专业描述,"
      + "MID as 专业编号 from majorinfo";
    OleDbDataAdapter adp =
      new OleDbDataAdapter(sql, oleConnection1);
    ds = new DataSet();
    ds.Clear();
    adp.Fill(ds, "major");
    dataGrid1.DataSource = ds.Tables[0].DefaultView;
    dataGrid1.CaptionText = "共有" + ds.Tables[0].Rows.Count + "条记录";
    oleConnection1.Close();
}
```

删除专业的代码如下所示：

```
//例 8-12：删除专业的代码
private void btDel_Click(object sender, System.EventArgs e)
{
    if (dataGrid1.CurrentRowIndex>=0 && dataGrid1.DataSource!=null
      && dataGrid1[dataGrid1.CurrentCell]!=null)
    {
        oleConnection1.Open();
        string sql = "select * from courseinfo where MName='"
          + ds.Tables["major"].Rows[dataGrid1.CurrentCell.RowNumber][0]
          .ToString().Trim() + "'";
        OleDbCommand cmd = new OleDbCommand(sql, oleConnection1);
        OleDbDataReader dr;
        dr = cmd.ExecuteReader();
        if (!dr.Read())
        {
            MessageBox.Show("删除专业'"
              + ds.Tables["major"].Rows[dataGrid1.CurrentCell.RowNumber][0]
              .ToString().Trim() + "'失败，请先删除与此专业相关的课程", "提示");
            dr.Close();
        }
        else
        {
            dr.Close();
            sql = "delete * from majorinfo where MName not in "
              + "(select distinct MName from courseinfo) and MID="
              + ds.Tables["major"]
              .Rows[dataGrid1.CurrentCell.RowNumber][2].ToString().Trim();
```

```
            cmd.CommandText = sql;
            cmd.ExecuteNonQuery();
            MessageBox.Show("删除专业'" + ds.Tables["major"]
            .Rows[dataGrid1.CurrentCell.RowNumber][0].ToString().Trim()
            + "'成功", "提示");
        }
        oleConnection1.Close();
    }
}
```

该部分中，首先要判断是否有与该专业相关的课程信息，如果有，则提示先删掉课程信息再删专业。

修改专业的代码如下所示：

```
//例 8-13：修改专业的代码
MajorModify majorModify;
private void btModify_Click(object sender, System.EventArgs e)
{
    if (dataGrid1.DataSource!=null
      || dataGrid1[dataGrid1.CurrentCell]!=null)
    {
        majorModify = new MajorModify();
        majorModify.textID.Text = ds.Tables[0]
          .Rows[dataGrid1.CurrentCell.RowNumber][2].ToString().Trim();
        majorModify.textName.Text = ds.Tables[0]
          .Rows[dataGrid1.CurrentCell.RowNumber][0].ToString().Trim();
        majorModify.textRemark.Text = ds.Tables[0]
          .Rows[dataGrid1.CurrentCell.RowNumber][1].ToString().Trim();
        majorModify.ShowDialog();
    }
    else
        MessageBox.Show("没有指定专业信息！", "提示");
}

private void btAdd_Click(object sender, System.EventArgs e)
{
    if ((textName.Text.Trim()=="") || (textRemark.Text.Trim()==""))
        MessageBox.Show("提示", "请输入完整的专业信息");
    else
    {
        oleConnection1.Open();
        string sql1 = "select * from majorinfo where MName='"
          + textName.Text.Trim() + "' and MID<>" + textID.Text.Trim();
        oleCommand1.CommandText = sql1;
        if (null != oleCommand1.ExecuteScalar())
            MessageBox.Show("专业名称发生重复", "提示");
        else
```

```
        {
            string sql2 = "update majorinfo set MName='"
              + textName.Text.Trim() + "',MRemark='"
              + textRemark.Text.Trim() + "' where MID="
              + this.textID.Text.Trim();
            oleCommand1.CommandText = sql2;
            oleCommand1.ExecuteNonQuery();
            MessageBox.Show("专业信息修改成功", "提示");
        }
        oleConnection1.Close();
    }
}
```

在该部分中，首先要把选择的那条数据显示在修改界面的各个控件中，然后根据所选的那条数据的唯一编号，对这条数据进行修改。

8.4.5 课程管理编码

添加课程的代码如下所示：

```
//例 8-14：添加课程的代码
private void CourseAdd_Load(object sender, System.EventArgs e)
{
    try
    {
        oleConnection1.Open();
        string sql = "select MID,MName from majorinfo";
        OleDbDataAdapter adp = new OleDbDataAdapter(sql, oleConnection1);

        DataSet ds = new DataSet();
        adp.Fill(ds, "major");
        comboMajor.DataSource = ds.Tables["major"].DefaultView;
        comboMajor.DisplayMember = "MName";
        comboMajor.ValueMember = "MID";
        oleConnection1.Close();
    }
    catch (Exception ee)
    {
        Console.WriteLine(ee.Message);
    }
}

private void btAdd_Click(object sender, System.EventArgs e)
{
    if (comboMajor.Text.Trim()=="" || textName.Text.Trim()==""
      || textDate.Text.Trim()=="" || textNum.Text.Trim()=="")
        MessageBox.Show("请填写完整信息", "提示");
```

```
    else
    {
        oleConnection1.Open();
        string sql;
        sql = "select * from courseinfo where MName='"
          + comboMajor.Text.ToString() + "' and CName='"
          + textName.Text.Trim() + "'";
        OleDbCommand cmd = new OleDbCommand(sql, oleConnection1);
        if (null == cmd.ExecuteScalar())
        {
            sql = "insert into courseinfo(MName,CName,CDate,CNum,CRemark)"
              + " values ('" + comboMajor.Text.Trim() + "'," + "'"
              + textName.Text.Trim() + "','" + textDate.Text.Trim() + "','"
              + textNum.Text.Trim() + "','"
              + textRemark.Text.Trim() + "')";
            cmd.CommandText = sql;
            cmd.ExecuteNonQuery();
            MessageBox.Show("课程添加成功", "提示");
            clear();
        }
        else
            MessageBox.Show("在同一专业不能添加相同的课程", "提示");
        oleConnection1.Close();
    }
}
```

在添加课程前，要把专业名称绑定在界面上的 ComboBox 控件中供用户选择。在添加时，也要判断信息的完整性，并且还要判断在同一专业中是否添加了相同课程。

在浏览课程时，需要首先把专业名称加载到 TreeView 控件中显示，然后根据选择的专业名称，把该专业的课程信息显示在 DataGrid 控件中，代码如下所示：

```
//例 8-15：专业浏览的代码
DataSet ds;
private void Course_Load(object sender, System.EventArgs e)
{
    OleDbDataReader rd;
    string sql;
    sql = "select MName from majorinfo";
    oleCommand1.CommandText = sql;
    oleConnection1.Open();

    rd = oleCommand1.ExecuteReader();
    while (rd.Read())
    {
        TreeNode node = new TreeNode();
        node.Text = rd.GetString(0).ToString();
        treeView1.Nodes.Add(node);
```

```
    }
    rd.Close();
    oleConnection1.Close();
}

private void treeView1_AfterSelect(object sender,
  System.Windows.Forms.TreeViewEventArgs e)
{
    string sql = "";
    OleDbDataAdapter adp = new OleDbDataAdapter(sql, oleConnection1);
    ds = new DataSet();
    ds.Clear();
    oleConnection1.Open();

    sql = "select CName as 课程名称,CDate as 学时,CNum as 学分,"
      + "MName as 专业名称,CRemark as 课程描述,CID as 课程编号"
      + " from courseinfo where MName='" + e.Node.Text.ToString() + "'";
    adp.SelectCommand.CommandText = sql;
    adp.Fill(ds, "course");
    dataGrid1.DataSource = ds.Tables[0].DefaultView;
    dataGrid1.CaptionText = e.Node.Text + "专业课程表";

    oleConnection1.Close();
}
```

删除课程的代码如下所示：

```
//例 8-16：删除课程的代码
private void btDel_Click(object sender, System.EventArgs e)
{
    if (dataGrid1.CurrentRowIndex>=0 && dataGrid1.DataSource!=null
      && dataGrid1[dataGrid1.CurrentCell] != null)
    {
        string sql = "delete * from courseinfo where CID="
          + ds.Tables["course"]
          .Rows[dataGrid1.CurrentCell.RowNumber][5].ToString().Trim() + "";
        oleConnection1.Open();
        oleCommand1.CommandText = sql;
        oleCommand1.ExecuteNonQuery();
        MessageBox.Show("删除课程'" + ds.Tables["course"]
          .Rows[dataGrid1.CurrentCell.RowNumber][0].ToString().Trim()
          + "'成功", "提示");
        oleConnection1.Close();
    }
    else
        MessageBox.Show("没有指定课程信息！", "提示");
}
```

修改课程的代码如下所示：

```
//例 8-17：修改课程的代码
CourseModify courseModify;
private void btModify_Click(object sender, System.EventArgs e)
{
   if (dataGrid1.DataSource!=null
     || dataGrid1[dataGrid1.CurrentCell]!=null)
   {
      courseModify = new CourseModify();
      courseModify.textName.Text = ds.Tables[0]
        .Rows[dataGrid1.CurrentCell.RowNumber][0].ToString().Trim();
      courseModify.textDate.Text = ds.Tables[0]
        .Rows[dataGrid1.CurrentCell.RowNumber][1].ToString().Trim();
      courseModify.textNum.Text = ds.Tables[0]
        .Rows[dataGrid1.CurrentCell.RowNumber][2].ToString().Trim();
      courseModify.textMajor.Text = ds.Tables[0]
        .Rows[dataGrid1.CurrentCell.RowNumber][3].ToString().Trim();
      courseModify.textRemark.Text = ds.Tables[0]
        .Rows[dataGrid1.CurrentCell.RowNumber][4].ToString().Trim();
      courseModify.Tag = ds.Tables[0]
        .Rows[dataGrid1.CurrentCell.RowNumber][5].ToString().Trim();
      courseModify.ShowDialog();
   }
   else
      MessageBox.Show("没有指定专业信息！", "提示");
}

private void btAdd_Click(object sender, System.EventArgs e)
{
   if ((textName.Text.Trim()=="") || (textRemark.Text.Trim()=="")
     || textNum.Text.Trim()=="" || textDate.Text.Trim()=="")
      MessageBox.Show("请输入完整的课程信息", "提示");
   else
   {
      oleConnection1.Open();
      string sql1 = "select * from courseinfo where CName='"
        + textName.Text.Trim() + "' and CID<>"
        + this.Tag.ToString().Trim();
      oleCommand1.CommandText = sql1;
      if (null != oleCommand1.ExecuteScalar())
         MessageBox.Show("课程名称发生重复", "提示");
      else
      {
         string sql2 = "update courseinfo set CName='"
           + textName.Text.Trim() + "',CRemark='"
           + textRemark.Text.Trim() + "'," + "CDate='"
```

```
            + textDate.Text.Trim() + "',CNum='" + textNum.Text.Trim()
            + "' where CID=" + this.Tag.ToString().Trim();
          oleCommand1.CommandText = sql2;
          oleCommand1.ExecuteNonQuery();
          MessageBox.Show("课程信息修改成功", "提示");
          this.Close();
      }
      oleConnection1.Close();
   }
}
```

该部分代码与修改专业的代码相似，只是在该部分中设置了一个界面的 Tag 属性，用来传递编号到另外一个界面，并根据这个编号修改这条数据。

8.4.6 研究生管理编码

添加学生的代码如下所示：

```
//例 8-18：添加学生的代码
private void StudentAdd_Load(object sender, System.EventArgs e)
{
   try
   {
      oleConnection1.Open();
      string sql1 = "select MID,MName from majorinfo";
      string sql2 = "select TID,TName from teacherinfo";
      OleDbDataAdapter adp1 = new OleDbDataAdapter(sql1,oleConnection1);
      OleDbDataAdapter adp2 = new OleDbDataAdapter(sql2,oleConnection1);
      DataSet ds = new DataSet();
      adp1.Fill(ds, "major");
      adp2.Fill(ds, "teacher");
      comboMajor.DataSource = ds.Tables["major"].DefaultView;
      comboMajor.DisplayMember = "MName";
      comboMajor.ValueMember = "MID";
      comboTeacher.DataSource = ds.Tables["teacher"].DefaultView;
      comboTeacher.DisplayMember = "TName";
      comboTeacher.ValueMember = "TID";
      oleConnection1.Close();
   }
   catch (Exception ee)
   {
      Console.WriteLine(ee.Message);
   }
}

private void btAdd_Click(object sender, System.EventArgs e)
{
```

```
    if (comboMajor.Text.Trim()=="" || textName.Text.Trim()==""
      || comboSex.Text.Trim()=="" || textID.Text.Trim()==""
      || textNum.Text.Trim()=="")
        MessageBox.Show("请填写完整信息", "提示");
    else
    {
        oleConnection1.Open();
        string sql;
        sql = "select * from studentinfo where SID='"
          + textID.Text.ToString() + "' or SNum='"
          + textNum.Text.ToString() + "'";
        OleDbCommand cmd = new OleDbCommand(sql, oleConnection1);
        if (null == cmd.ExecuteScalar())
        {
            sql = "insert into studentinfo "
              + "(MName,SName,SBirth,SNum,SRemark,SID,SSex,TID) values ('"
              + comboMajor.Text.Trim() + "'," + "'"
              + textName.Text.Trim() + "','" + date1.Text.Trim()
              + "','" + textNum.Text.Trim() + "','"
              + textRemark.Text.Trim() + "'," + "'" + textID.Text.Trim()
              + "','" + comboSex.Text.Trim() + "','"
              + comboTeacher.SelectedValue.ToString().Trim() + "')";
            cmd.CommandText = sql;
            cmd.ExecuteNonQuery();
            MessageBox.Show("学生添加成功", "提示");
            clear();
        }
        else
            MessageBox.Show("身份证号或学号相同", "提示");
        oleConnection1.Close();
    }
}
```

在添加学生前，要把专业名称和教师姓名绑定在界面上的 ComboBox 控件中，供用户选择。在添加时，也要判断信息的完整性，并且保证一个学号对应着唯一的身份证号。

浏览研究生信息的代码与浏览课程时的功能代码相似，也是需要首先把专业名称加载到 TreeView 控件中显示，然后根据选择的专业名称，把该专业的研究生信息显示在 DataGrid 控件中，这里对代码不再详细赘述。

另外，修改和删除功能的代码也与课程管理中的修改和删除相似，这里也不再赘述。

8.4.7　成绩管理编码

添加成绩的代码如下所示：

```
//例 8-19：添加成绩的代码
private void ScoreAdd_Load(object sender, System.EventArgs e)
```

```
{
    try
    {
        oleConnection1.Open();
        string sql = "select SID,SName,MName from studentinfo";
        OleDbDataAdapter adp = new OleDbDataAdapter(sql, oleConnection1);

        DataSet ds = new DataSet();
        adp.Fill(ds, "student");
        comboSName.DataSource = ds.Tables["student"].DefaultView;
        comboSName.DisplayMember = "SName";
        comboSName.ValueMember = "SID";
        oleConnection1.Close();
    }
    catch (Exception ee)
    {
        Console.WriteLine(ee.Message);
    }
}

private void comboSName_SelectedIndexChanged(
  object sender, System.EventArgs e)
{
    try
    {
        oleConnection1.Open();
        string sql = "select CID,CName from courseinfo where MName="
          + "(select MName from studentinfo where studentinfo.MName="
          + "courseinfo.MName and SName='"
          + comboSName.Text.Trim() + "')";
        OleDbDataAdapter adp = new OleDbDataAdapter(sql, oleConnection1);

        DataSet ds = new DataSet();
        adp.Fill(ds, "course");
        comboCName.DataSource = ds.Tables["course"].DefaultView;
        comboCName.DisplayMember = "CName";
        comboCName.ValueMember = "CID";
        oleConnection1.Close();
    }
    catch (Exception ee)
    {
        Console.WriteLine(ee.Message);
    }
}

private void btAdd_Click(object sender, System.EventArgs e)
```

```
{
    if (comboSName.Text.Trim()=="" || comboCName.Text.Trim()==""
      || textScore.Text.Trim()=="")
        MessageBox.Show("请填写完整信息", "提示");
    else
    {
        oleConnection1.Open();
        string sql;
        sql = "select * from scoreinfo where SID='"
          + comboSName.SelectedValue.ToString().Trim()
          + "' and CName='" + comboCName.Text.Trim() + "'";
        OleDbCommand cmd = new OleDbCommand(sql, oleConnection1);
        if (null == cmd.ExecuteScalar())
        {
            sql = "insert into scoreinfo (SID,CName,Score) values ('"
              + comboSName.SelectedValue.ToString().Trim() + "',"
              + "'" + comboCName.Text.Trim() + "','"
              + textScore.Text.Trim() + "')";
            cmd.CommandText = sql;
            cmd.ExecuteNonQuery();
            MessageBox.Show("成绩添加成功", "提示");
            clear();
        }
        else
            MessageBox.Show("在同一学生不能添加相同的课程的成绩", "提示");
        oleConnection1.Close();
    }
}
```

在添加成绩前，要把学生姓名绑定在界面上的 ComboBox 控件中供用户选择，然后根据选择的学生姓名，把该学生所在专业的课程都显示在另一个 ComboBox 控件中。在添加时，也要判断信息的完整性，并且保证一个学生对应着唯一的课程成绩。

在浏览学生成绩时，需要首先把专业名称和课程名称加载到 TreeView 控件中显示，形成两级树结构，然后根据选择的专业名称和课程名称，把该课程的学生成绩信息显示在 DataGrid 控件中，代码如下所示：

```
//例 8-20：成绩浏览的代码
DataSet ds;
private void Score_Load(object sender, System.EventArgs e)
{
    OleDbCommand cmd1, cmd2;
    cmd1 = new OleDbCommand("", oleConnection1);
    cmd2 = new OleDbCommand("", oleConnection2);
    OleDbDataReader rd1, rd2;
    string sql;
    sql = "select MName from majorinfo";
```

```
    cmd1.CommandText = sql;
    oleConnection1.Open();
    rd1 = cmd1.ExecuteReader();
    while (rd1.Read())
    {
        TreeNode node = new TreeNode();
        node.Text = rd1.GetString(0).ToString();
        treeView1.Nodes.Add(node);
        oleConnection2.Open();
        sql = "select CID,CName from courseinfo where MName='"
          + node.Text + "' order by CName desc";
        cmd2.CommandText = sql;
        rd2 = cmd2.ExecuteReader();
        while (rd2.Read())
        {
            TreeNode node1 = new TreeNode();
            node1.Text = rd2.GetString(1);
            node1.Tag = rd2.GetValue(0);
            node.Nodes.Add(node1);
        }
        rd2.Close();
        oleConnection2.Close();
    }
    rd1.Close();
    oleConnection1.Close();
}

private void treeView1_AfterSelect(object sender,
  System.Windows.Forms.TreeViewEventArgs e)
{
    string sql = "";
    OleDbDataAdapter adp = new OleDbDataAdapter(sql, oleConnection1);
    ds = new DataSet();
    ds.Clear();
    oleConnection1.Open();
    if (e.Node.Tag != null)
    {
        sql = "select distinct (select SName from studentinfo "
          + "where studentinfo.SID=scoreinfo.SID) as 姓名,"
          + "CName as 课程名称,Score as 成绩,RID as 编号 "
          + "from scoreinfo,majorinfo where CName='"
          + e.Node.Text.ToString() + "'";
        adp.SelectCommand.CommandText = sql;
        adp.Fill(ds, "course");
        dataGrid1.DataSource = ds.Tables[0].DefaultView;
        dataGrid1.CaptionText = e.Node.Parent.Text.ToString()
```

```
        + "专业 " + e.Node.Text + "课程成绩表";
    }
    else
    {
        dataGrid1.DataSource = null;
        dataGrid1.CaptionText = "";
    }
    oleConnection1.Close();
}
```

修改和删除功能的代码也与课程管理中的修改和删除相似，所以这里也不再赘述。

8.4.8　用户管理编码

用户管理主要是用户密码的修改，代码如下所示：

```
//例 8-21：修改密码的代码
private void btSave_Click(object sender, System.EventArgs e)
{
    if (textName.Text.Trim()=="" || textPWD.Text.Trim()==""
      || textPWDNew.Text.Trim()=="" || textPWDNew2.Text.Trim()=="")
        MessageBox.Show("请填写完整信息！", "提示");
    else
    {
        oleConnection1.Open();
        OleDbCommand cmd = new OleDbCommand("", oleConnection1);
        string sql = "select * from userinfo where UName='"
          + textName.Text.Trim() + "' and PWD='"
          + textPWD.Text.Trim() + "'";
        cmd.CommandText = sql;

        if (null != cmd.ExecuteScalar())
        {
            if (textPWDNew.Text.Trim() != textPWDNew2.Text.Trim())
                MessageBox.Show("两次密码输入不一致！", "警告");
            else
            {
                string sql1 = "update userinfo set PWD='"
                  + textPWDNew.Text.Trim() + "' where UName='"
                  + textName.Text.Trim() + "'";
                cmd.CommandText = sql1;
                cmd.ExecuteNonQuery();
                MessageBox.Show("密码修改成功！", "提示");
                this.Close();
            }
        }
        else
```

```
            MessageBox.Show("密码错误！", "提示");
        oleConnection1.Close();
    }
}

private void btClose_Click(object sender, System.EventArgs e)
{
    this.Close();
}
private void ModifyCode_Load(object sender, System.EventArgs e)
{
    this.textName.Text = this.Tag.ToString().Trim();
}
```

在修改前，首先要得到从 StatusBar 传递过来的当前登录用户名，这样就使用户只能修改自己的密码。

重新登录的代码在主界面中已经介绍了，这里不再赘述。

本 章 小 结

本章介绍了一个典型的学生管理信息系统。系统虽小，但包含了大部分的 C#知识，本章尤其重点介绍了 C#中的 TreeView 控件。部分读者可以根据自己的情况，在本系统的基础上添加功能，开发一个自己的学生管理信息系统。

第 9 章

图书馆管理信息系统

本图书馆管理信息系统具有以下特点：

- 实现图书的归档、借出、归还和查找等操作。
- 实现对图书的借阅情况、读者的管理情况、书库的增减等操作。
- 界面设计简单、操作方便。

本系统后台数据库采用 Microsoft Access，前台采用 Visual C#作为主要开发工具。采用 ADO 技术连接数据库，完成对数据库的一系列操作。系统按照面向对象的思想设计，进行程序开发，程序设计条理清楚。

9.1 系统概述

9.1.1 系统功能

图书管理系统是典型的信息管理系统(MIS)，其开发主要包括后台数据库的建立和维护以及前端应用程序的开发两个方面。

系统一方面要求建立起数据一致性和完整性强、数据安全性好的数据库，另一方面，则要求应用程序功能完备，具有易使用等特点。

以往的图书管理处理中心进行信息管理的主要方式是基于手工处理的，信息处理工作量大，容易出错，缺乏系统、规范的信息管理手段。现在准备建立的图书管理系统，要对图书馆的图书管理、读者管理、图书借阅管理等日常管理工作实行计算机统一管理，以提高工作效率和管理水平。

图书馆作为提供学习的场所，要求为读者和借阅者提供方便、快速的查找功能，完成借阅和登记手续。

图书馆需要统一的图书管理，对各类书籍的借阅情况和图书馆的现有藏书数量、种类要及时掌握，这就要求它具有很强的时效性。为了减少旧书和大量内容重复、多余的图书占用有限的空间，而又要尽量做到图书种类的齐全，作为图书馆的管理人员来说，需要及时地对图书进行上架和注销的处理。

图书管理涉及图书信息、系统用户信息、读者信息、图书借阅等多种数据管理。从管理的角度，可将图书分为三类：图书信息管理、系统用户管理、读者数据管理。

图书信息管理包括图书征订、借还、查询等操作，系统用户管理包括系统用户类别和用户数据管理，读者数据管理包括读者类别管理和个人数据的录入、修改和删除。

本系统的功能主要包括以下几个方面。

(1) 能随时查询书库中图书的库存量，可以准确、及时、方便地为读者提供借阅信息，但读者不能修改数据，无信息处理权。即读者可以浏览数据，而管理权限则由系统管理员掌握和分配。

(2) 图书馆的各项数据信息必须保证安全性和完整性。

(3) 系统管理员定时整理系统数据库，实现对图书借阅信息、读者信息、书库的增减信息等的操作，并将运行结果归档。

9.1.2　系统预览

图 9-1 为图书馆管理信息系统的登录界面。

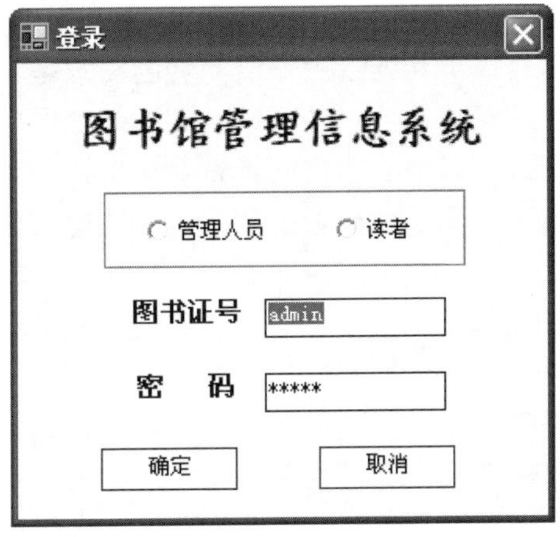

图 9-1　登录界面

输入用户名和密码(默认用户名和密码分别为 admin 和 admin，为系统管理员用户；工作人员用户名与密码分别是 root 和 root；读者的用户名和密码分别是 1 和 1111)，单击“确定”按钮，即可进入主程序界面，如图 9-2 所示(该界面为系统管理员界面)。

图 9-2　应用程序主界面

9.2 系统概要设计

9.2.1 系统设计思想

图书管理系统主要应具有以下功能：图书借阅者的需求是查询图书室所存的图书、了解个人借阅情况及进行个人信息的修改；图书馆工作人员对图书借阅者的借阅及还书要求进行操作，同时，形成借书或还书报表给借阅者查看和确认；其中，图书馆管理人员的功能最为复杂，包括对工作人员、图书借阅者、图书进行管理和维护，并包括系统状态的查看、维护等。

图书借阅者可直接查看图书馆图书情况，图书借阅者根据本人的借书证号和密码登录系统，还可以进行本人借书情况的查询及维护部分个人信息。一般情况下，图书借阅者只应该查询和维护本人的借书情况和个人信息，若查询和维护其他借阅者的借书情况和个人信息，就要知道其他图书借阅者的借书证号和密码。这些是很难得到的，特别是密码。所以，本系统不但应满足图书借阅者的要求，还要保护图书借阅者的个人隐私。

图书馆工作人员有修改图书借阅者借书和还书记录的权限，所以需对工作人员登录模块做更多的考虑。在该模块中，图书馆工作人员可以为图书借阅者加入借书记录或是还书记录，并打印生成相应的报表给用户查看和确认。

图书馆管理人员功能的信息量大，数据安全性和保密性要求最高。该功能实现对图书信息、借阅者信息、总体借阅情况信息的管理和统计，并实现工作人员和管理人员信息查看及维护。

图书馆管理员可以浏览、查询、添加、删除、修改、统计图书的基本信息；浏览、查询、统计、添加、删除和修改图书借阅者的基本信息；浏览、查询、统计图书馆的借阅信息，但不能添加、删除和修改借阅信息，这部分功能应该由图书馆工作人员执行，但是，删除某条图书借阅者基本信息记录时，应实现对该图书借阅者借阅记录的级联删除。

具体功能如下：

- 针对不同用户的操作权限和登录方法。
- 对所有用户开放的图书查询。
- 借阅者维护其个人的部分信息。
- 借阅者查看个人借阅情况信息。
- 维护借阅者个人密码。
- 根据借阅情况，对数据库进行操作并生成报表。
- 根据还书情况对数据库进行操作并生成报表。
- 查询及统计各种信息。
- 维护图书信息。
- 维护工作人员和管理员信息。
- 维护借阅者信息。

9.2.2　功能模块设计

通过对用户需求的分析和了解系统的设计思想，我们可以得知，该图书管理信息系统可以分为几大模块：图书管理人员维护管理模块、图书工作人员借还管理模块、借阅者查询模块。

1. 图书管理人员维护管理

(1)　系统管理模块

此模块功能为系统用户身份的分类、录入、修改和删除。

(2)　图书管理模块

此模块的功能为图书数据的录入、修改和删除等。

(3)　借阅者管理模块

此模块的功能为借阅者个人数据的录入、修改和删除等。

2. 图书工作人员管理

图书工作人员管理包括图书的借阅、续借、返还；图书借阅数据的修改和删除；图书书目查询等。

3. 借阅者查询

借阅者查询包括图书书目查询、借阅情况查询。

本系统的结构和功能如图 9-3 所示。

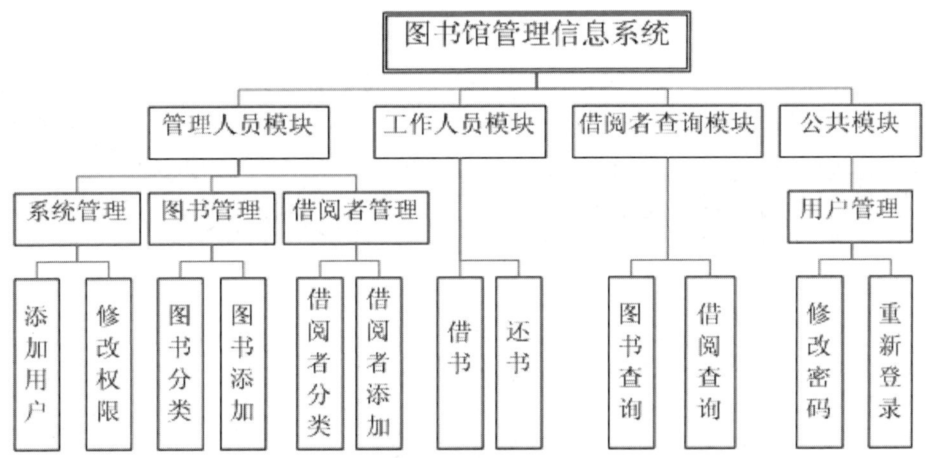

图 9-3　系统的结构和功能

本系统的数据流程如图 9-4 所示。

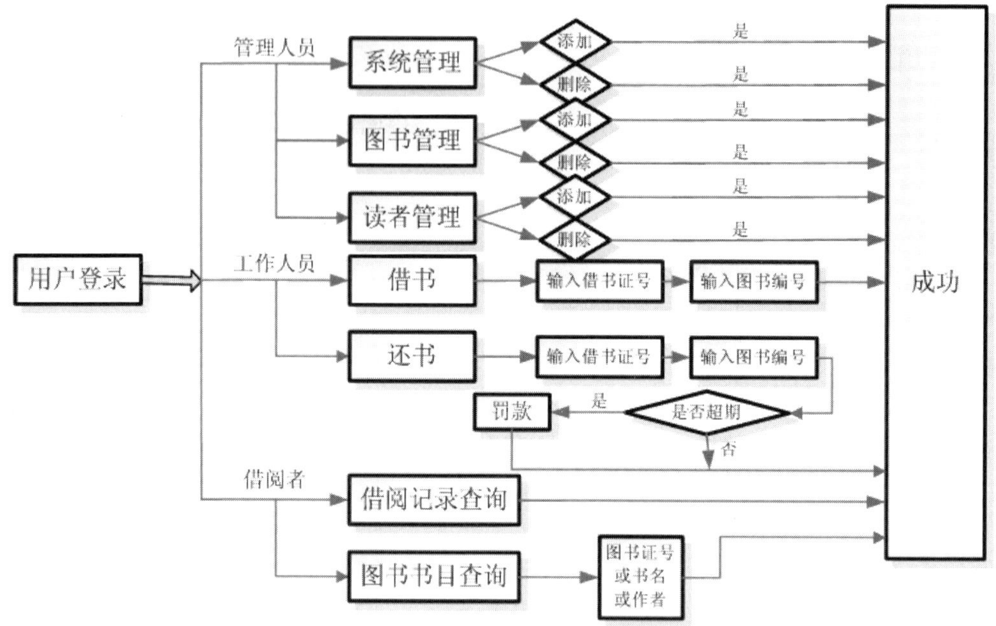

图 9-4　系统的数据流程

9.3　数据库设计

9.3.1　数据库概念设计

在概念设计阶段中，设计人员从用户的角度看待数据并处理需求和约束，产生一个反映用户观点的概念模式，然后把概念模式转换成逻辑模式。利用 ER 方法进行数据库的概念设计，可分成三步进行：首先设计局部 ER 模式，然后把各局部 ER 模式综合成一个全局模式，最后对全局 ER 模式进行优化，得到最终的模式，即概念模式。

(1) 设计局部 ER 模式

实体和属性的定义：

- 图书(图书编号，图书名称，作者，出版社，出版日期，备注，价格，数量，类别)
- 借出图书(借书证号，图书编号，借出时间)
- 借阅者(借书证号，姓名，性别，身份证，联系电话，密码，罚款，身份编号)
- 身份(身份编号，身份描述，最大借阅数，最长借阅时间)
- 图书类别(图书类别编号，类别描述)

ER 模型的“联系”用于刻画实体之间的关联。一种完整的方式是对局部结构中的任意两个实体类型，依据需求分析的结果，考察局部结构中任意两个实体类型之间是否存在联系，若有联系，进一步确定是 1:N、M:N，还是 1:1 等。还要考察一个实体类型内部是否存在联系，两个实体类型之间是否存在联系，多个实体类型之间是否存在联系等。可以总结出如下规律：

- 一个借阅者(用户)只能具有一种身份，而一种身份可被多个借阅者所具有。
- 一本图书只能属于一种图书类别，而一种图书类别可以包含多本图书。
- 一个用户可以借阅多本不同的书，而一本书也可以被多个不同的用户所借阅。

(2) 设计全局 ER 模式

所有局部 ER 模式都设计好之后，接下来，就是把它们综合成单一的全局概念结构。全局概念结构不仅要支持所有局部 ER 模式，而且必须合理地表示一个完整、一致的数据库概念结构。为了提高数据库系统的效率，还应进一步依据处理需求，对 ER 模式进行优化。一个好的全局 ER 模式，除能准确、全面地反映用户功能需求外，还应满足下列条件：实体类型的个数要尽可能少；实体类型所含属性个数尽可能少；实体类型间的联系无冗余。

图书馆管理系统的全局 ER 模式如图 9-5 所示。

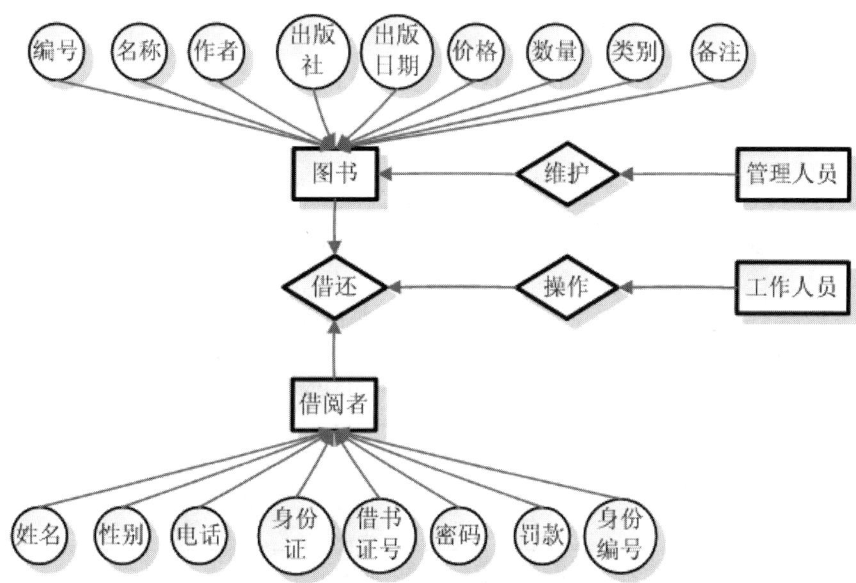

图 9-5　图书馆管理系统的全局 ER 模式

9.3.2　数据库逻辑设计

根据数据库的概念设计，我们可以得出数据库的逻辑设计。

系统数据库名称为 libraryMIS，数据库中包括下列表。

(1) 图书信息表(book)。

(2) 借出图书信息表(bookOut)。

(3) 借阅者信息表(person)。

(4) 身份信息表(identity)。

(5) 图书类别信息表(type)。

(6) 管理员信息表(manager)。

下面列出各个表的数据结构，如表 9-1 ~ 9-6 所示。

表 9-1　图书信息表(book)的数据结构

字 段 名	类　型	描　述
BID	文本	图书编号(主键)
BName	文本	图书名
BWriter	文本	作者
BPublish	文本	出版社
BDate	日期/时间	出版日期
BPrice	文本	价格
BNum	数字	数量
type	文本	类型
BRemark	文本	备注

表 9-2　借出图书信息表(bookOut)的数据结构

字 段 名	类　型	描　述
OID	自动编号	借出图书 ID(主键)
BID	文本	图书编号
PID	文本	借书证编号
ODate	日期/时间	借出日期

表 9-3　借阅者信息表(person)的数据结构

字 段 名	类　型	描　述
PID	文本	借书证编号(主键)
PName	文本	姓名
PSex	文本	性别
PPhone	文本	电话
PN	文本	身份证
PCode	文本	密码
PMoney	数字	罚款
identity	文本	身份
PRemark	文本	备注
sys	是/否	权限

表 9-4　身份信息表(identityinfo)的数据结构

字 段 名	类　型	描　述
identity	文本	身份(主键)
longTime	数字	最长借阅时间
bigNum	数字	最大借阅数量

表 9-5　图书类别信息表(type)的数据结构

字 段 名	类　型	描　述
TID	自动编号	类别 ID
type	文本	类别(主键)
tRemark	文本	类别描述

表 9-6　管理员信息表(manager)的数据结构

字 段 名	类　型	描　述
MName	文本	名称(主键)
MCode	文本	密码
manage	是/否	管理人员
work	是/否	工作人员
query	是/否	查询

9.3.3　数据库表之间的关系

根据本案例的特点，需要设置类型信息表与图书信息表、图书信息表与借出图书信息表、借出图书信息表与借阅者信息表、借阅者信息表与身份信息表之间的关系。数据库中表与表之间的关系如图 9-6 所示。

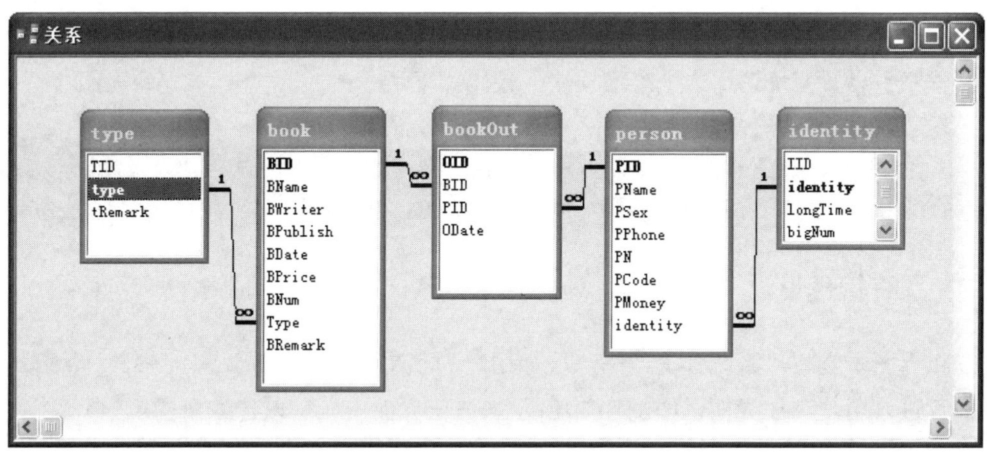

图 9-6　数据库中表之间的关系

9.4　系统详细设计

9.4.1　数据库连接

本系统采用的是 Access 文件数据库，降低了程序对硬件操作系统版本的要求。另外，

Access 数据库操作方便，配置简单，只需要把数据库文件放置到合适的目录下即可。本系统中，数据库文件的路径是 CH09\LibraryMIS\LibraryMIS\bin\Debug\libraryMIS.mdb。

在程序中专门设计了连接字符串模块 database\dbConnection.cs，代码如下所示：

```
//例 9-1：数据库连接代码
using System;
namespace MasterMIS.database
{
    /// <summary>
    /// dbConnection 的摘要说明。
    /// </summary>
    public class dbConnection
    {
        public dbConnection()
        {
        }
        public static string connection
        {
            get
            {
                return "Data Source=libraryMIS.mdb;Jet OLEDB:Engine Type=5;
Provider=Microsoft.Jet.OLEDB.4.0;";
            }
        }
    }
}
```

在程序中设置变量调用这个连接模块，代码如下所示：

```
//例 9-2：数据库调用代码
private OleDbConnection oleConnection1 =
  new OleDbConnection(LibraryMIS.database.dbConnection.connection);
```

9.4.2　系统管理设计

在主界面中选择“系统管理”→“添加用户”菜单命令或单击工具栏中的 系统 按钮，即可进入用户添加界面，如图 9-7 所示。在该界面中，可以建立新的用户，并为用户选择角色，赋予权限，然后单击“确定”按钮。如用户信息填写完整并且用户名称不重复，则显示添加成功，否则添加失败。

在该窗体中使用了 3 个 TextBox 控件、两个 Button 控件和两个 RadioButton 控件。各个控件的名称和作用如表 9-7 所示。

在主界面中选择“系统管理”→“浏览用户”菜单命令，即可进入用户浏览界面，如图 9-8 所示。在该界面中，可以显示所有的图书馆工作人员信息，并可以删除用户。该界面中用一个 DataGrid 控件来输出数据，控件名称是 DataGrid1，用来显示用户信息。

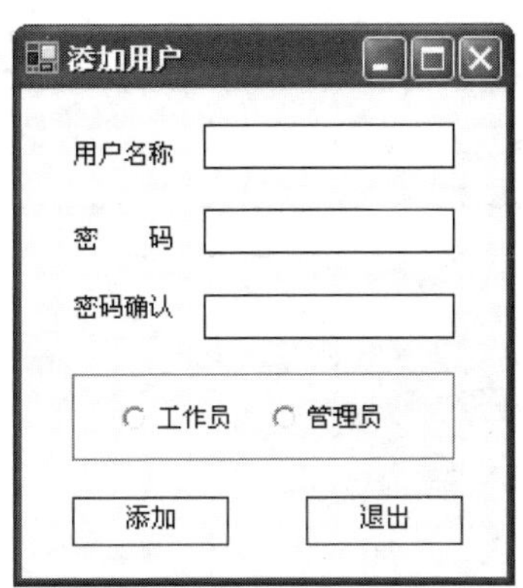

图 9-7　用户添加界面

表 9-7　添加用户界面控件的设计

控件类型	控件名称	作　用
TextBox	textName	输入用户名
	textPassWord	输入密码
	textPWDNew	重复输入密码
Button	btAdd	添加
	btClose	退出
RadioButton	radioWork	工作员角色
	radioManager	管理员角色

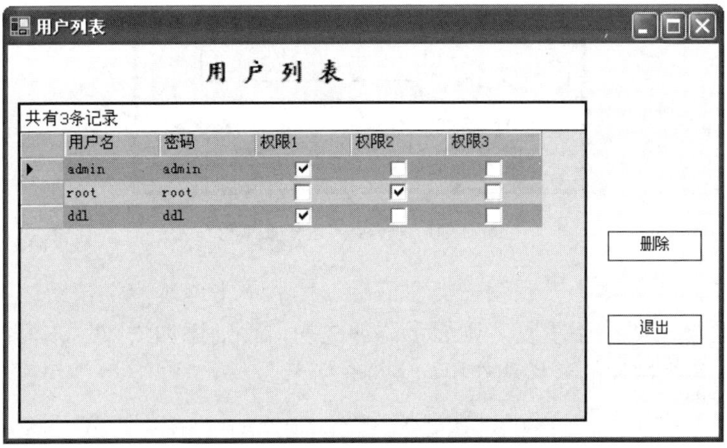

图 9-8　用户浏览界面

9.4.3　图书管理设计

在主界面中选择“图书管理”→“图书分类”菜单命令，即可进入图书分类浏览界面，如图 9-9 所示。

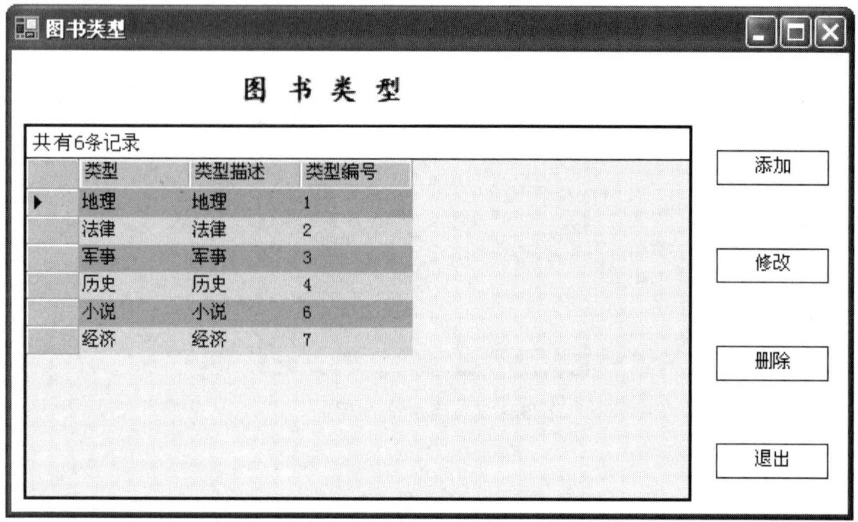

图 9-9 图书分类浏览界面

该界面中，共有一个 DataGrid 控件和 4 个 Button 按钮控件，它们分别是“添加”(btAdd)、“修改”(btModify)、“删除”(btDel)和“退出”(btClose)。

单击“添加”按钮，可进入图书分类添加界面，如图 9-10 所示。

图 9-10 图书分类添加界面

用户可以在这个窗体中设置图书类型信息，然后单击“确定”按钮。如图书类型信息填写完整，并且图书类型不重复，则显示添加成功，否则添加失败。该窗体中使用了两个 TextBox 控件。各个控件的名称和作用如表 9-8 所示。

表 9-8 图书分类添加界面控件的设计

控件类型	控件名称	作 用
TextBox	textName	输入图书类型
	textRemark	输入类型描述
Button	btAdd	添加
	btClose	退出

在主界面中选择“图书管理”→“浏览”菜单命令，可进入图书浏览界面，如图 9-11 所示。

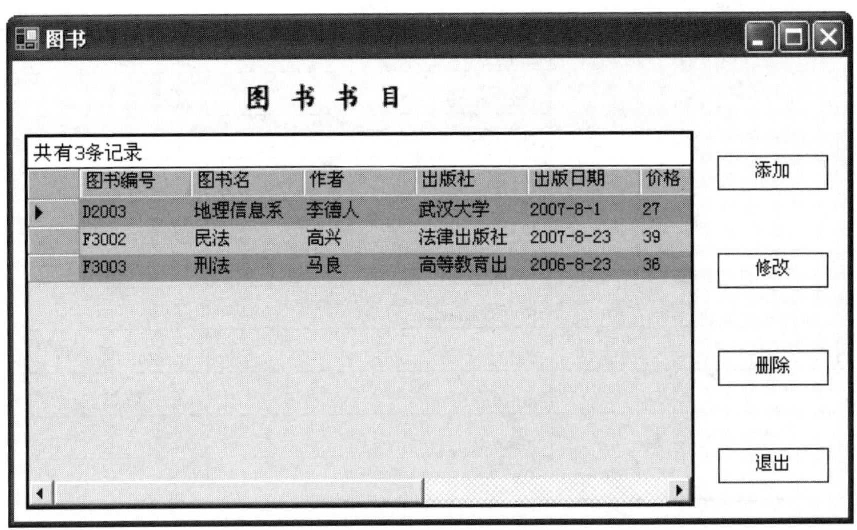

图 9-11　图书浏览界面

该界面中，共有一个 DataGrid 控件和 4 个 Button 控件，分别是“添加”(btAdd)、“修改”(btModify)、“删除”(btDel)和“退出”(btClose)。

单击“添加”按钮，可进入图书添加界面，如图 9-12 所示。

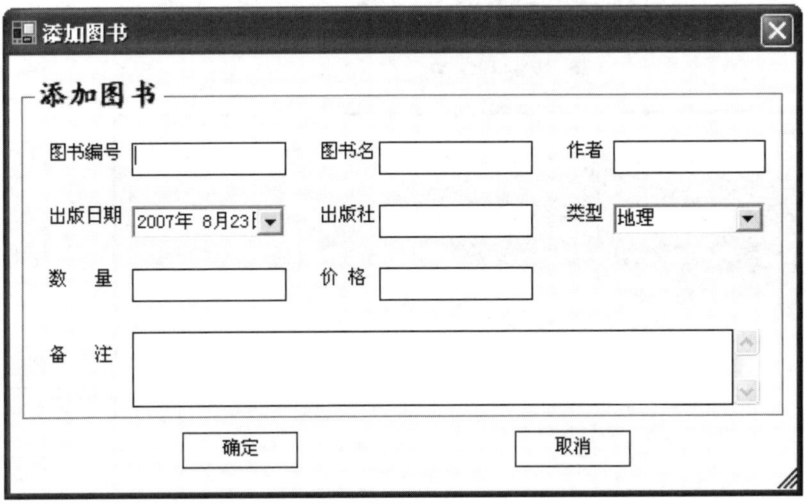

图 9-12　图书添加界面

用户可以在这个窗体中设置图书信息，然后单击“确定”按钮。如图书信息填写完整，并且图书编号不重复，则显示添加成功，否则添加失败。

该窗体中使用了 7 个 TextBox 控件、一个 DateTimePicker 控件和一个 ComboBox 控件。各个控件的名称和作用如表 9-9 所示。

表 9-9　图书添加界面控件的设计

控件类型	控件名称	作　用
TextBox	textID	图书编号
	textName	图书名
	textWriter	作者
	textPublish	出版社
	textNum	数量
	textPrice	价格
	textRemark	备注
DateTimePicker	date1	出版日期
ComboBox	comboType	图书类型
Button	btAdd	添加
	btClose	退出

9.4.4　读者管理设计

在主界面中选择“读者管理”→“浏览身份”菜单命令，即可进入读者身份浏览界面，如图 9-13 所示。

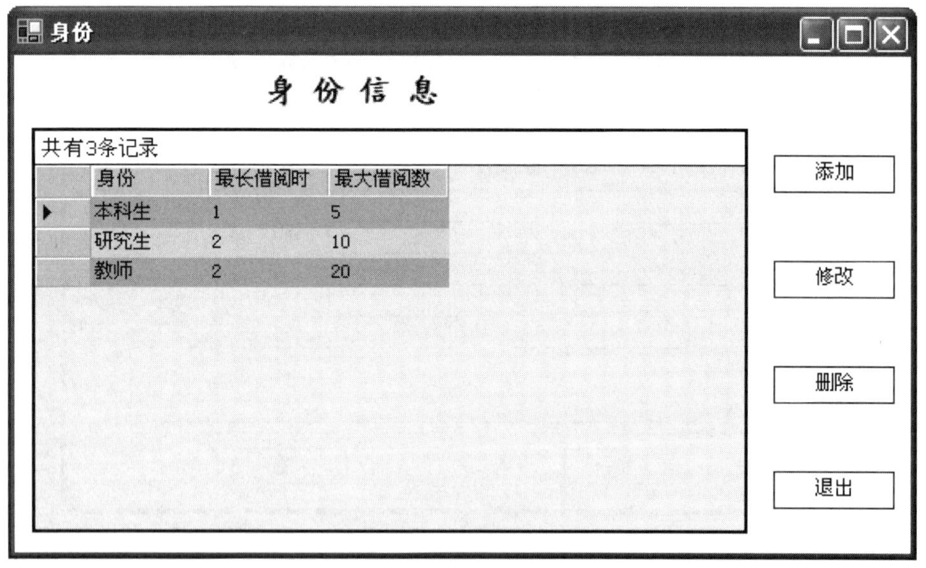

图 9-13　读者身份浏览界面

该界面中，共有一个 DataGrid 控件和 4 个 Button 按钮控件，按钮分别是“添加”(btAdd)、“修改”(btModify)、“删除”(btDel)和“退出”(btClose)。

单击“添加”按钮，进入读者身份添加界面，如图 9-14 所示。

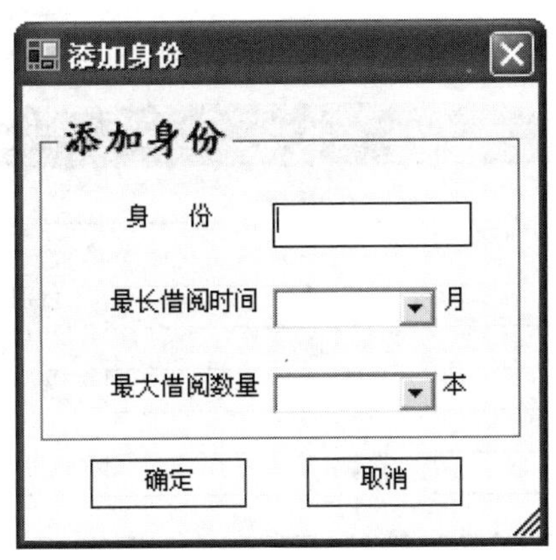

图 9-14　读者身份添加界面

用户可以在这个窗体中设置读者身份信息，然后单击“确定”按钮。如读者身份信息填写完整并且读者身份不重复，则显示添加成功，否则添加失败。该窗体中使用了一个 TextBox 控件和两个 ComboBox 控件。各个控件的名称及作用如表 9-10 所示。

表 9-10　身份添加界面控件的设计

控件类型	控件名称	作　用
TextBox	textName	输入图书类型
Button	btAdd	添加
	btClose	退出
ComboBox	comboDate	最长借阅时间
	comboNum	最大借阅数量

在主界面中选择“读者管理”→“浏览读者”菜单命令或者单击工具栏中的读者按钮，即可进入浏览读者界面，如图 9-15 所示。

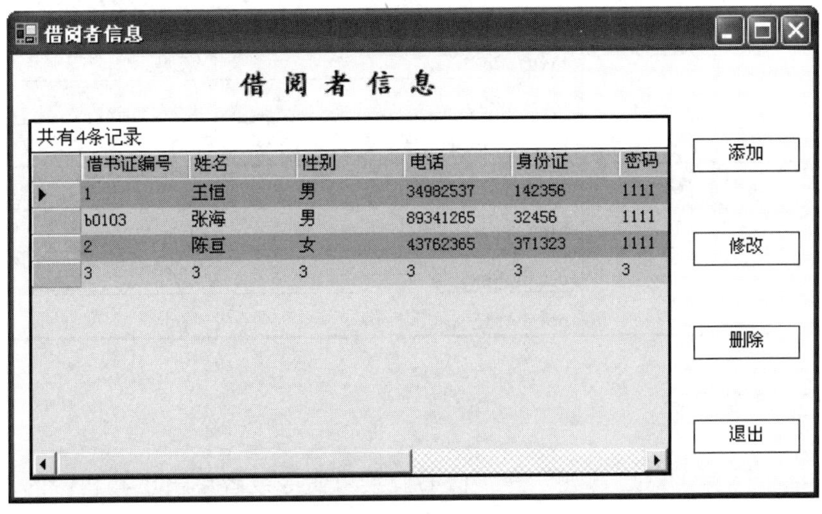

图 9-15　浏览读者界面

单击“添加”按钮，可进入添加读者界面，如图 9-16 所示。

图 9-16　添加读者界面

用户可以在这个窗体中设置读者的基本信息，然后单击“确定”按钮。如读者基本信息填写完整并且借书证号和身份证号不重复，则显示添加成功，否则添加失败。

该窗体中使用了 7 个 TextBox 控件和两个 ComboBox 控件。各个控件的名称和作用如表 9-11 所示。

表 9-11　添加读者界面控件的设计

控件类型	控件名称	作　用
TextBox	textID	借书证号
	textName	姓名
	textPN	身份证
	textPhone	电话
	textCode	密码
	textMoney	罚款
	textRemark	备注
Button	btAdd	添加
	btClose	退出
ComboBox	comboSex	姓名
	comboId	身份

9.4.5　借还管理设计

在主界面中选择“借还管理”→“借书”菜单命令或者单击工具栏中的 借书 按钮，即可进入借书界面，如图 9-17 所示。

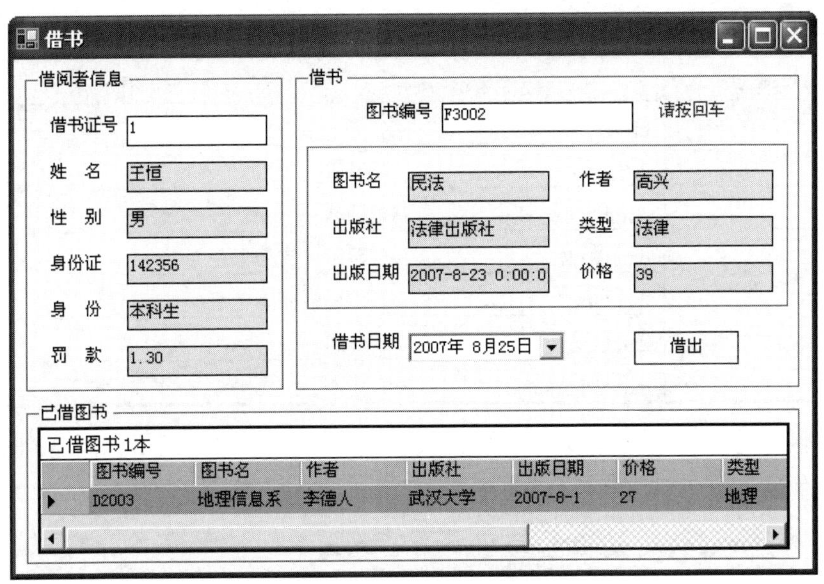

图 9-17　借书界面

在“借书证号”文本框中填写借书证号后按 Enter 键，借阅者信息和已借图书的信息都会显示在相应的控件中，在“图书编号”文本框中填写图书编号后按 Enter 键，该编号的图书也显示在相应控件中。单击“借出”按钮，可判断该借阅者是否已经借了该书，如果没有，则借书成功，否则失败。

该窗体中使用了 13 个 TextBox 控件、一个 ComboBox 控件和 4 个 DataGrid 控件，其中 3 个 DataGrid 控件不显示，只用来传递数据。

各个控件的名称和作用如表 9-12 所示。

表 9-12　借书界面控件的设计

控件类型	控件名称	作　用
TextBox	textPID	借书证号
	textPName	姓名
	textPSex	性别
	textPN	身份证
	textIden	密码
	textMoney	罚款
	textBID	图书编号
	textBName	图书名
	textWriter	作者
	textPublish	出版社
	textType	类型
	textBDate	出版日期
	textPrice	价格

续表

控件类型	控件名称	作　用
Button	btOut	借书
	btClose	退出
ComboBox	comboSex	姓名
DataGrid	dateGrid1	显示已借图书信息
	dateGrid2	传递借阅者信息(不显示)
	dateGrid3	传递图书信息(不显示)
	dateGrid4	传递已借图书编号(不显示)

选择“借还管理”→“还书”菜单命令或者单击工具栏中的 还书 按钮，即可进入还书界面，如图 9-18 所示。

图 9-18　还书界面

在“图书证号”文本框中填写借书证号，在“图书编号”文本框中填写图书编号后按 Enter 键，如果该借阅者借了该图书，则该图书信息就将显示在相应控件中，并计算出该图书的应还日期、超出天数和罚款金额。

该窗体中使用了 14 个 TextBox 控件和一个 DataGrid 控件。各个控件的名称和作用如表 9-13 所示。

表 9-13　还书界面控件的设计

控件类型	控件名称	作　用
TextBox	textPID	借书证号
	textBID	图书编号
	textBName	图书名
	textWriter	作者
	textType	图书类型

续表

控件类型	控件名称	作　用
TextBox	textPublish	出版社
	textBDate	出版日期
	textPrice	价格
	textOutDate	借出日期
	textInDate1	应还日期
	textNow	现在日期
	textBigDay	最长借阅天数
	textDay	超出天数
	textMoney	罚款(每天 0.15 元)
Button	btIn	还书
	btClose	退出
DataGrid	dataGrid1	传递图书信息(不显示)

9.4.6　查询管理设计

在主界面中选择“查询管理”→“图书查询”菜单命令或者单击工具栏中的 查询 按钮，即可进入图书查询界面，如图 9-19 所示。

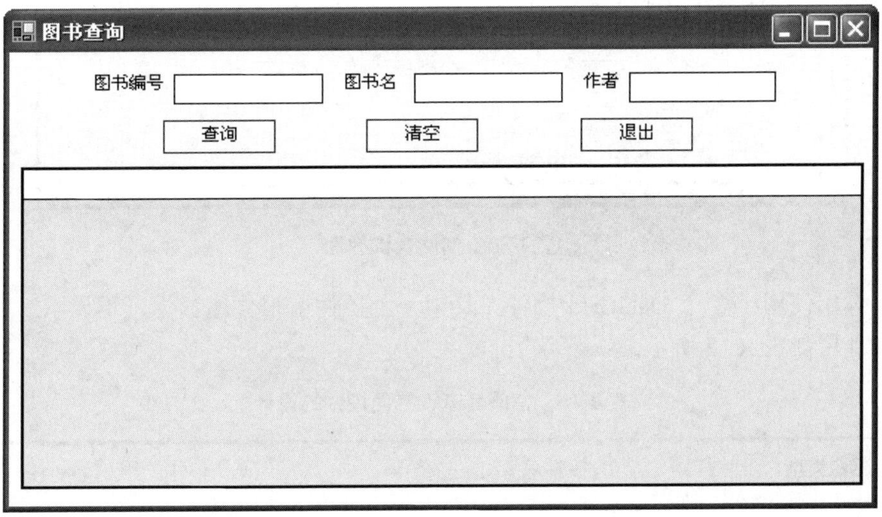

图 9-19　图书查询界面

该界面上共有三个查询条件：图书编号、图书名和作者。单击“查询”按钮，根据查询条件得出的图书信息将显示在 DateGrid 控件中，并且计算出该图书目前在库中的数量。

该窗体中，使用了 3 个 TextBox 控件和一个 DataGrid 控件。各个控件的名称和作用如表 9-14 所示。

表 9-14　图书查询界面控件的设计

控件类型	控件名称	作　用
TextBox	textID	图书编号
	textName	图书名
	textWriter	作者
Button	btQuery	查询
	btClear	清空
	btClose	退出
DataGrid	dataGrid1	显示查询图书信息

选择“查询管理”→“借阅查询”菜单命令，即可进入借阅查询界面，显示当前登录用户的个人信息和已借图书信息，如图 9-20 所示。

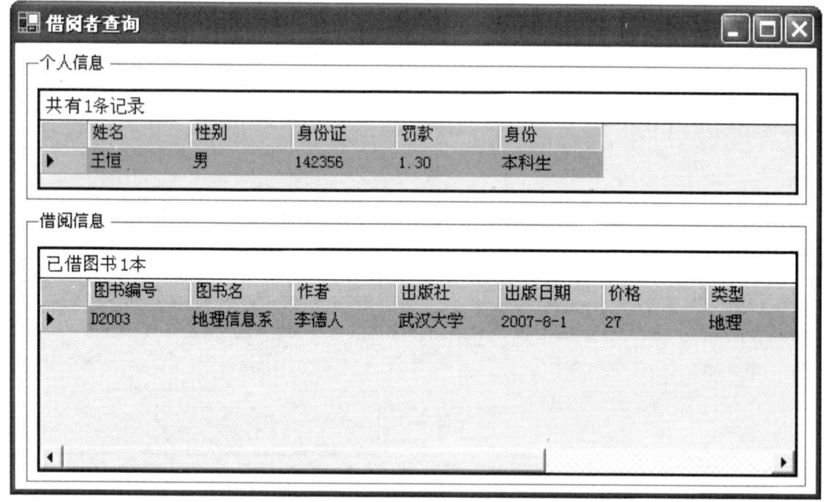

图 9-20　借阅查询界面

该窗体中使用了 3 个 DataGrid 控件，其中一个控件用来传递数据，不显示。各个控件的名称和作用如表 9-15 所示。

表 9-15　借阅者查询界面控件的设计

控件类型	控件名称	作　用
DataGrid	dataGrid1	显示借阅图书信息
	dataGrid2	显示个人信息
	dataGrid3	传递图书编号(不显示)

9.4.7　用户管理设计

在主界面中选择“用户管理”→“修改密码”菜单命令或者单击工具栏中的 用户

按钮，即可进入密码修改界面，如图 9-21 所示。

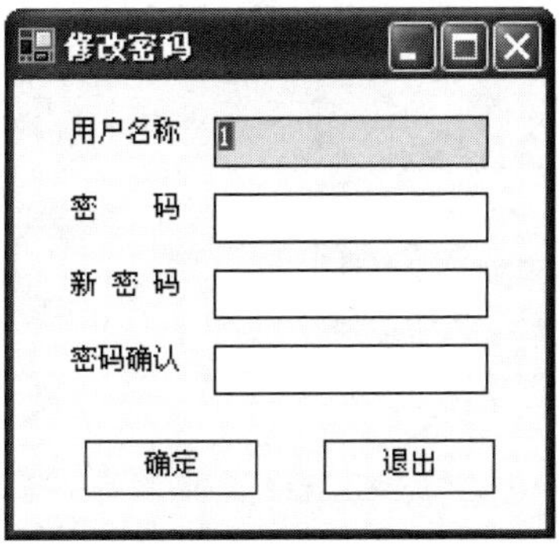

图 9-21　密码修改界面

单击“确定”按钮，如密码正确并且新密码与确认密码相同，则显示修改成功，否则修改失败。

在该窗体中使用了 4 个 TextBox 控件。各个控件的名称和作用如表 9-16 所示。

表 9-16　密码修改界面控件的设计

控件类型	控件名称	作　用
TextBox	textName	显示当前用户名称(只读)
	textPWD	输入原密码
	textPWDNew	输入新密码
	textPWDNew2	再次输入新密码
Button	btAdd	添加
	btClose	退出

选择“用户管理”→“重新登录”菜单命令，即可退出当前用户，进入登录界面重新登录。

9.5　系统程序设计

9.5.1　登录界面的编码

在登录界面中首先选择要登录的角色，然后根据权限确定显示的界面，并且要把登录用户的用户名显示到主界面的状态栏中。代码如下所示：

```
//例 9-3：登录界面部分的代码
private void btAdd_Click(object sender, System.EventArgs e)
{
    if(name.Text.Trim()=="" || password.Text.Trim()=="")
       MessageBox.Show("请输入用户名和密码", "提示");
    else
    {
```

```
oleConnection1.Open();
OleDbCommand cmd = new OleDbCommand("", oleConnection1);
if (radioManage.Checked == true)
{
    string sql = "select * from manager where MName='"
      + name.Text.Trim() + "' and MCode='"
      + password.Text.Trim() + "'";
    cmd.CommandText = sql;
    if (null != cmd.ExecuteScalar())
    {
        this.Visible = false;  //隐藏登录窗口
        main main = new main(); //创建并打开主界面
        main.Tag = this.FindForm();
        OleDbDataReader dr;
        cmd.CommandText = sql;
        dr = cmd.ExecuteReader();
        dr.Read();
        main.menuItem1.Visible = (bool)(dr.GetValue(2));
        main.menuItem2.Visible = (bool)(dr.GetValue(2));
        main.menuItem3.Visible = (bool)(dr.GetValue(2));
        main.menuItem5.Visible = (bool)(dr.GetValue(4));
        main.menuItem4.Visible = (bool)(dr.GetValue(3));
        main.menuItem5.Visible = (bool)(dr.GetValue(4));
        main.toolBarButton1.Visible = (bool)(dr.GetValue(2));
        main.toolBarButton2.Visible = (bool)(dr.GetValue(2));
        main.toolBarButton3.Visible = (bool)(dr.GetValue(3));
        main.toolBarButton4.Visible = (bool)(dr.GetValue(3));
        main.toolBarButton5.Visible = (bool)(dr.GetValue(4));
        main.statusBarPanel2.Text = name.Text.Trim();
        main.statusBarPanel6.Text = "管理员";
        main.ShowDialog();
    }
    else
        MessageBox.Show("用户名或密码错误", "警告");
}
else if (radioPerson.Checked == true)
{
    string sql = "select * from person where PID='"
      + name.Text.Trim() + "' and PCode='"
      + password.Text.Trim() + "'";
    cmd.CommandText = sql;
    if (null != cmd.ExecuteScalar())
    {
        this.Visible = false;  //隐藏登录窗口
        main main = new main(); //创建并打开主界面
        main.Tag = this.FindForm();
```

```
                OleDbDataReader dr;
                cmd.CommandText = sql;
                dr = cmd.ExecuteReader();
                dr.Read();
                main.menuItem1.Visible = (bool)(dr.GetValue(9));
                main.menuItem2.Visible = (bool)(dr.GetValue(9));
                main.menuItem3.Visible = (bool)(dr.GetValue(9));
                main.menuItem4.Visible = (bool)(dr.GetValue(9));
                main.toolBarButton1.Visible = (bool)(dr.GetValue(9));
                main.toolBarButton2.Visible = (bool)(dr.GetValue(9));
                main.toolBarButton3.Visible = (bool)(dr.GetValue(9));
                main.toolBarButton4.Visible = (bool)(dr.GetValue(9));
                main.statusBarPanel2.Text = name.Text.Trim();
                main.statusBarPanel6.Text = "读者";
                main.ShowDialog();
            }
            else
                MessageBox.Show("用户名或密码错误", "警告");
        }
        else
            MessageBox.Show("没有选择角色", "提示");
        oleConnection1.Close();
    }
}
private void btClose_Click(object sender, System.EventArgs e)
{
    this.Close();
}
```

9.5.2　主界面编码

主界面中，菜单栏的部分菜单功能代码如下所示：

```
//例 9-4：部分菜单功能的代码
AddUser addUser; //新建用户
private void menuItem8_Click(object sender, System.EventArgs e)
{
    addUser = new AddUser();
    for(int x=0; x<this.MdiChildren.Length; x++)
    {
        Form tempChild = (Form)this.MdiChildren[x];
        tempChild.Close();
    }
    addUser.MdiParent = this;
    addUser.WindowState = FormWindowState.Maximized;
    addUser.Show();
```

```
}

Book book; //添加图书
private void menuItem17_Click(object sender, System.EventArgs e)
{
    book = new Book();
    for (int x=0; x<this.MdiChildren.Length; x++)
    {
        Form tempChild = (Form)this.MdiChildren[x];
        tempChild.Close();
    }
    book.MdiParent = this;
    book.WindowState = FormWindowState.Maximized;
    book.Show();
}

PersonQuery personQuery; //查询借阅信息
private void menuItem12_Click(object sender, System.EventArgs e)
{
    personQuery = new PersonQuery();
    for (int x=0; x<this.MdiChildren.Length; x++)
    {
        Form tempChild = (Form)this.MdiChildren[x];
        tempChild.Close();
    }
    personQuery.MdiParent = this;
    personQuery.Tag = this.statusBarPanel2.Text.Trim();
    personQuery.WindowState = FormWindowState.Maximized;
    personQuery.Show();
}

ModifyCode modifyCode; //修改密码
private void menuItem13_Click(object sender, System.EventArgs e)
{
    modifyCode = new ModifyCode();
    for(int x=0; x<this.MdiChildren.Length; x++)
    {
        Form tempChild = (Form)this.MdiChildren[x];
        tempChild.Close();
    }
    modifyCode.MdiParent = this;
    modifyCode.Tag = this.statusBarPanel2.Text.Trim();
    modifyCode.label5.Text = this.statusBarPanel6.Text.Trim();
    modifyCode.WindowState = FormWindowState.Maximized;
    modifyCode.Show();
}
```

```
//重新登录
private void menuItem14_Click(object sender, System.EventArgs e)
{
    ((System.Windows.Forms.Form)this.Tag).Visible=true;
    this.Close();
}
```

主界面中的工具栏的代码如下所示：

```
//例 9-5：工具栏功能的代码
private void toolBar1_ButtonClick(object sender,
  System.Windows.Forms.ToolBarButtonClickEventArgs e)
{
    switch(toolBar1.Buttons.IndexOf(e.Button))
    {
    case 0:
        Form addUser = new AddUser();
        for(int x=0; x<this.MdiChildren.Length; x++)
        {
            Form tempChild = (Form)this.MdiChildren[x];
            tempChild.Close();
        }
        addUser.MdiParent = this;
        addUser.WindowState = FormWindowState.Maximized;
        addUser.Show();
        break;
    case 1:
        Form person = new Person();
        for(int x=0; x<this.MdiChildren.Length; x++)
        {
            Form tempChild = (Form)this.MdiChildren[x];
            tempChild.Close();
        }
        person.MdiParent = this;
        person.WindowState = FormWindowState.Maximized;
        person.Show();
        break;
    case 2:
        Form bookOut = new BookOut();
        for(int x=0; x<this.MdiChildren.Length; x++)
        {
            Form tempChild = (Form)this.MdiChildren[x];
            tempChild.Close();
        }
        bookOut.MdiParent = this;
        bookOut.WindowState = FormWindowState.Maximized;
        bookOut.Show();
```

```
        break;
    case 3:
        Form bookIn = new BookIn();
        for(int x=0; x<this.MdiChildren.Length; x++)
        {
            Form tempChild = (Form)this.MdiChildren[x];
            tempChild.Close();
        }
        bookIn.MdiParent = this;
        bookIn.WindowState = FormWindowState.Maximized;
        bookIn.Show();
        break;
    case 4:
        Form bookQuery = new BookQuery();
        for(int x=0; x<MdiChildren.Length; x++)
        {
            Form tempChild = (Form)MdiChildren[x];
            tempChild.Close();
        }
        bookQuery.MdiParent = this;
        bookQuery.WindowState = FormWindowState.Maximized;
        bookQuery.Show();
        break;
    case 5:
        ModifyCode modifyCode = new ModifyCode();
        for(int x=0; x<MdiChildren.Length; x++)
        {
            Form tempChild = (Form)MdiChildren[x];
            tempChild.Close();
        }
        modifyCode.MdiParent = this;
        modifyCode.Tag = this.statusBarPanel2.Text.Trim();
        modifyCode.label5.Text = this.statusBarPanel6.Text.Trim();
        modifyCode.WindowState = FormWindowState.Maximized;
        modifyCode.Show();
        break;
    }
}
```

主界面中的状态栏的代码如下所示：

```
//例 9-6：状态栏代码
private void main_Load(object sender, System.EventArgs e)
{
    statusBarPanel1.Text = "当前登录用户";
    statusBarPanel3.Text = DateTime.Now.ToString();
    statusBarPanel4.Text = "作者：ddl";
```

```
    statusBarPanel5.Text = "图书馆管理信息系统";
}
```

9.5.3　系统管理编码

1. 新建用户的编码

单击“确定”按钮时，需要判断信息是否填写完整，并且还要判断用户名是否已经存在和两次密码的输入是否一致。

该部分代码如下所示：

```
//例 9-7：“确定”按钮的代码
private void btAdd_Click(object sender, System.EventArgs e)
{
    if (textName.Text.Trim()=="" || textPassword.Text.Trim()==""
      || textPWDNew.Text.Trim()=="" || radioManage.Checked==false
      && radioWork.Checked==false)
        MessageBox.Show("请输入完整信息！", "警告");
    else
    {
        if (textPassword.Text.Trim() != textPWDNew.Text.Trim())
            MessageBox.Show("两次密码输入不一致！", "警告");
        else
        {
            oleConnection1.Open();
            OleDbCommand cmd = new OleDbCommand("", oleConnection1);
            string sql = "select * from manager where MName = '"
              + textName.Text.Trim() + "'";
            cmd.CommandText = sql;
            if (null == cmd.ExecuteScalar())
            {
                if (radioManage.Checked == true)
                    sql = "insert into manager " + "values ('"
                      + textName.Text.Trim() + "','"
                      + textPWDNew.Text.Trim() + "', true, false, false)";
                else
                    sql =  "insert into manager " + "values ('"
                      + textName.Text.Trim() + "','"
                      + textPWDNew.Text.Trim() + "', false, true, false)";
                cmd.CommandText = sql;
                cmd.ExecuteNonQuery();
                MessageBox.Show("添加用户成功！", "提示");
                this.Close();
            }
            else
            {
```

```
            MessageBox.Show(
              "用户名" + textName.Text.Trim() + "已存在！", "提示");

            textPWDNew.Text = "";
            textPassword.Text = "";
        }
        oleConnection1.Close();
    }
  }
}
```

2. 用户浏览的编码

窗体加载时，自动加载用户信息，代码如下所示：

```
//例 9-8：窗体装载的代码
DataSet ds;
private void User_Load(object sender, System.EventArgs e)
{
   oleConnection1.Open();
   string sql = "select MName as 用户名,MCode as 密码,manage as 权限1,work
as 权限2,query as 权限3 from manager";
   OleDbDataAdapter adp = new OleDbDataAdapter(sql, oleConnection1);
   ds = new DataSet();
   ds.Clear();
   adp.Fill(ds, "user");
   dataGrid1.DataSource = ds.Tables["user"].DefaultView;
   dataGrid1.CaptionText =
     "共有" + ds.Tables["user"].Rows.Count + "条记录";

   oleConnection1.Close();
}
```

单击“修改”按钮的处理代码如下所示：

```
//例 9-9：“修改”按钮的代码
ModifyUser modifyUser;
private void btModify_Click(object sender, System.EventArgs e)
{
   if (dataGrid1.CurrentRowIndex>=0 && dataGrid1.DataSource!=null
     && dataGrid1[dataGrid1.CurrentCell]!=null)
   {
      modifyUser = new ModifyUser();
      modifyUser.textName.Text = ds.Tables[0]
        .Rows[dataGrid1.CurrentCell.RowNumber][0].ToString().Trim();
      modifyUser.ShowDialog();
   }
}
```

单击“删除”按钮的处理代码如下所示：

```
//例 9-10：“删除”按钮的代码
private void btDel_Click(object sender, System.EventArgs e)
{
    if (dataGrid1.CurrentRowIndex>=0 && dataGrid1.DataSource!=null
      && dataGrid1[dataGrid1.CurrentCell]!=null)
    {
        oleConnection1.Open();
        string sql = "delete * from manager where MName = '"
          + ds.Tables["user"]
          .Rows[dataGrid1.CurrentCell.RowNumber][0].ToString().Trim()+"'";
        OleDbCommand cmd = new OleDbCommand(sql, oleConnection1);
        cmd.ExecuteNonQuery();
        MessageBox.Show("删除用户'" + ds.Tables[0]
          .Rows[dataGrid1.CurrentCell.RowNumber][0].ToString().Trim()
          + "'成功", "提示");
        oleConnection1.Close();
    }
    else
        return;
}
```

9.5.4　图书管理编码

1. 图书分类的编码

窗体加载时，会首先建立与数据库的连接，自动加载已有的图书分类信息，代码与用户浏览界面的代码相似，这里不再赘述。

单击“添加”按钮的处理代码如下所示：

```
//例 9-11：“添加”按钮的代码
private void btAdd_Click(object sender, System.EventArgs e)
{
    if (textName.Text.Trim()=="" || textRemark.Text.Trim()=="")
        MessageBox.Show("请填写完整信息", "提示");
    else
    {
        oleConnection1.Open();
        string sql =
          "select * from type where type='" + textName.Text.Trim() + "'";
        OleDbCommand cmd = new OleDbCommand(sql, oleConnection1);
        if (null != cmd.ExecuteScalar())
            MessageBox.Show("类型重复，请重新输入！", "提示");
        else
        {
            sql = "insert into type (type,tRemark) values ('"
```

```
            + textName.Text.Trim() + "','"
            + textRemark.Text.Trim() + "')";
          cmd.CommandText = sql;
          cmd.ExecuteNonQuery();
          MessageBox.Show("类型添加成功！", "提示");
          textName.Clear();
          textRemark.Clear();
        }
      oleConnection1.Close();
    }
}
```

单击“修改”按钮的处理代码如下所示：

```
//例 9-12：“修改”按钮的代码
private void btAdd_Click(object sender, System.EventArgs e)
{
    if (textName.Text.Trim()=="" || textRemark.Text.Trim()=="")
      MessageBox.Show("请填写完整信息", "提示");
    else
    {
      oleConnection1.Open();
      string sql = "select * from type where type ='"
        + textName.Text.Trim() + "' and TID<>"
        + this.Tag.ToString().Trim() + "";
      OleDbCommand cmd = new OleDbCommand(sql, oleConnection1);
      if (null != cmd.ExecuteScalar())
        MessageBox.Show("类型重复", "提示");
      else
      {
          sql = "update type set type='" + textName.Text.Trim()
            + "',tRemark='" + textRemark.Text.Trim()
            + "' where TID=" + this.Tag.ToString().Trim() + "";
          cmd.CommandText = sql;
          cmd.ExecuteNonQuery();
          MessageBox.Show("修改成功", "提示");
          this.Close();
      }
      oleConnection1.Close();
    }
}
```

单击“删除”按钮的处理代码如下所示：

```
//例 9-13：“删除”按钮的代码
private void btDel_Click(object sender, System.EventArgs e)
{
    if (dataGrid1.CurrentRowIndex>=0 && dataGrid1.DataSource!=null
```

```
    && dataGrid1[dataGrid1.CurrentCell]!=null)
  {
      oleConnection1.Open();
      string sql = "select * from book where type='"
        + ds.Tables["type"]
        .Rows[dataGrid1.CurrentCell.RowNumber][0].ToString().Trim()+"'";
      OleDbCommand cmd = new OleDbCommand(sql, oleConnection1);
      OleDbDataReader dr;
      dr = cmd.ExecuteReader();
      if (dr.Read())
      {
          MessageBox.Show("删除类型'" + ds.Tables["type"]
            .Rows[dataGrid1.CurrentCell.RowNumber][0].ToString().Trim()
            + "'失败，请先删掉该类型图书！", "提示");
          dr.Close();
      }
      else
      {
          dr.Close();
          sql = "delete * from type where type not in(select distinct "
            + "type from book) and TID= "
            + ds.Tables["type"]
            .Rows[dataGrid1.CurrentCell.RowNumber][2].ToString().Trim()
            + "";
          cmd.CommandText = sql;
          cmd.ExecuteNonQuery();
          MessageBox.Show("删除类型'" + ds.Tables[0]
            .Rows[dataGrid1.CurrentCell.RowNumber][0].ToString().Trim()
            + "'成功", "提示");
      }
      oleConnection1.Close();
  }
  else
      return;
}
```

2. 图书目录的编码

在该部分中，包含了浏览、添加、修改、删除功能，代码与图书浏览的代码相似，这里不再赘述。

9.5.5　读者管理信息

1. 读者身份的编码

窗体加载时，会首先建立与数据库的连接，自动加载已有的读者身份信息，单击“添加”按钮，会把读者身份信息添加到数据库中，单击“删除”按钮，会把该读者身份信息删掉。代码与用户浏览界面的代码相似，这里不再赘述。

2. 读者浏览的编码

该部分功能代码与读者身份部分相似，这里不再赘述。

9.5.6 借还管理信息

1. 借书功能的编码

该部分主要是两个文本框的按键响应事件 textPID_KeyDown 和 textBID_KeyDown，在文本框中填写信息后按 Enter 键，把相应的信息显示出来。textPID_KeyDown 事件的代码如下所示：

```
//例 9-14：textPID_KeyDown 代码
private void textPID_KeyDown(object sender,
System.Windows.Forms.KeyEventArgs e)
{
    if (e.KeyData.ToString() == "Enter")
    {
        oleConnection1.Open();
        string sql1 = "select PName as 姓名,PSex as 性别,PN as 身份证,"
          + "PMoney as 罚款,identity as 身份 from person where PID='"
          + textPID.Text.Trim() + "'";
        string sql3 = "select BID from bookOut where PID = '"
          + textPID.Text.Trim() + "'";
        OleDbDataAdapter adp = new OleDbDataAdapter(sql1, oleConnection1);
        OleDbDataAdapter adp3 =
          new OleDbDataAdapter(sql3, oleConnection1);
        ds = new DataSet();
        ds.Clear();
        adp.Fill(ds, "person");
        adp3.Fill(ds, "bookid");
        dataGrid2.DataSource = ds.Tables["person"].DefaultView;
        dataGrid4.DataSource = ds.Tables["bookid"].DefaultView;
        if (ds.Tables[0].Rows.Count != 0)
        {
            textPName.Text = ds.Tables["person"]
              .Rows[dataGrid2.CurrentCell.RowNumber][0].ToString().Trim();
            textPSex.Text = ds.Tables["person"]
              .Rows[dataGrid2.CurrentCell.RowNumber][1].ToString().Trim();
            textPN.Text = ds.Tables["person"]
              .Rows[dataGrid2.CurrentCell.RowNumber][2].ToString().Trim();
            textMoney.Text = ds.Tables["person"]
              .Rows[dataGrid2.CurrentCell.RowNumber][3].ToString().Trim();
            textIden.Text = ds.Tables["person"]
              .Rows[dataGrid2.CurrentCell.RowNumber][4].ToString().Trim();
```

```
            dataGrid2.CaptionText =
              "共有" + ds.Tables["person"].Rows.Count + "条记录";
        }
        else
            MessageBox.Show("没有该借书证号", "提示");
        for (int x=0; x<ds.Tables["bookid"].Rows.Count; x++)
        {
            string sql2 = "select book.BID as 图书编号,BName as 图书名,
BWriter as 作者,BPublish as 出版社,BDate as 出版日期,BPrice as 价格, type as
类型,ODate as 借书日期,(select longTime from identityinfo where
identity=(select identity from person where PID='"
              + textPID.Text.Trim() + "')) as 最长借书时间,dateAdd('m',
              最长借书时间,ODate) as 应还日期 from book,bookOut
              where book.BID=bookOut.BID and book.BID = '"
              + ds.Tables["bookid"].Rows[x][0] + "' and PID='"
              + textPID.Text.Trim() + "'";
            OleDbDataAdapter adp2 =
              new OleDbDataAdapter(sql2, oleConnection1);
            adp2.Fill(ds, "bookout");
            dataGrid1.DataSource = ds.Tables["bookout"].DefaultView;
            dataGrid1.CaptionText =
              "已借图书" + ds.Tables["bookout"].Rows.Count + "本";
        }
        oleConnection1.Close();
    }
}
```

textBID_KeyDown 事件的代码如下所示：

```
//例 9-15：textBID_KeyDown 代码
private void textBID_KeyDown(object sender,
System.Windows.Forms.KeyEventArgs e)
{
    if (e.KeyData.ToString() == "Enter")
    {
        oleConnection1.Open();
        string sql = "select BName as 图书名,BWriter as 作者,BPublish as
        出版社,BDate as 出版日期,BPrice as 价格, type as 类型 from book
        where BID='"
          + textBID.Text.Trim() + "'";
        OleDbDataAdapter adp = new OleDbDataAdapter(sql, oleConnection1);
        ds = new DataSet();
        ds.Clear();
        adp.Fill(ds, "book");
        dataGrid3.DataSource = ds.Tables["book"].DefaultView;
        if (ds.Tables[0].Rows.Count != 0)
        {
            textBName.Text = ds.Tables[0]
```

```
            .Rows[dataGrid3.CurrentCell.RowNumber][0].ToString().Trim();
          textWriter.Text = ds.Tables[0]
            .Rows[dataGrid3.CurrentCell.RowNumber][1].ToString().Trim();
          textPublish.Text = ds.Tables[0]
            .Rows[dataGrid3.CurrentCell.RowNumber][2].ToString().Trim();
          textBDate.Text = ds.Tables[0]
            .Rows[dataGrid3.CurrentCell.RowNumber][3].ToString().Trim();
          textPrice.Text = ds.Tables[0]
            .Rows[dataGrid3.CurrentCell.RowNumber][4].ToString().Trim();
          textType.Text = ds.Tables[0]
            .Rows[dataGrid3.CurrentCell.RowNumber][5].ToString().Trim();
          dataGrid3.CaptionText =
            "共有" + ds.Tables["book"].Rows.Count + "条记录";
      }
      else
          MessageBox.Show("没有该图书编号", "提示");
      oleConnection1.Close();
   }
}
```

各项信息输入完整后，单击“借出”按钮后，该图书被借出。代码如下所示：

```
//例 9-16: “借出”按钮的代码
private void btOut_Click(object sender, System.EventArgs e)
{
   if (textPID.Text.Trim()=="" || textBID.Text.Trim()=="")
      MessageBox.Show("请输入完整信息", "提示");
   else
   {
      oleConnection1.Open();
      string sql = "select * from bookOut where BID='"
        + textBID.Text.Trim() + "' and PID='"
        + textPID.Text.Trim() + "'";
      OleDbCommand cmd = new OleDbCommand(sql, oleConnection1);
      if (null != cmd.ExecuteScalar())
         MessageBox.Show("你已经借了一本该书", "提示");
      else
      {
         sql = "insert into bookOut (BID,PID,ODate) values ('"
           + textBID.Text.Trim() + "','"
           + textPID.Text.Trim() + "','" + date1.Text.Trim() + "')";
         cmd.CommandText = sql;
         cmd.ExecuteNonQuery();
         MessageBox.Show("借出成功", "提示");
      }
   }
}
```

2. 还书功能的编码

该部分中也有一个文本框按键响应事件 textBID_KeyDown，代码如下所示：

```
//例 9-17：textBID_KeyDown 事件代码
DataSet ds;
private void textBID_KeyDown(
  object sender, System.Windows.Forms.KeyEventArgs e)
{
    if (e.KeyData.ToString() == "Enter")
    {
        oleConnection1.Open();
        string sql = "select BName as 图书名,BWriter as 作者,BPublish as 
出版社,BDate as 出版日期,BPrice as 价格,type as 类型, ODate as 借出日期,
(select longTime from identityinfo where identity=(select identity from 
person where PID='"
          + textPID.Text.Trim()
          + "')) as 最长借书时间,dateAdd('m',最长借书时间,ODate) as 应还日期,
DateDiff('d',应还日期,Now) as 超出天数 from book,bookOut where book.BID='"
          + textBID.Text.Trim() + "' and PID='"
          + textPID.Text.Trim() + "'";
        OleDbDataAdapter adp = new OleDbDataAdapter(sql, oleConnection1);
        ds = new DataSet();
        ds.Clear();
        adp.Fill(ds, "book");
        dataGrid1.DataSource = ds.Tables["book"].DefaultView;
        if (ds.Tables[0].Rows.Count != 0)
        {
            textBName.Text = ds.Tables[0]
              .Rows[dataGrid1.CurrentCell.RowNumber][0].ToString().Trim();
            textWriter.Text = ds.Tables[0]
              .Rows[dataGrid1.CurrentCell.RowNumber][1].ToString().Trim();
            textPublish.Text = ds.Tables[0]
              .Rows[dataGrid1.CurrentCell.RowNumber][2].ToString().Trim();
            textBDate.Text = ds.Tables[0]
              .Rows[dataGrid1.CurrentCell.RowNumber][3].ToString().Trim();
            textPrice.Text = ds.Tables[0]
              .Rows[dataGrid1.CurrentCell.RowNumber][4].ToString().Trim();
            textType.Text = ds.Tables[0]
              .Rows[dataGrid1.CurrentCell.RowNumber][5].ToString().Trim();
            textOutDate.Text = ds.Tables[0]
              .Rows[dataGrid1.CurrentCell.RowNumber][6].ToString().Trim();
            textBigDay.Text =
              Convert.ToString(Convert.ToInt16(
              ds.Tables[0].Rows[dataGrid1.CurrentCell.RowNumber][7].
              ToString().Trim())*30);
```

```
            textInDate1.Text = ds.Tables[0].Rows[dataGrid1.CurrentCell
              .RowNumber][8].ToString().Trim();
            if (Convert.ToInt16(ds.Tables[0].Rows
              [dataGrid1.CurrentCell.RowNumber][9].ToString().Trim()) > 0)
            {
                textDay.Text = ds.Tables[0].Rows[dataGrid1.CurrentCell
                  .RowNumber][9].ToString().Trim();
                textMoney.Text =
                  Convert.ToString(Convert.ToInt16(textDay.Text)*0.15);
            }
            else
            {
                textDay.Text = "0";
                textMoney.Text = "0";
            }
            textNow.Text = DateTime.Now.ToString();
            dataGrid1.CaptionText =
              "共有" + ds.Tables["book"].Rows.Count + "条记录";
        }
        else
            MessageBox.Show("该读者没有借该图书", "提示");
        sql = "update person set PMoney=PMoney + '" + textMoney.Text
          + "' where PID='" + textPID.Text.Trim() + "'";
        OleDbCommand cmd = new OleDbCommand(sql, oleConnection1);
        cmd.ExecuteNonQuery();
        oleConnection1.Close();
    }
}
```

各项信息输入完整后，单击“还书”按钮，该图书被还入图书馆。代码如下所示：

```
//例 9-18：“还书”按钮的代码
private void btIn_Click(object sender, System.EventArgs e)
{
    if (textBID.Text.Trim() == null)
        MessageBox.Show("请填写图书编号", "提示");
    else
    {
        oleConnection1.Open();
        string sql = "delete * from bookOut where BID = '"
          + textBID.Text.Trim() + "',and PID='"
          + textPID.Text.Trim() + "'";
        OleDbCommand cmd = new OleDbCommand(sql, oleConnection1);
        cmd.ExecuteNonQuery();
        MessageBox.Show("还书成功", "提示");
    }
}
```

9.5.7　查询管理信息

1. 图书查询的编码

单击“查询”按钮后，根据输入的条件查询图书信息。代码如下所示：

```
//例 9-19：“查询”按钮的代码
private void btQuery_Click(object sender, System.EventArgs e)
{
    string sql1 = "(BNum-(select count(*) from bookOut where ";
    string sql = "select BID as 图书编号,BName as 图书名,BWriter as 作者,
BPublish as 出版社,BDate as 出版日期,BPrice as 价格, BNum as 数量,type as
类型,BRemark as 备注, ";
    if (textID.Text.Trim() != "")
    {
        sql1 = sql1 + " BID= " + "'"
          + textID.Text.Trim() + "')) as 库存数量 ";
        sql = sql + sql1 + "from book where BID= " + "'"
          + textID.Text.Trim() + "'";
    }
    else if (textName.Text.Trim() != "")
    {
        sql1 = sql1 + " BID=(select BID from book where BName='"
          + textName.Text + "'))) as 库存数量 ";
        sql = sql + sql1 + "from book where BName= "
          + "'" + textName.Text + "'";
    }
    else if (textWriter.Text.Trim() != "")
    {
        sql1 = sql1 + " BID=(select BID from book where BWriter='"
          + textWriter.Text + "'))) as 库存数量 ";
        sql = sql + sql1 + "from book where BWriter= "
          + "'" + textWriter.Text + "'";
    }
    else
    {
        MessageBox.Show("请输入查询条件", "提示");
        return;
    }
    oleConnection1.Open();
    OleDbDataAdapter adp = new OleDbDataAdapter(sql, oleConnection1);
    DataSet ds = new DataSet();
    ds.Clear();
    adp.Fill(ds, "book");
    dataGrid1.DataSource = ds.Tables[0].DefaultView;
    dataGrid1.CaptionText = "共有" + ds.Tables[0].Rows.Count + "条查询记录";
```

```
    oleConnection1.Close();
}
```

2. 借阅者查询的编码

窗体加载时，会直接建立与数据库的连接，自动加载该登录用户的个人信息和已借图书信息。代码如下所示：

```
//例 9-20：借阅者查询代码
DataSet ds;
private void PersonQuery_Load(object sender, System.EventArgs e)
{
    oleConnection1.Open();
    string sql1 = "select PName as 姓名,PSex as 性别,PN as 身份证,PMoney as 
罚款,identity as 身份 from person where PID='"
       + this.Tag.ToString().Trim() + "'";
    string sql3 = "select BID from bookOut where PID = '"
      + this.Tag.ToString().Trim()+"'";
    OleDbDataAdapter adp = new OleDbDataAdapter(sql1, oleConnection1);
    OleDbDataAdapter adp3 = new OleDbDataAdapter(sql3, oleConnection1);
    ds = new DataSet();
    ds.Clear();
    adp.Fill(ds, "person");
    adp3.Fill(ds, "bookid");
    dataGrid2.DataSource = ds.Tables["person"].DefaultView;
    dataGrid2.CaptionText =
      "共有" + ds.Tables["person"].Rows.Count + "条记录";
    dataGrid3.DataSource = ds.Tables["bookid"].DefaultView;
    for (int x=0; x<ds.Tables["bookid"].Rows.Count; x++)
    {
        string sql2 = "select book.BID as 图书编号,BName as 图书名,BWriter 
as 作者,BPublish as 出版社,BDate as 出版日期,BPrice as 价格, type as 类型,
ODate as 借书日期,(select longTime from identityinfo where 
identity=(select identity from person where PID='"
          + this.Tag.ToString().Trim()
          + "')) as 最长借书时间,dateAdd('m',最长借书时间,ODate) as 应还日期
from book,bookOut where book.BID = bookOut.BID and book.BID = '"
          + ds.Tables["bookid"].Rows[x][0] + "' and PID='"
          + this.Tag.ToString().Trim() + "'";
        OleDbDataAdapter adp2 =
          new OleDbDataAdapter(sql2, oleConnection1);
        adp2.Fill(ds, "bookout");
        dataGrid1.DataSource = ds.Tables["bookout"].DefaultView;
        dataGrid1.CaptionText =
          "已借图书" + ds.Tables["bookout"].Rows.Count + "本";
    }
    oleConnection1.Close();
```

```
}
```

9.5.8 用户管理信息

用户管理主要是用户密码的修改，代码如下所示：

```
//例 9-21：修改密码的代码
private void btSave_Click(object sender, System.EventArgs e)
{
   if (textName.Text.Trim()=="" || textPWD.Text.Trim()==""
     || textPWDNew.Text.Trim()=="" || textPWDNew2.Text.Trim()=="")
      MessageBox.Show("请填写完整信息！", "提示");
   else
   {
      oleConnection1.Open();
      OleDbCommand cmd = new OleDbCommand("", oleConnection1);
      string sql1 = "select * from person where PID='"
        + textName.Text.Trim() + "' and PCode='"
        + textPWD.Text.Trim() + "'";
      string sql2 = "select * from manager where MName='"
        + textName.Text.Trim() + "' and MCode='"
        + textPWD.Text.Trim() + "'";
      if (label5.Text == "管理员")
         cmd.CommandText = sql2;
      else
         cmd.CommandText = sql1;
      if (null != cmd.ExecuteScalar())
      {
         if (textPWDNew.Text.Trim() != textPWDNew2.Text.Trim())
            MessageBox.Show("两次密码输入不一致！", "警告");
         else
         {
            sql1 = "update person set PCode='"
              + textPWDNew.Text.Trim()
              + "' where PID='" + textName.Text.Trim() + "'";
            sql2 = "update manager set MCode='"
              + textPWDNew.Text.Trim() + "' where MName='"
              + textName.Text.Trim() + "'";
            if (label5.Text == "管理员")
               cmd.CommandText = sql2;
            else
               cmd.CommandText = sql1;
            cmd.ExecuteNonQuery();
            MessageBox.Show("密码修改成功！", "提示");
            this.Close();
         }
```

```
        }
        else
            MessageBox.Show("密码错误！", "提示");
        oleConnection1.Close();
    }
}
private void btClose_Click(object sender, System.EventArgs e)
{
    this.Close();
}
private void ModifyCode_Load(object sender, System.EventArgs e)
{
    textName.Text = this.Tag.ToString().Trim();
}
```

在修改前，首先要得到从 StatusBar 传递过来的当前登录用户名，这样，就使用户只能修改自己的密码。

本 章 小 结

本章的案例分别从数据库设计和应用程序设计的角度介绍了一套简单的图书馆管理信息系统。本系统虽然简单，但包括了一些最基本的功能。读者可以在本系统的基础上添加一些功能模块，以适应实际需要。

第 10 章

影院语音播报系统

本影院语音播报系统具有以下特点：

- 实现影院电影场次信息自动播报。
- 实现寻人启事、失物招领和紧急疏散情况等紧急信息的播报。
- 可利用 Windows 操作系统自带的语音引擎，快速搭建语音播报系统。
- 界面设计简单、操作方便。

本系统的数据库采用 Microsoft Access 2007，主要开发工具为 Visual Studio 2013，开发语言为 Visual C#。采用 ADO 技术连接数据库，完成对数据库的一系列操作。采用 Windows 7 操作系统的语音系统来实现语音输出。本系统按照面向对象的思想来设计，进行程序开发，程序设计条理清楚。

10.1 系 统 概 述

10.1.1 系统功能

语音播报系统越来越受到大众的青睐，如今，在公交车、银行、大型卖场等都得到了普及。

一般语音播报系统都以语音芯片硬件为基础，采用单片机控制，通过录放音的方式来实现语音的输出。而本书中的这款语音播报系统利用语音引擎来发声，无须事先录音，操作简单，实现容易，只需要一台装有 Windows 7 操作系统的计算机和有源音箱即可。

本影院语音播报系统以影院为使用环境，充分利用计算机的闲置计算资源，实现了影院当天电影场次信息的入场播报、紧急情况信息播报等主要功能。本系统能够直接导入 Excel 格式的电影场次信息，也能手工添加电影场次信息，极大地方便了电影场次信息的输入。

影院语音播报系统的使用，减少了人力资源的投入，提高了信息播报的准确性和及时性，是一般影院语音系统理想的解决方案。

本案例可实现导入影院当天的电影排期信息，只须单击“开始播报”按钮，即可自动按设定的提前时间进行电影场次信息的播报，在“紧急播报”菜单下也可输入相应的信息，如寻人、失物招领等，即可马上播报紧急信息。同时，系统也可以记录播报历史，以供查询。

该系统主要提供了三部分功能，分别为系统管理、场次管理和紧急播报。其中，系统管理又包含用户管理、修改密码、重新登录和退出系统；场次管理包含导入场次、添加场次和播报设置；紧急播报包含寻人启事、失物招领和紧急疏散。

10.1.2 系统预览

图 10-1 所示为影院语音播报系统的登录界面。

输入用户名和密码(默认用户名和密码分别为 admin 和 admin)后，单击“登录”按钮，即可进入主程序界面，如图 10-2 所示。

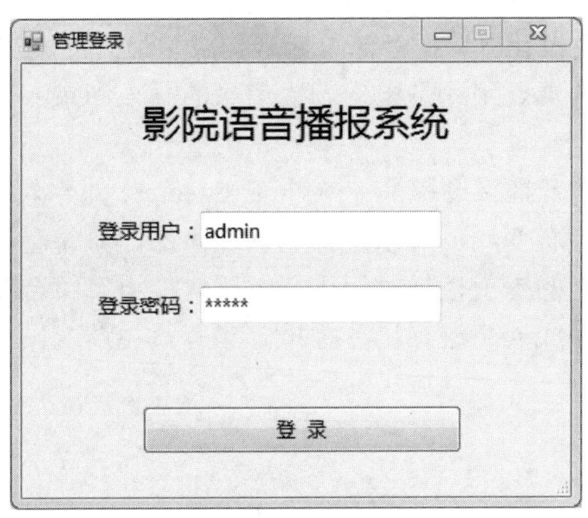

图 10-1　影院语音播报系统的登录界面

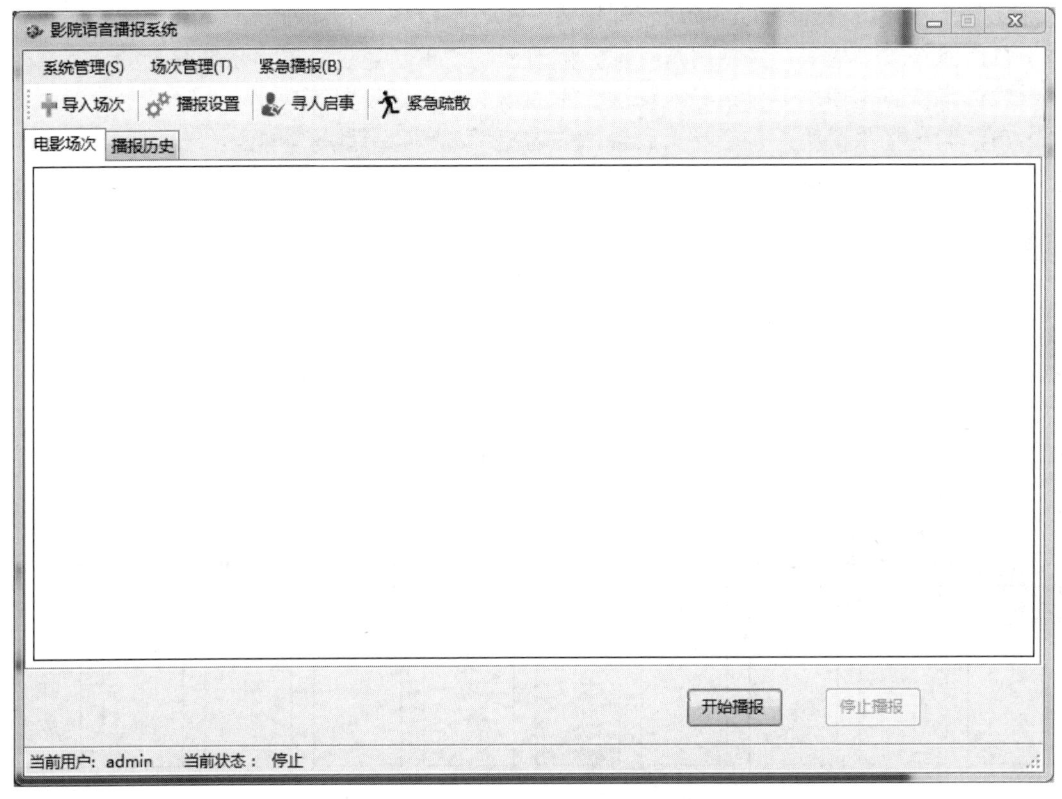

图 10-2　影院语音播报系统的主界面

10.2　系统概要设计

10.2.1　系统设计思想

系统设计主要由系统功能结构划分、系统环境配置、子系统与模块的处理流程设计、代码设计、输入输出界面设计、数据存储设计等构成，最终形成实施方案。

影院语音播报系统的主要用途是电影场次信息的导入和录入；设定播报的时间；紧急信息播报。

电影场次等信息的语音播报过程是：从外部 Excel 文件导入电影排期场次信息或手动添加排期场次信息，如果有变动，可以进行删除或添加，系统会自动定时检查系统中存储的场次信息，与系统设定的提前播报时间进行对比，如果有符合要求的影片信息，则将该条信息通过语音引擎转换成人声进行语音播报。当有紧急情况发生时，可直接进入相应模块进行语音播报。

10.2.2　功能模块设计

通过对用户需求的分析和明确系统的设计思想，可以将该影院语音播报系统大致分为三个大模块：系统管理模块、场次管理模块、紧急播报模块。

(1)　系统管理模块：包括用户管理、修改密码、重新登录、退出系统等功能。

(2)　场次管理模块：包括导入场次、添加场次、播报设置等功能。

(3)　紧急播报模块：包括寻人启事、失物招领、紧急疏散等功能。

影院语音播报系统的功能结构如图 10-3 所示。

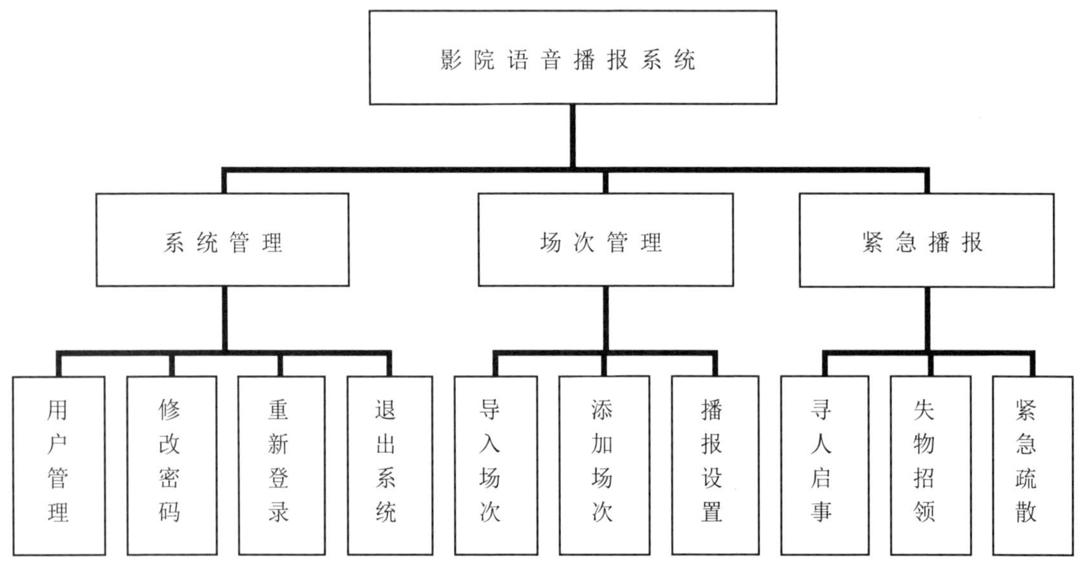

图 10-3　影院语音播报系统的功能结构

10.2.3　数据库设计

影院语音播报系统侧重于系统语音功能的调用，电影场次信息等内容主要存放于票务系统中，所以本系统不再进行数据存储，本系统的数据库仅用来存储管理员账号，读者可以根据实际情况安排数据的设计与存储。

下面列出了管理员信息表(Users)的数据结构，如表 10-1 所示。

表 10-1　管理员信息表(Users)的数据结构

字 段 名	类　型	描　述
UserName	文本	用户名
Password	文本	密码
CreateDate	日期/时间	创建日期
IsDelete	是/否	是否删除

10.3　系统详细设计

10.3.1　数据库连接

本系统采用的是 Access 文件数据库，降低了程序对硬件和操作系统版本的要求。并且 Access 数据库操作方便，配置简单，只需要把数据库文件放置到合适的目录下即可。

在本系统中，数据库文件放置的目录是程序运行所在的目录。

在程序中专门设计了连接字符串模块，就是项目的 Database 文件夹中的 dbConnection 类，即 Database\dbConnection.cs，代码如下所示：

```
//例 10-1：数据库连接代码
using System;
using System.Collections.Generic;
using System.Linq;
using System.Text;
using System.Threading.Tasks;

namespace BroadcastMIS.Database
{
    public class dbConnection
    {
        public dbConnection()
        {
            //
            // TODO：在此处添加构造函数逻辑
            //
        }
        public static string connection
        {
            get
            {
                return "Data Source=BroadcastMIS.mdb;Jet OLEDB:Engine
Type=5;Provider=Microsoft.Jet.OLEDB.4.0;";
            }
        }
```

```
    }
}
```

在程序中设置变量来调用这个连接，代码如下所示：

```
//例 10-2：数据库调用代码
OleDbConnection conn =
  new OleDbConnection(BroadcastMIS.Database.dbConnection.connection);
```

10.3.2 系统登录设计

启动主界面时，首先加载登录界面，如图 10-4 所示。

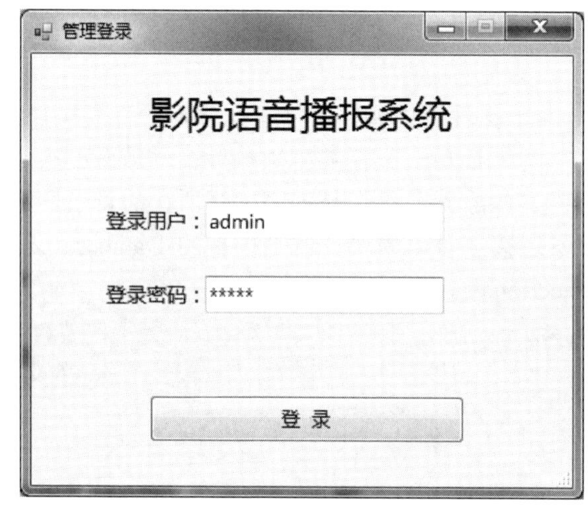

图 10-4 影院语音播报系统的用户登录界面

该界面判断用户是否登录成功。单击“登录”按钮，如用户信息填写正确，则显示主界面，否则弹出登录失败消息框。

在该窗体中使用了两个 TextBox 控件、一个 Button 控件。代码如下所示：

```
//例 10-3：管理登录窗体的控件代码
private System.Windows.Forms.TextBox txtUserName;   //用户名文本框
private System.Windows.Forms.TextBox txtPassword;   //密码文本框
private System.Windows.Forms.Button btnLogin;       //登录按钮
```

10.3.3 系统主界面设计

登录成功后，显示的主界面如图 10-5 所示。在该界面中，呈现了系统菜单、工具栏、电影场次和播报历史等内容。单击“开始播报”按钮，系统将按照电影场次表中的数据进行播报提醒。

该窗体中包含一个 DataGridView 控件、一个 ListBox 控件、两个 ToolStripStatusLabel 控件、两个 Button 控件。

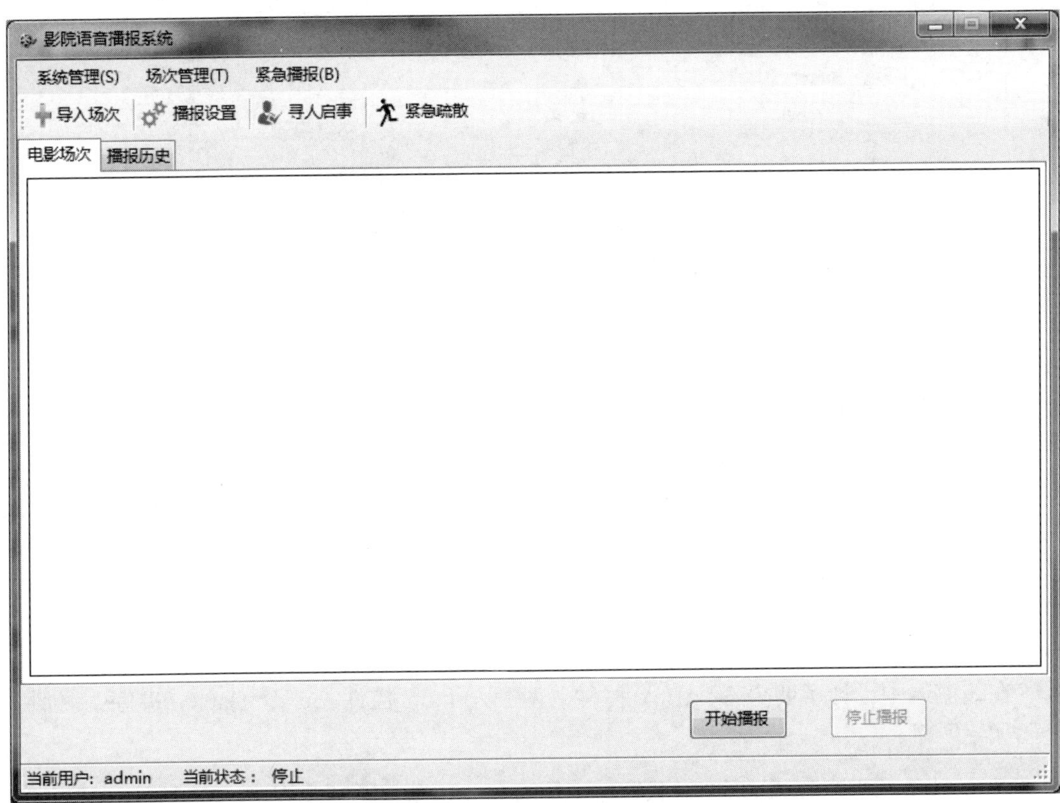

图 10-5　影院语音播报系统主界面

代码如下所示：

```
//例 10-4：系统主界面窗体的控件代码
private System.Windows.Forms.DataGridView dgvList; //电影场次表
private System.Windows.Forms.ListBox lbHistory; //播报历史记录列表框
private System.Windows.Forms.ToolStripStatusLabel CurrentUser;//当前用户标签
private System.Windows.Forms.ToolStripStatusLabel CurrentState;//当前状态标签
private System.Windows.Forms.Button btnPlay; //开始播报按钮
private System.Windows.Forms.Button btnStop; //停止播报按钮
```

10.3.4　系统管理设计

1. 用户管理界面

在主界面中选择“系统管理”→“用户管理”菜单命令，即可进入“用户管理”界面，如图 10-6 所示。

在该界面中，可以建立新的用户。单击“添加用户”按钮，如果用户信息填写完整并且用户名称不重复，则显示添加成功，否则添加失败。

在该界面中，还能够显示系统中的用户列表。单击“删除用户”按钮，可删除当前选中的用户信息。

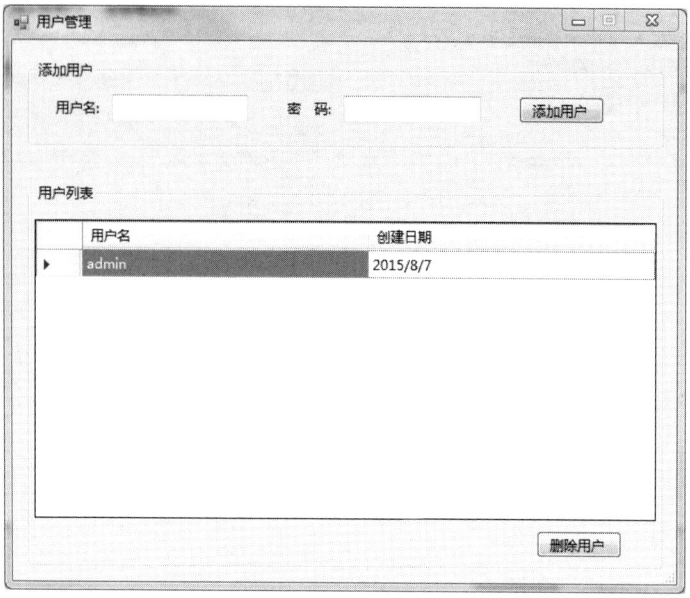

图 10-6　用户管理界面

在该窗体中设计了两个 TextBox 控件、两个 Button 控件、一个 DataGridView 控件。代码如下所示：

```
//例 10-5：用户管理窗体的控件代码
private System.Windows.Forms.TextBox txtUserName;   //用户名文本框
private System.Windows.Forms.TextBox txtPassword;   //密码文本框
private System.Windows.Forms.DataGridView dgvUsers; //用户列表数据表格
private System.Windows.Forms.Button btnAddUser;     //添加用户按钮
private System.Windows.Forms.Button btnDeleteUser;  //删除用户按钮
```

2. 修改密码界面

在主界面中选择“系统管理”→“修改密码”菜单命令，即可进入“修改密码”界面，如图 10-7 所示。

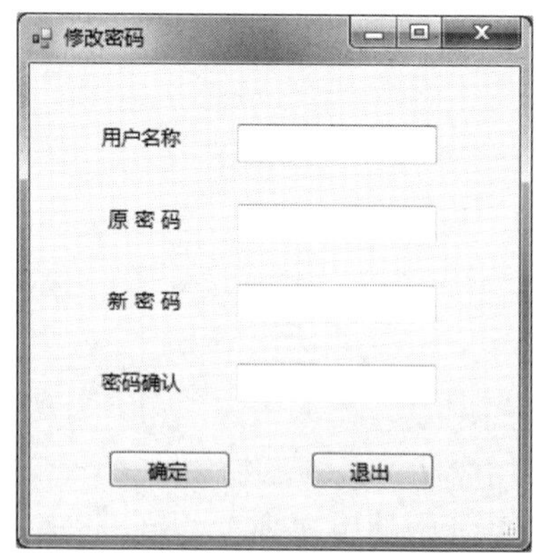

图 10-7　“修改密码”界面

用户可以在这里修改用户密码。输入需要修改密码的用户信息和新密码信息，单击“确定”按钮，如果所填信息无误，则显示修改成功，否则修改失败。

在该窗体中，使用了 4 个 TextBox 控件、两个 Button 控件。

代码如下所示：

```
//例 10-6：修改密码窗体的控件代码
private System.Windows.Forms.TextBox txtUserName; //用户名文本框
private System.Windows.Forms.TextBox txtPwd;      //原密码文本框
private System.Windows.Forms.TextBox txtNewPwd;   //新密码文本框
private System.Windows.Forms.TextBox txtNewPwd2;  //新密码确认文本框
private System.Windows.Forms.Button btnSave;      //确认按钮
private System.Windows.Forms.Button btnClose;     //退出按钮
```

10.3.5　场次管理设计

在主界面中选择“场次管理”→“导入场次”菜单命令或单击工具栏中的导入场次按钮，即可打开文件浏览对话框，通过选择电影排期 Excel 文件(Excel 文件格式应按系统提供的模板要求设计)，将电影排期导入系统，如图 10-8 所示。

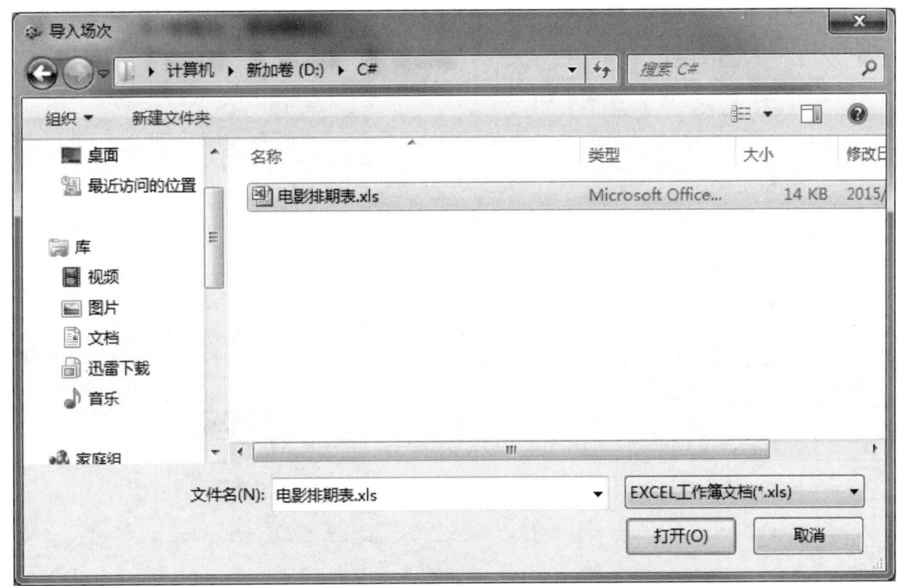

图 10-8　导入场次时选择 Excel 文件

该窗体由操作系统提供，无须额外的控件。

在主界面中选择“场次管理”→“添加场次”菜单命令，即可进入“添加场次”界面，如图 10-9 所示。

用户可以在这个窗体中设置电影场次的基本信息，然后单击“添加”按钮。如果电影场次信息填写完整，则显示添加成功，否则添加失败。

在该窗体中使用了两个 TextBox 控件、一个 DateTimePicker 控件、一个 Button 控件。

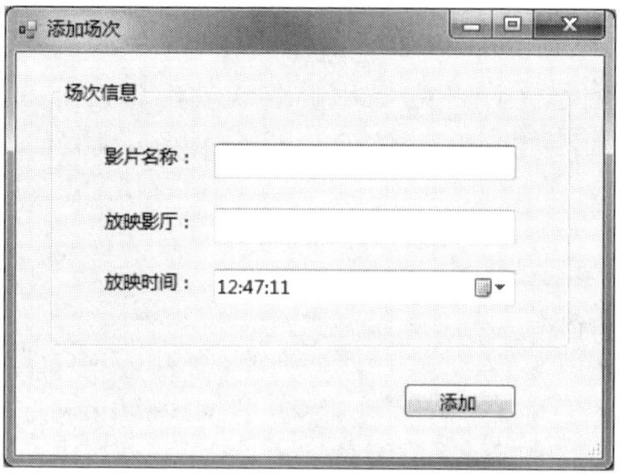

图 10-9　添加场次界面

代码如下所示：

```
//例 10-7：添加场次窗体的控件代码
private System.Windows.Forms.TextBox txtMovieName; //放映影片文本框
private System.Windows.Forms.TextBox txtRoom; //放映影厅文本框
private System.Windows.Forms.DateTimePicker dtpTime;//放映时间文本框
private System.Windows.Forms.Button btnAdd; //添加按钮
```

选择“场次管理”→“播报设置”菜单命令或单击工具栏上的 播报设置 按钮，即可进入播报设置界面，如图 10-10 所示。

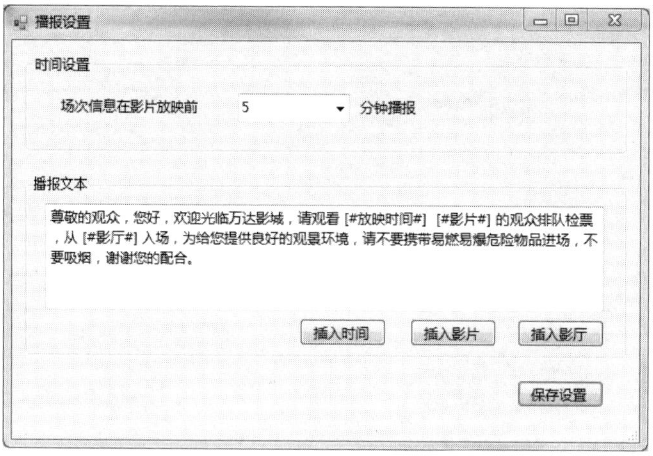

图 10-10　“播报设置”界面

在该界面中，可以设置语音播报的提前时间，同时，可以根据影院具体情况，自定义播报文本，可以通过单击“插入时间”等三个按钮实现时间、影片和影厅的替换文本。

在该窗体中，使用了一个 TextBox 控件、一个 DataGrid 控件和 4 个 Button 控件。代码如下所示：

```
//例 10-8：播报设置窗体的控件代码
private System.Windows.Forms.ComboBox cbMinutes; //播报提前时间下拉选择框
private System.Windows.Forms.TextBox tbPlayText; //播报内容文本框
private System.Windows.Forms.Button btnInsertHall; //“插入影厅”按钮
```

```
private System.Windows.Forms.Button btnInsertMovie; //“插入影片”按钮
private System.Windows.Forms.Button btnInsertTime; //“插入时间”按钮
private System.Windows.Forms.Button btnSave; //“保存设置”按钮
```

10.3.6 紧急播报设计

在主界面中选择“紧急播报”→“寻人启事”菜单命令或单击工具栏上的 寻人启事 按钮，即可进入“寻人启事”界面，如图 10-11 所示。管理人员可以在这个窗体中设置寻人信息，然后单击“播报”按钮，即可即时播报该条信息。

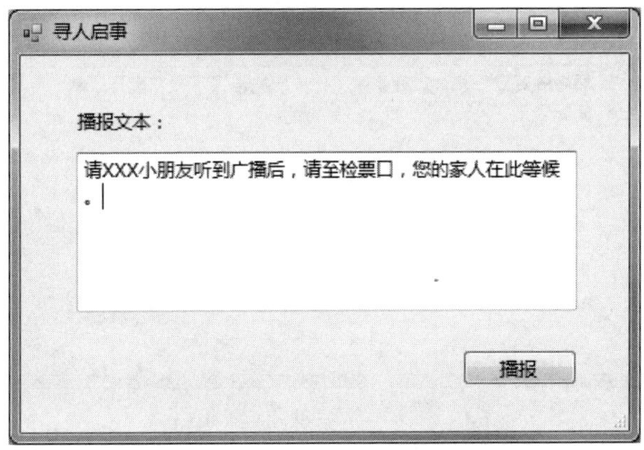

图 10-11 “寻人启事”界面

该窗体中使用了一个 TextBox 控件、一个 Button 控件。代码如下所示：

```
//例 10-9：寻人启事窗体的控件代码
private System.Windows.Forms.TextBox txtLostText; //寻人启事内容文本框
private System.Windows.Forms.Button btnPlay; //“播报”按钮
```

选择“紧急播报”→“失物招领”菜单命令，即可进入“失物招领”界面，其功能可参考“寻人启事”，如图 10-12 所示。

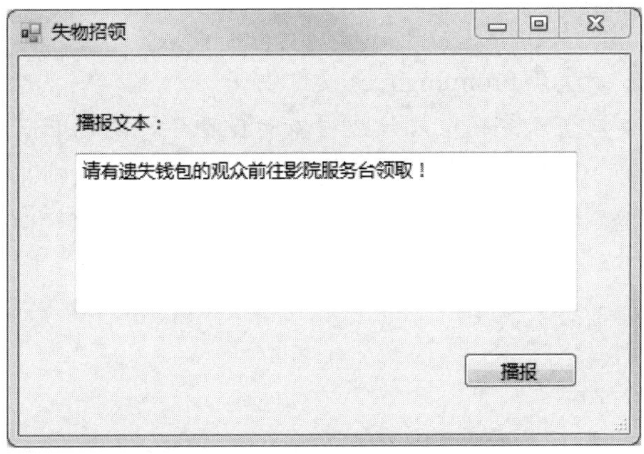

图 10-12 “失物招领”界面

在该窗体中使用了一个 TextBox 控件、一个 Button 控件。代码如下所示：

```
//例 10-10：失物招领窗体的控件代码
private System.Windows.Forms.TextBox txtFoundText; //失物招领内容文本框
private System.Windows.Forms.Button btnPlay; //“播报”按钮
```

选择“紧急播报”→“紧急疏散”菜单命令，即可进入“紧急疏散”界面，其功能可参考“寻人启事”，如图 10-13 所示。

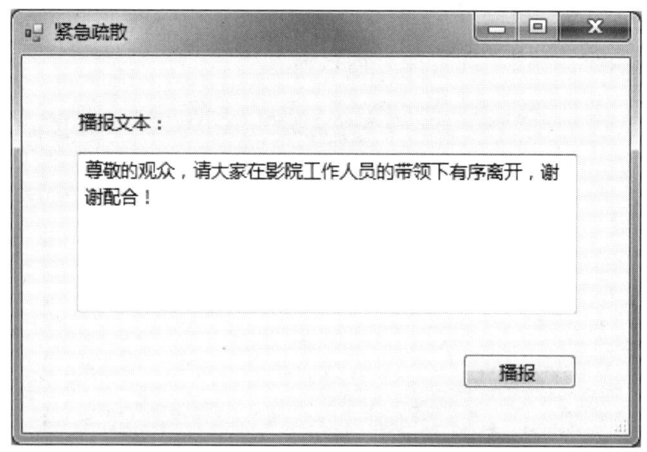

图 10-13 “紧急疏散”界面

在该窗体中使用了一个 TextBox 控件、一个 Button 控件。代码如下所示：

```
//例 10-11：紧急疏散窗体的控件代码
private System.Windows.Forms.TextBox txtEvacuationText; //紧急疏散内容文本框
private System.Windows.Forms.Button btnPlay; //“播报”按钮
```

10.4 系统程序设计

10.4.1 登录界面编码

登录界面的编码主要是在 FromLogin.cs 文件中。

系统登录主要用于对登录系统的用户进行安全性检查，防止非法用户登录系统。判断用户名和密码与数据库中的用户名和密码是否相同，如果相同，则允许登录，否则不允许登录。本影院语音播报系统以 FormMain 为主窗体，因此，登录界面的呈现需要在主窗体中进行，代码如下所示：

```
//例 10-12：登录界面部分的代码
//program.cs 文件
static void Main()
{
    Application.Run(new FormMain()); //在程序入口函数中呈现主窗体
}
```

```
//FormMain.cs 文件
/// <summary>
/// 当前用户属性，用于登录时设置状态栏中的当前用户名称
/// </summary>
public string UserName
{
    set
    {
        this.CurrentUser.Text = value; //给状态栏中的当前用户标签控件赋值
    }
}

/// <summary>
/// 主窗体加载事件
/// </summary>
private void FormMain_Load(object sender, EventArgs e)
{
    ShowLoginForm(); //主窗体加载时调用显示登录窗体的自定义方法
}

/// <summary>
/// 显示登录窗口，并隐藏主窗口
/// </summary>
private void ShowLoginForm()
{
    FormLogin fl = new FormLogin();
    fl.ShowDialog(); //以对话框形式呈现登录窗体
    if (fl.DialogResult == DialogResult.OK)
    {
        this.Visible = true; //如果该对话框的返回值为 OK，则显示主窗体
    }
    else
        Application.Exit(); //否则退出本软件系统
}

//FormLogin.cs 文件
/// <summary>
/// “登录”按钮的点击事件
/// </summary>
private void btnLogin_Click(object sender, EventArgs e)
{
    if (txtUserName.Text.Trim()=="" || txtPassword.Text.Trim()=="")
    {
        MessageBox.Show("请输入用户名和密码！", "提示");
    }
```

```
    else
    {
        string sql =
         "SELECT COUNT(*) FROM Users WHERE [UserName]=? AND [Password]=?";
        OleDbConnection conn =
          new OleDbConnection(Database.dbConnection.connection);
        OleDbCommand cmd = new OleDbCommand(sql,conn);
        cmd.Parameters.AddWithValue("UserName", txtUserName.Text.Trim());
        cmd.Parameters.AddWithValue("Password", txtPassword.Text.Trim());
        string result = "0";
        try
        {
            conn.Open();
            result = cmd.ExecuteScalar().ToString();
            conn.Close();
        }
        catch (Exception ex)
        {
            MessageBox.Show(ex.Message);
        }
        if (result != "0")
        {
            FormMain.pCurrentWin.UserName =
              txtUserName.Text.Trim(); //设置当前用户
            this.DialogResult = DialogResult.OK; //设定对话框的返回值
            this.Close();
        }
        else
        {
            MessageBox.Show("用户名或密码错误！", "警告");
        }
    }
}
```

10.4.2 主界面编码

主界面的编码主要是在 FromMain.cs 文件中。

主界面中，菜单栏的部分的功能代码如下所示：

```
//例 10-13：部分菜单功能代码
private void 用户管理 ToolStripMenuItem_Click(object sender, EventArgs e)
{
    FormUser fu = new FormUser();
    fu.ShowDialog();
}
```

```
private void 修改密码 ToolStripMenuItem_Click(object sender, EventArgs e)
{
    FormEditPwd fep = new FormEditPwd();
    fep.ShowDialog();
}

private void 重新登录 ToolStripMenuItem_Click(object sender, EventArgs e)
{
    stop();
    ShowLoginForm();
}

private void 退出系统 ToolStripMenuItem_Click(object sender, EventArgs e)
{
    stop();
    Application.Exit();
}

private void 导入场次 IToolStripMenuItem_Click(object sender, EventArgs e)
{
    if (MessageBox.Show("导入场次将清空当前所有场次信息！", "友情提醒",
      MessageBoxButtons.OKCancel, MessageBoxIcon.Warning)
      == DialogResult.OK)
    {
        OpenFileDialog ofd = new OpenFileDialog();
        ofd.Title = "导入场次";
        ofd.Filter = ("EXCEL 工作簿文档(*.xls)|*.xls");
        ofd.ValidateNames = true;
        ofd.CheckFileExists = true;
        ofd.CheckPathExists = true;
        try
        {
            if (ofd.ShowDialog() == DialogResult.OK)
            {
                string fileNamePath = ofd.FileName;
                dt = Method.DataTableGetExcelTableName(fileNamePath);
                if (dt == null)
                    MessageBox.Show("数据导入失败！");
                else
                    binddata();
            }
        }
        catch (Exception ex)
        {
            MessageBox.Show(ex.Message.ToString());
        }
```

```
    }
}

private void 添加场次 IToolStripMenuItem_Click(object sender, EventArgs e)
{
    FormAddList fal = new FormAddList();
    fal.ShowDialog();
}

private void 播报设置 TToolStripMenuItem_Click(object sender, EventArgs e)
{
    FormPlaySetting fps = new FormPlaySetting();
    fps.ShowDialog();
}

private void 寻人启事 ToolStripMenuItem_Click(object sender, EventArgs e)
{
    FormPersonLost fpl = new FormPersonLost();
    fpl.ShowDialog();
}

private void 失物招领 ToolStripMenuItem_Click(object sender, EventArgs e)
{
    FormFound ff = new FormFound();
    ff.ShowDialog();
}

private void 紧急疏散 ToolStripMenuItem_Click(object sender, EventArgs e)
{
    FormEvacuation fe = new FormEvacuation();
    fe.ShowDialog();
}
```

主界面中的工具栏的代码如下所示：

```
//例 10-14：工具栏功能的代码
private void btnImport_Click(object sender, EventArgs e)
{
    导入场次 IToolStripMenuItem_Click(sender, e); //调用相应的菜单功能
}

private void btnSetting_Click(object sender, EventArgs e)
{
    播报设置 TToolStripMenuItem_Click(sender, e); //调用相应的菜单功能
}

private void btnLost_Click(object sender, EventArgs e)
```

```
{
    寻人启事ToolStripMenuItem_Click(sender, e); //调用相应的菜单功能
}

private void btnEvacuate_Click(object sender, EventArgs e)
{
    紧急疏散ToolStripMenuItem_Click(sender, e); //调用相应的菜单功能
}
```

主界面中的全局变量和属性代码如下所示：

```
//例 10-15：全局变量与属性代码
#region 全局变量
public static FormMain pCurrentWin = null; //主窗体
Int32 minute = 0;                           //提前时间
bool play = false;                          //是否正在播报的标志
Movie m = null;                             //电影排期对象
System.Threading.Thread broadthread = null; //播报线程
string boradtext = "";                      //播报文本
public System.Data.DataTable dt = null;     //电影排期场次数据表
#endregion

#region 自定义属性
/// <summary>
/// 播报历史
/// </summary>
public string History
{
    set
    {
        this.Invoke(new MethodInvoker(() =>
        {
            lbHistory.Items.Add(DateTime.Now.ToString() + ": " + value);
            lbHistory.SelectedIndex = lbHistory.Items.Count - 1;
        })); //跨线程操作控件需以委托方式向播报历史列表中添加内容
    }
}

/// <summary>
/// 当前用户
/// </summary>
public string UserName
{
    set
    {
        this.CurrentUser.Text = value; //给状态栏中的当前用户标签控件赋值
    }
```

```
}
#endregion
```

主界面中的自定义方法如下所示：

```
//例 10-16：自定义方法的代码
#region 自定义方法

/// <summary>
/// 显示登录窗口，并隐藏主窗口
/// </summary>
private void ShowLoginForm()
{
   FormLogin fl = new FormLogin();
   fl.ShowDialog();
   if (fl.DialogResult == DialogResult.OK)
   {
      this.Visible = true;
   }
   else
      Application.Exit();
}

/// <summary>
/// 从配置文件中获取配置信息
/// </summary>
private void getSetting()
{
   minute = Convert.ToInt32(System.Configuration
     .ConfigurationManager.AppSettings["Minutes"].ToString());
   boradtext = System.Configuration.ConfigurationManager
     .AppSettings["PlayText"].ToString();
}

/// <summary>
/// 绑定数据
/// </summary>
public void binddata()
{
   minute = Convert.ToInt32(System.Configuration
     .ConfigurationManager.AppSettings["Minutes"].ToString());
   string datetime = DateTime.Now.AddMinutes(minute).ToString("HH:mm");
   DataRow[] drArr = dt.Select("放映时间<'" + datetime
     + "'", "放映时间 ASC");
   for (int i=0; i<drArr.Length; i++)
   {
      dt.Rows.Remove(drArr[i]);
```

```
    }
    DataView dv = dt.DefaultView;
    dv.Sort = "放映时间";
    dt = dv.ToTable();
    dgvList.DataSource = dt;
    for (int i=0; i<this.dgvList.Columns.Count; i++)
    {
        this.dgvList.Columns[i].SortMode =
          DataGridViewColumnSortMode.NotSortable;
    }
    if (dt.Rows.Count > 0)
    {
        m = new Movie();
        m.time = dt.Rows[0]["放映时间"].ToString();
        m.room = dt.Rows[0]["影厅"].ToString();
        m.moviename = dt.Rows[0]["影片"].ToString();
    }
    else
        stop();
}

/// <summary>
/// 播报线程子方法
/// </summary>
void doplay()
{
    try
    {
        while (play)
        {
            string tqtime =
              DateTime.Now.ToString("yyyy-MM-dd") + " " + m.time;
            this.Invoke(new MethodInvoker(() =>
            {
                lbTime.Text = DateTime.Now.ToString("HH:mm:ss");
            }));
            tqtime = Convert.ToDateTime(tqtime)
              .AddMinutes(-minute).ToString("HH:mm");
            if (DateTime.Compare(
              DateTime.Now, Convert.ToDateTime(tqtime))>=0)
            {
                string casttext = boradtext.Replace("[#放映时间#]", m.time)
                  .Replace("[#影片#]", m.moviename).Replace("[#影厅#]",
                  m.room);
                VoicePlay.Play(casttext);
                if (dt.Rows.Count > 0)
```

```
                {
                    dt.Rows.Remove(dt.Rows[0]);
                    this.Invoke(new MethodInvoker(() =>
                    {
                        binddata();
                    }));
                }
                else
                {
                    stop();
                }
            }
            Thread.Sleep(1000);
        }
    }
    catch (Exception ex)
    {
        this.History = ex.Message;
    }
}

/// <summary>
/// 开始播报
/// </summary>
void start()
{
    broadthread = new Thread(new ThreadStart(doplay));
    broadthread.IsBackground = true;
    if (!play)
    {
        play = true;
        broadthread.Start();
    }
}

/// <summary>
/// 停止播报
/// </summary>
void stop()
{
    if (!play)
        return;
    if (broadthread.IsAlive)
    {
        try
        {
```

```
            broadthread.Abort();
            broadthread.Join(3000);
        }
        catch(Exception ex)
        {
            this.History = ex.Message;
        }
        play = false;
        btnPlay.Enabled = true;
        btnStop.Enabled = false;
        lbTime.Text = "";
        CurrentState.Text = "停止";
    }
}

#endregion
```

主界面部分编码调用了 Program.cs 文件中的自定义类、语音调用方法和 Excel 文件导入方法，具体编码如下所示：

```
//例 10-17：自定义类、语音调用方法和 Excel 文件导入方法的代码
/// <summary>
/// 电影场次类
/// </summary>
public class Movie
{
    public string time { set; get; }//放映时间
    public string moviename { set; get; }//影片名称
    public string room { set; get; }//放映影厅
}

/// <summary>
/// 语音调用方法
/// </summary>
static class VoicePlay
{
    static public void Play(string text)
    {
        //设置语音播放方式
        SpeechVoiceSpeakFlags ss = SpeechVoiceSpeakFlags.SVSFlagsAsync;
        //SVSFDefault            同步播放
        //SVSFlagsAsync          异步播放
        //SVSFPurgeBeforeSpeak 中断当前播放
        SpVoice sp = new SpVoice();
        //获取系统中的第一个语音发音
        sp.Voice = sp.GetVoices(string.Empty, string.Empty).Item(0);
        //朗读传入的文本内容
```

```
        sp.Speak(text, ss);
        //将朗读的内容存入播报历史列表
        FormMain.pCurrentWin.History = text;
    }
}

/// <summary>
/// Excel 文件导入方法
/// </summary>
public class Method
{
    /// <summary>
    /// 从 Excel 获取数据到 DataTable
    /// </summary>
    /// <param name="p_excelFile"></param>
    /// <returns></returns>
    public static System.Data.DataTable DataTableGetExcelTableName(string
p_excelFile)
    {
        try
        {
            if (System.IO.File.Exists(p_excelFile))
            {
                DataSet ds = new DataSet();
                OleDbConnection Conn = new
OleDbConnection("Provider=Microsoft.Jet.Oledb.4.0;Data Source=" +
p_excelFile + "; Extended Properties='Excel 8.0;HDR=Yes;IMEX=1;'");
                Conn.Open();
                string strExcel = "";
                OleDbDataAdapter mycommand = null;
                strExcel = string.Format("select * from [{0}$]", "场次");
                mycommand = new OleDbDataAdapter(strExcel, Conn);
                mycommand.Fill(ds, "场次");
                System.Data.DataTable dt = new System.Data.DataTable();
                dt = ds.Tables[0];
                Conn.Close();
                return dt;
            }
            else
                return null;
        }
        catch (Exception ex)
        {
            MessageBox.Show(ex.Message);
            return null;
        }
```

```
    }
}
```

10.4.3　用户管理编码

用户管理的编码主要是在 FromUser.cs 文件中。

1. 显示用户列表的编码

用户管理窗体呈现时，需要在窗体中显示系统中的用户列表。代码如下所示：

```
//例 10-18：绑定用户列表的代码
private void FormUser_Load(object sender, EventArgs e)
{
    bindUsers(); //用户管理窗体加载时调用绑定用户方法
}

//绑定用户自定义方法
private void bindUsers()
{
    OleDbConnection conn =
      new OleDbConnection(Database.dbConnection.connection);
    DataSet ds = new DataSet();
    OleDbDataAdapter oda = new OleDbDataAdapter("select UserName as 用户名,
CreateDate as 创建日期 from Users where IsDelete =0 ", conn);
    try
    {
        conn.Open();
        oda.Fill(ds);
        conn.Close();
    }
    catch (Exception ex)
    {
        MessageBox.Show(ex.Message);
    }
    dgvUsers.DataSource = ds.Tables[0].DefaultView;
}
```

2. 添加用户的编码

单击“添加用户”按钮时，需要判断信息是否填写完整。该部分代码如下所示：

```
//例 10-19：“添加用户”按钮的代码
private void btnAddUser_Click(object sender, EventArgs e)
{
    if (txtUserName.Text!="" && txtPassword.Text!="")
    {
        OleDbConnection conn =
```

```
        new OleDbConnection(Database.dbConnection.connection);
      OleDbCommand cmd = new OleDbCommand("INSERT INTO [Users]
([UserName], [Password]) VALUES (?,?)", conn);
      cmd.Parameters.AddWithValue("UserName", txtUserName.Text);
      cmd.Parameters.AddWithValue("Password", txtPassword.Text);
      try
      {
          conn.Open();
          int result = cmd.ExecuteNonQuery();
          conn.Close();
          if (result > 0)
          {
              MessageBox.Show("添加成功！", "提示");
              bindUsers();
          }
          else
              MessageBox.Show("添加失败！", "提示");
      }
      catch (Exception ex)
      {
          MessageBox.Show(ex.Message);
      }
    }
}
```

3. 删除用户的编码

单击“删除用户”按钮时，需要判断是否选中待删除用户行。该部分代码如下所示：

```
//例 10-20: “删除用户”按钮的代码
private void btnDeleteUser_Click(object sender, EventArgs e)
{
    if (dgvUsers.SelectedRows.Count > 0)
    {
        string uname = dgvUsers.CurrentRow.Cells["用户名"].Value.ToString();
        if (uname != "admin")
        {
            OleDbConnection conn =
              new OleDbConnection(Database.dbConnection.connection);
            OleDbCommand cmd = new OleDbCommand(
              "UPDATE Users SET IsDelete=1 WHERE [UserName]=?", conn);
            cmd.Parameters.AddWithValue("UserName", uname);
            try
            {
                conn.Open();
                int result = cmd.ExecuteNonQuery();
                conn.Close();
```

```
                if (result > 0)
                {
                    MessageBox.Show("删除成功！", "提示");
                    bindUsers();
                }
                else
                    MessageBox.Show("删除失败！", "提示");
            }
            catch (Exception ex)
            {
                MessageBox.Show(ex.Message);
            }
        }
        else
            MessageBox.Show("admin用户不能删除！", "提示");
    }
    else
        MessageBox.Show("请先选中要删除的行！", "提示");
}
```

10.4.4　修改密码编码

修改密码的编码主要是在 FromEditPwd.cs 文件中。

在修改密码界面中，单击“确定”按钮后，把用户信息保存到数据库中，代码如下：

```
//例 10-21：“确定”按钮的代码
private void btnSave_Click(object sender, EventArgs e)
{
    if (txtUserName.Text.Trim() == "" || txtPwd.Text.Trim() == ""
      || txtNewPwd.Text.Trim() == "" || txtNewPwd2.Text.Trim() == "")
    {
        MessageBox.Show("输入信息不完整！", "提示");
    }
    else
    {
        if (txtNewPwd.Text != txtNewPwd2.Text)
        {
            MessageBox.Show("两次新密码不一致！", "提示");
        }
        else
        {
            OleDbConnection conn =
              new OleDbConnection(Database.dbConnection.connection);
            OleDbCommand cmd = new OleDbCommand(
              "UPDATE Users SET [Password]='" + txtNewPwd.Text.Trim()
              + "' WHERE [UserName]='" + txtUserName.Text.Trim()
```

```
          + "' AND [Password]='" + txtPwd.Text.Trim() + "'", conn);
        try
        {
            conn.Open();
            int result = cmd.ExecuteNonQuery();
            conn.Close();
            if (result > 0)
            {
                MessageBox.Show("修改成功！", "提示");
                this.Close();
            }
            else
                MessageBox.Show(
                  "修改失败，可能用户不存在或原密码输入错误！", "提示");
        }
        catch (Exception ex)
        {
            MessageBox.Show(ex.Message);
        }
    }
  }
}
```

修改完成后，关闭修改密码窗体。

10.4.5 场次管理编码

场次管理的编码主要是在 FromMain.cs 和 FormAddList.cs 文件中。

1. 导入场次的编码

导入场次的编码在 FormMain.cs 文件中。

在主界面菜单中选择“场次管理”→“导入场次”菜单命令后，可将电影排期场次信息从外部 Excel 文件导入系统中的 DataGridView 控件中。代码如下所示：

```
//例 10-22：“确定”按钮的代码
private void 导入场次 ToolStripMenuItem_Click(object sender, EventArgs e)
{
    if (MessageBox.Show("导入场次将清空当前所有场次信息！", "友情提醒",
      MessageBoxButtons.OKCancel, MessageBoxIcon.Warning)
      == DialogResult.OK)
    {
        OpenFileDialog ofd = new OpenFileDialog();
        ofd.Title = "导入场次";
        ofd.Filter = ("EXCEL 工作簿文档(*.xls)|*.xls");
        ofd.ValidateNames = true;
        ofd.CheckFileExists = true;
```

```
        ofd.CheckPathExists = true;
        try
        {
            if (ofd.ShowDialog() == DialogResult.OK)
            {
                string fileNamePath = ofd.FileName;
                dt = Method.DataTableGetExcelTableName(fileNamePath);
                if (dt == null)
                    MessageBox.Show("数据导入失败！");
                else
                    binddata();
            }
        }
        catch (Exception ex)
        {
            MessageBox.Show(ex.Message.ToString());
        }
    }
}
```

2. 添加场次的编码

导入场次的编码在 FormAddList.cs 文件中。

在主界面菜单中选择“场次管理”→“添加场次”菜单命令后，在弹出的添加场次窗体中填写完整的电影场次信息后，单击“添加”按钮，即可将该场次信息存入 DataTable 中，并更新主界面中的电影场次内容。代码如下所示：

```
//例 10-23：“添加”按钮的代码
private void btnAdd_Click(object sender, EventArgs e)
{
    if (FormMain.pCurrentWin.dt == null)
    {
        FormMain.pCurrentWin.dt = new DataTable();
        FormMain.pCurrentWin.dt.Columns.Add("放映日期", typeof(string));
        FormMain.pCurrentWin.dt.Columns.Add("影厅", typeof(string));
        FormMain.pCurrentWin.dt.Columns.Add("影片", typeof(string));
        FormMain.pCurrentWin.dt.Columns.Add("放映时间", typeof(string));
    }
    DataRow newRow = FormMain.pCurrentWin.dt.NewRow();
    newRow["放映日期"] = DateTime.Now.ToString("yyyy-MM-dd");
    newRow["影厅"] = txtRoom.Text;
    newRow["影片"] = txtMovieName.Text;
    newRow["放映时间"] = dtpTime.Value.ToString("HH:mm");
    FormMain.pCurrentWin.dt.Rows.Add(newRow);
    FormMain.pCurrentWin.binddata();
}
```

10.4.6 播报设置编码

播报设置的编码主要是在 FormPlaySetting.cs 文件中。

在主界面中选择“场次管理”→“播报设置”菜单命令后，将打开播报设置窗体，该部分的功能主要是对系统的配置文件 App.Config 进行读写操作。App.Conifg 文件主要用来存放应用程序的配置信息，具体内容可参见 MSDN。该窗体加载时，会从配置文件中读取播报时间和播报文本，当用户修改后，单击“保存设置”按钮，系统会将这些信息写回配置文件。代码如下所示：

```
//例 10-24: “播报设置”窗体的代码
private void FormPlaySetting_Load(object sender, EventArgs e)
{
    getSettings(); //窗体加载时调用获取配置信息方法
}

//获取配置信息方法
public void getSettings()
{
    cbMinutes.Text = System.Configuration.ConfigurationManager
      .AppSettings["Minutes"].ToString();
    tbPlayText.Text = System.Configuration.ConfigurationManager
      .AppSettings["PlayText"].ToString();
}

//以下三个方法为在播报文本光标位置插入相应的特殊替换文本
private void btnInsertTime_Click(object sender, EventArgs e)
{
    this.tbPlayText.SelectedText = " [#放映时间#] ";
}
private void btnInsertMovie_Click(object sender, EventArgs e)
{
    this.tbPlayText.SelectedText = " [#影片#] ";
}
private void btnInsertHall_Click(object sender, EventArgs e)
{
    this.tbPlayText.SelectedText = " [#影厅#] ";
}

//保存设置按钮事件的代码
private void btnSave_Click(object sender, EventArgs e)
{
    try
    {
        System.Configuration.Configuration config =
          System.Configuration.ConfigurationManager
```

```
        .OpenExeConfiguration(System.Configuration
        .ConfigurationUserLevel.None);
      config.AppSettings.Settings["Minutes"].Value = cbMinutes.Text;
      config.AppSettings.Settings["PlayText"].Value = tbPlayText.Text;
      config.Save();
      MessageBox.Show("保存成功！");
   }
   catch (Exception ex)
   {
      MessageBox.Show(ex.Message);
   }
}
```

10.4.7 紧急播报编码

1. 寻人启事

寻人启事的编码主要是在 FormPersonLost.cs 文件中。

在“寻人启事”界面中单击“播报”按钮后，系统会根据用户所填写的播报文本进行语音播报。代码如下所示：

```
//例 10-25：“寻人启事”功能的代码
private void FormPersonLost_Load(object sender, EventArgs e)
{
   //窗体加载时先从配置文件中获取默认播报文本
   this.txtLostText.Text = System.Configuration
     .ConfigurationManager.AppSettings["Lost"].ToString();
}

//“播报”按钮的单击事件
private void btnPlay_Click(object sender, EventArgs e)
{
   VoicePlay.Play(txtLostText.Text); //调用语音播报方法播报寻人启事内容
}
```

2. 失物招领

失物招领部分的代码与寻人启事模块的功能类似，这里不再赘述。

3. 紧急疏散

紧急疏散部分的代码与寻人启事模块的功能类似，这里不再赘述。

10.4.8 编码补充说明

本影院语音播报系统使用了 Access 数据库和多线程技术，导入电影场次的功能需要访问外部 Excel 文件，语音发声使用了 Windows 7 系统的语音引擎功能，同时，对配置文件

App.Confg 也进行了读写操作，因此，本项目需要引入以下内容。

在解决方案资源管理器中展开本项目的源代码，在“引用”选项上右击，如图 10-14 所示，在快捷菜单中选择“添加引用”命令，打开“引用管理器”界面，如图 10-15 所示。

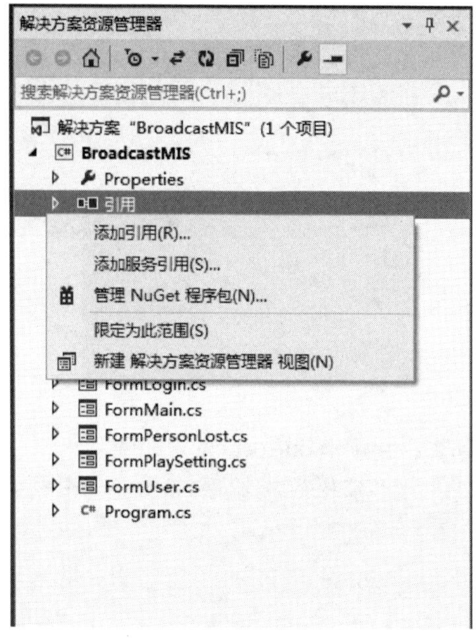

图 10-14　在解决方案资源管理器中右击“引用”选项

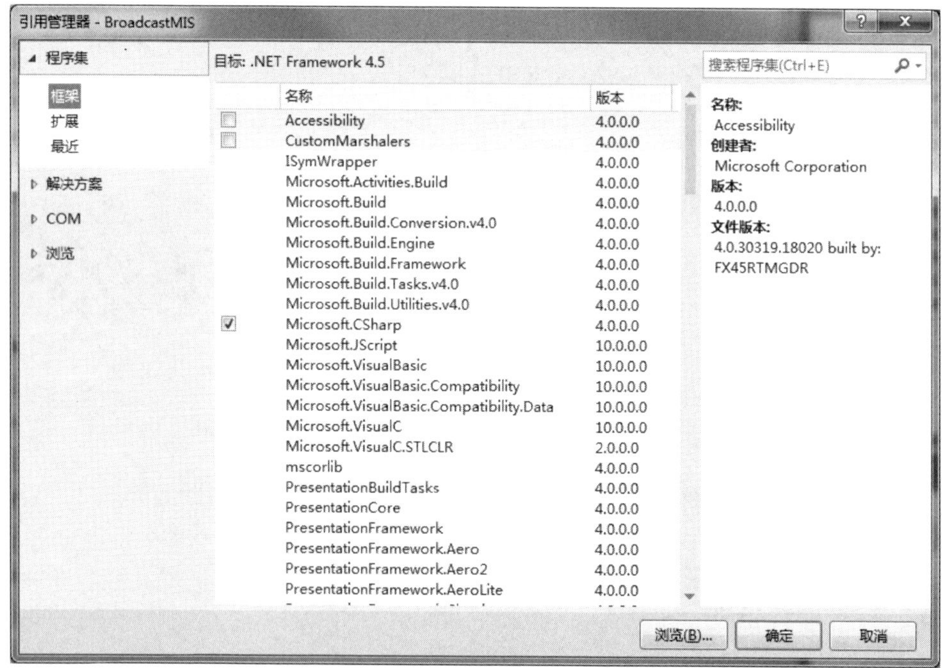

图 10-15　“引用管理器”界面

在“程序集”类别下的“框架”分类中，需要勾选 System.Configuration 4.0.0.0 复选框，该程序集包含了配置文件 App.Config 文件的读写操作类，如图 10-16 所示。

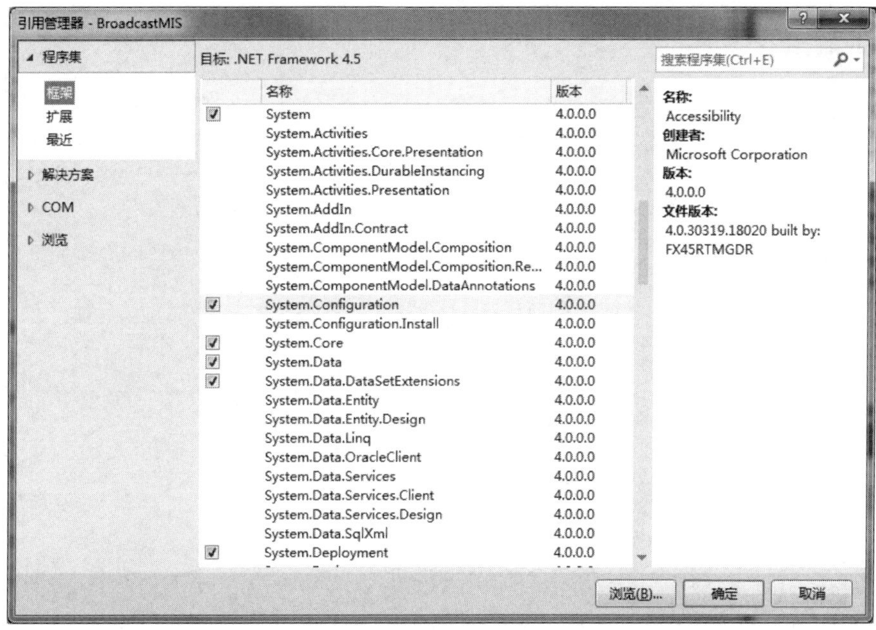

图 10-16　System.Configuration 程序集的勾选界面

在“程序集”类别下的“扩展”分类中勾选 Microsoft.Office.Interop.Excel 15.0.0.0 复选框，该程序集提供了对外部 Excel 文件的读写操作类，如图 10-17 所示。

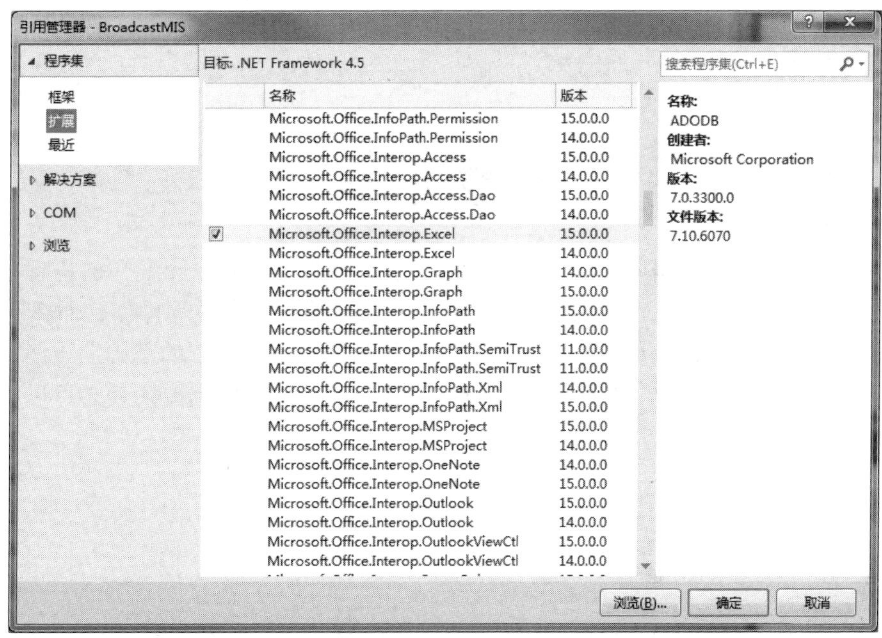

图 10-17　Microsoft.Office.Interop.Excel 程序集的勾选界面

在 COM 类别下的“类型库”分类中需要勾选 Microsoft Speech Object Library 5.4 复选框，该 COM 组件主要是提供对系统语音功能的访问，如图 10-18 所示。

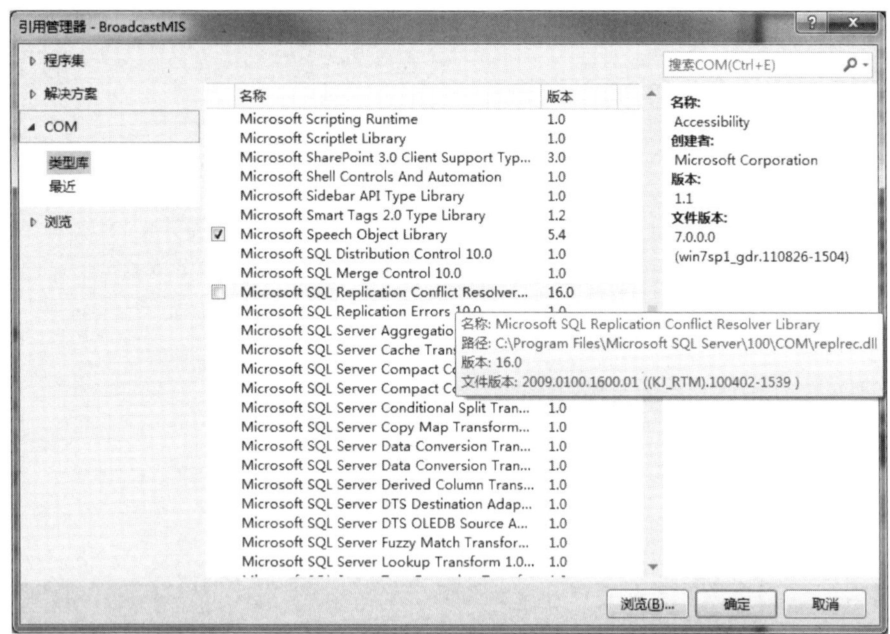

图 10-18　Microsoft Speech Objct Library 组件勾选界面

同时，大部分页面引入了相应的命名空间，代码如下所示：

```
//例 10-26：引入命名空间的代码
using System.Data;
using System.Data.OleDb;
using System.Threading;
```

本 章 小 结

本章的案例分别从数据库设计和应用程序设计的角度介绍了一个简单的语音播报解决方案。该系统虽然简单，但也包括了文件操作、多线程操作、跨线程操作、外部 Excel 文件读取和系统语音引擎的调用等众多内容。读者可以在学习该系统的基础上继续完善，从数据库设计到功能模块，进行更详尽的处理，以适应自己的实际需要，使之可以成为一款更加实用的软件产品。

第 11 章

网站监控系统

本网站监控系统具有以下特点：

- 实现网站站点可用性监控。
- 实现网站服务器 IP 连通性监控。
- 界面设计简单、操作方便。

本系统的后台数据库采用 Microsoft Access，前台采用 Visual Studio 2013 作为主要开发工具，使用 C#作为开发语言。采用 ADO 技术连接数据库，完成对数据库的一系列操作。使用标准的主流网络通信协议实现对站点的 HTTP 监控和 Ping 监控，并在状态发生改变时进行邮件预警。本系统按照面向对象的思想来设计，并进行程序开发，程序设计条理清楚，易学易懂。

11.1 系统概述

11.1.1 系统功能

网站站点是否能够正常访问，是中小企事业单位网站站点管理人员工作中不可缺少的工作内容。

网站站点作为企事业单位的宣传门户，如果出现访问中断的情况，可能会给企事业单位带来严重的后果，特别是电子商务类型的站点，访问中断哪怕只有几分钟，都能造成严重后果。

例如，著名的旅游网站携程网 2015 年 5 月底因服务器宕机中断服务 12 小时。

按照携程网一季度财报公布的数据，携程宕机的损失为平均每小时 100 万美元。

网站站点的运行存在众多的不确定因素，网络、黑客、电路、硬件、环境等各种情况都可以造成服务器宕机，使站点中止服务。

一套能自动监控服务器与站点的软件能帮助管理人员及时发现异常情况，并及时解决问题。

本系统结合当前实际的网站监控需求，采用主流的网络协议，能实现 24 小时全天候持续监控，具有智能化、稳定、高效的特点，并能通过电子邮件及时告警，只要手机端安装了邮件客户端，不论管理人员身在何方，都能及时收到邮件提醒。整个系统操作简便，界面友好、灵活、实用。

经过实际使用证明，这里所设计的网站监控系统可以满足中小企事业网站站点管理人员的网站监控需求。

11.1.2 系统预览

图 11-1 为网站监控系统的登录界面。

输入用户名和密码(默认用户名和密码分别为 admin 和 admin)后，单击“登录”按钮，进入主程序界面，如图 11-2 所示。

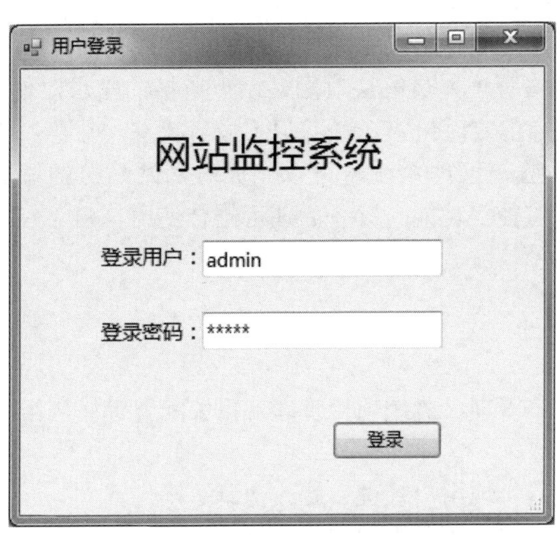

图 11-1　网站监控系统的登录界面

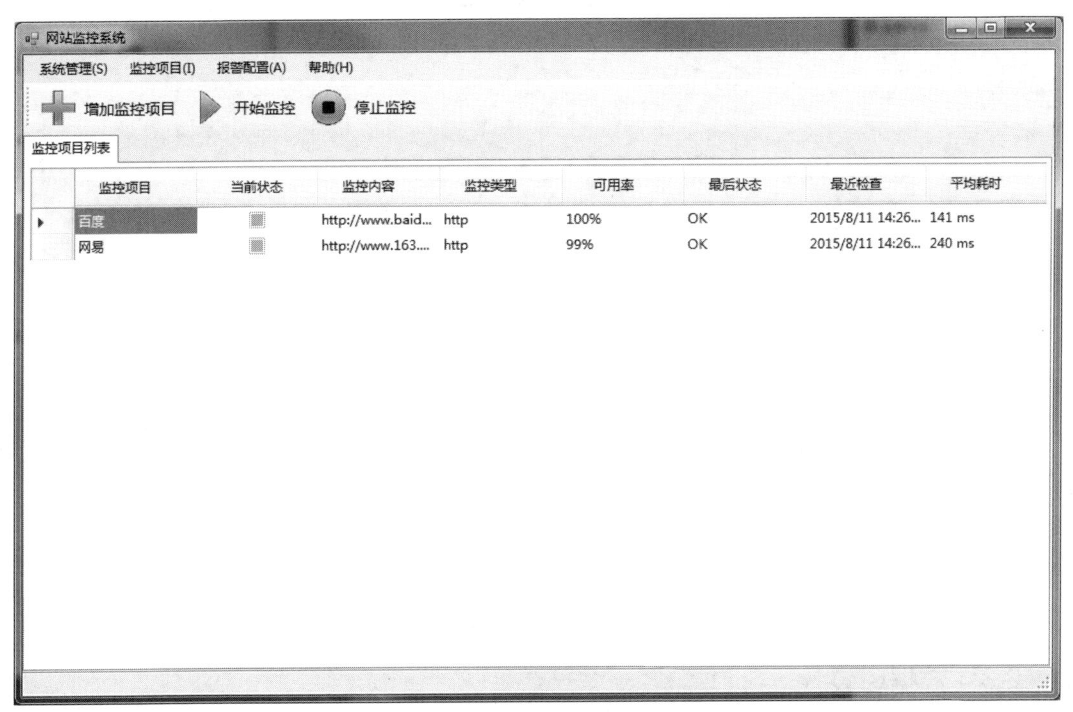

图 11-2　网站监控系统的主界面

11.2　系统概要设计

11.2.1　系统设计思想

本网站监控系统是典型的数据库应用、多线程应用加上网络编程应用，主要包括数据库的建立和维护以及网络协议的应用两个方面。前者要求建立合理的数据库结构，而后者则要求应用程序使用不同的网络协议完成与之对应的监控功能。

本系统旨在帮助网络管理人员解决对网站站点监控的需求，使用简单的网络协议和多线程编程技术实现对站点的定时检查，跟踪记录最新状态，并存入数据库中。

本书中介绍的网站监控管理系统，可以完成对网站站点的添加、删除、监控频率设置、HTTP 监控、Ping 监控等功能。读者后期可结合使用 ASP.NET 技术完成 Web 网页端的网站监控系统。

11.2.2　功能模块设计

网站监控系统由系统管理、监控项目管理、报警配置等模块组成。

具体如下。

(1) 系统管理模块：实现用户管理、修改密码等操作。

(2) 监控项目管理模块：可以添加监控项目。

(3) 报警配置模块：设置监控频率，是否启用邮箱报警，报警邮箱配置等。

网站监控系统的功能结构如图 11-3 所示。

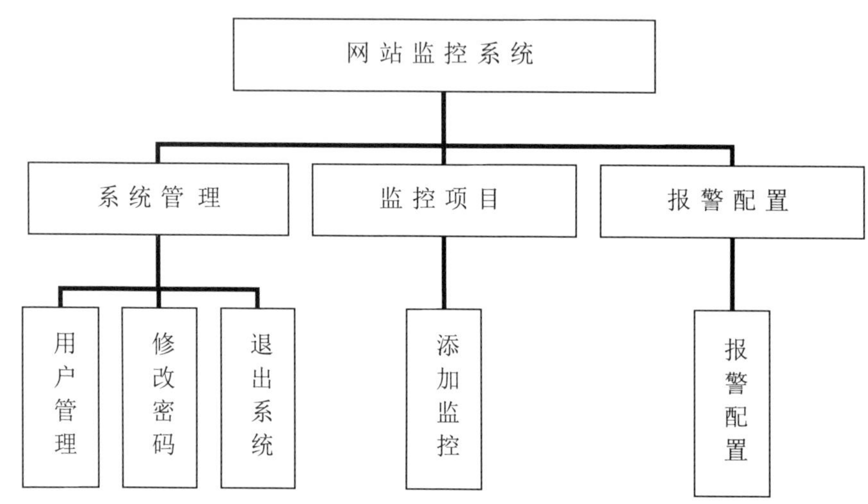

图 11-3　系统的功能结构

11.2.3　数据库设计

系统数据库采用 Access 数据库，考虑实际应用情况，读者后期可以使用 SQL Server 等专业数据库。

本系统的数据库名称为 WebsiteMonitor。

数据库中包括：

- 管理人员信息表(Users)。
- 监控项目信息表(WebSite)。
- 监控记录信息表(Status)。

下面列出各个表的数据结构。

管理人员信息表的数据结构如表 11-1 所示。

表 11-1　管理人员信息表(Users)的数据结构

字 段 名	类　型	描　述
UserName	文本	用户名(主键)
Password	文本	密码
CreateDate	日期/时间	创建时间
IsDelete	是/否	是否删除

监控项目信息表的数据结构如表 11-2 所示。

表 11-2　监控项目信息表(WebSite)的数据结构

字 段 名	类　型	描　述
ID	自动编号	站点编号(主键)
SiteName	文本	站点名称
SiteUrl	文本	站点地址
SiteState	文本	站点状态
SiteType	文本	站点类型
AvailableRate	文本	可用率
StateCode	文本	最后状态码
CheckDate	日期/时间	最后检测时间
UsedTime	文本	耗时
IsDelete	是/否	是否删除

监控记录信息表的数据结构如表 11-3 所示。

表 11-3　监控记录信息表(Status)的数据结构

字 段 名	类　型	描　述
ID	自动编号	记录编号(主键)
SiteID	数字	站点编号
StatusCode	文本	状态码
TimeSpan	数字	检测耗时
TestDate	日期/时间	检测时间

数据库中，各表之间的关系如图 11-4 所示。

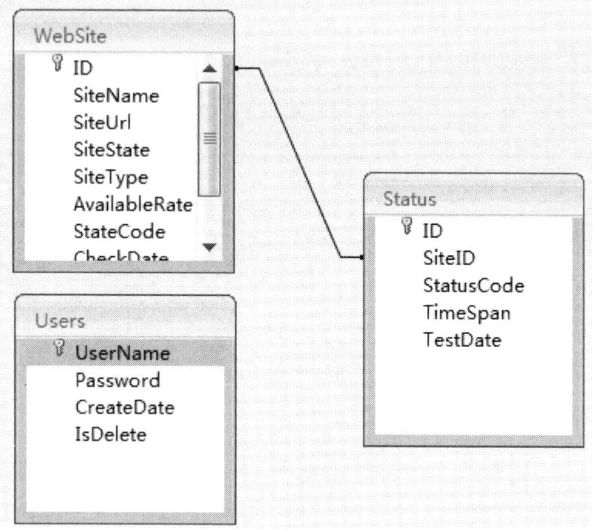

图 11-4　各表之间的关系

11.3　系统详细设计

11.3.1　数据库连接

本系统采用 Access 文件数据库，降低程序对硬件操作系统版本的要求。并且 Access 数据库操作方便，配置简单，只需要把数据库文件放置到合适的目录下即可。

本系统中，数据库文件放置的路径是 CH11\WebsiteMonitor\WebsiteMonitor\bin\Debug\WebsiteMonitor.mdb。

在程序中，专门设计了连接字符串模块 Database\dbConnection.cs，代码如下所示：

```
//例 11-1：数据库连接代码
using System;
using System.Collections.Generic;
using System.Linq;
using System.Text;
using System.Threading.Tasks;

namespace WebsiteMonitor.Database
{
    public class dbConnection
    {
        public dbConnection()
        {
            // TODO: 在此处添加构造函数逻辑
        }
        public static string connection
```

```
        {
            get
            {
                return "Data Source= WebsiteMonitor.mdb;Jet OLEDB:Engine
Type=5;Provider=Microsoft.Jet.OLEDB.4.0;";
            }
        }
    }
}
```

在程序中设置变量调用这个连接，代码如下所示：

```
//例 11-2：数据库调用代码
//获得数据库连接
OleDbConnection  conn =
  new OleDbConnection(WebsiteMonitor.Database.dbConnection.connection);
```

11.3.2　系统登录设计

启动系统后，主窗体会暂时隐藏，并打开用户登录窗体，在该窗体中输入正确的用户名和密码后，方可登录系统。系统默认用户名为 admin，密码为 admin，如图 11-5 所示。

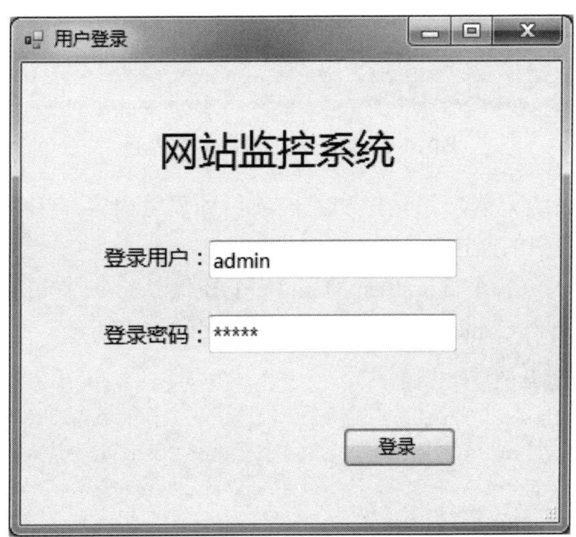

图 11-5　网站监控系统的用户登录界面

在该窗体中使用了两个 TextBox 控件、一个 Button 控件。

代码如下所示：

```
//例 11-3：用户登录窗体的控件代码
private System.Windows.Forms.TextBox txtUserName; //用户名文本框
private System.Windows.Forms.TextBox txtPassword; //密码文本框
private System.Windows.Forms.Button btnLogin;      //“登录”按钮
```

11.3.3 系统主界面设计

登录界面登录成功后，显示主界面，主界面如图 11-6 所示。

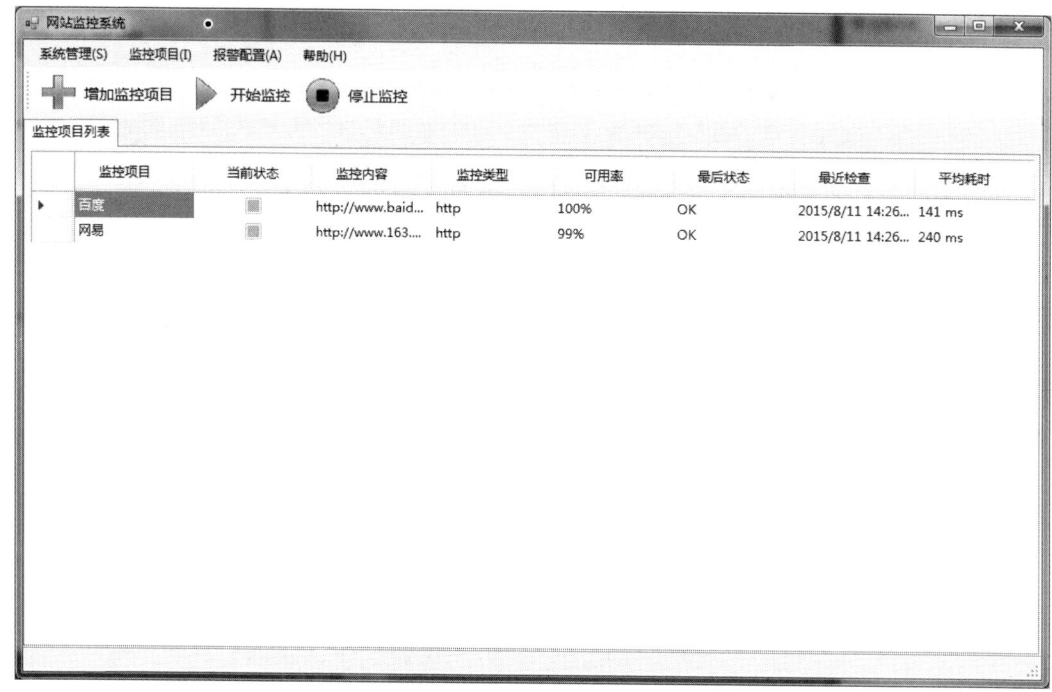

图 11-6 网站监控系统的主界面

在主界面中呈现系统菜单、工具栏和监控项目列表等内容，单击工具栏中的“开始监控”按钮，即可对列表中的监控项目进行监控。

在该窗体中，使用了 7 个 ToolStripMenuItem 控件、3 个 ToolStripButton 控件、一个 DataGridView 控件、一个 ContextMenuStrip 控件。代码如下所示：

```
//例 11-4：主界面窗体的控件代码
private System.Windows.Forms.ToolStripMenuItem 系统管理 ToolStripMenuItem;
private System.Windows.Forms.ToolStripMenuItem 用户管理 ToolStripMenuItem;
private System.Windows.Forms.ToolStripMenuItem 修改密码 toolStripMenuItem;
private System.Windows.Forms.ToolStripMenuItem 退出系统 ToolStripMenuItem;
private System.Windows.Forms.ToolStripMenuItem 监控项目 ToolStripMenuItem;
private System.Windows.Forms.ToolStripMenuItem 添加项目 ToolStripMenuItem;
private System.Windows.Forms.ToolStripMenuItem 邮箱配置 ToolStripMenuItem;
private System.Windows.Forms.ToolStripButton tsbAddItem;
 //工具栏增加项目按钮
private System.Windows.Forms.ToolStripButton tsbStart; //工具栏开始监控按钮
private System.Windows.Forms.ToolStripButton tsbStop;  //工具栏停止监控按钮
private System.Windows.Forms.DataGridView dgvSite;     //监控项目列表数据表
private System.Windows.Forms.ContextMenuStrip cmsDelete; //右键菜单
```

11.3.4　系统管理设计

1. 用户管理界面

在主界面中选择“系统管理”→“用户管理”菜单命令，即可进入“用户管理”界面，如图 11-7 所示。用户可以在这里添加和删除用户。输入需要添加的用户信息，单击“添加用户”按钮，就可以添加用户了；选择一行用户数据后，单击“删除用户”按钮，可在删除确认后删除选中行所在的用户。

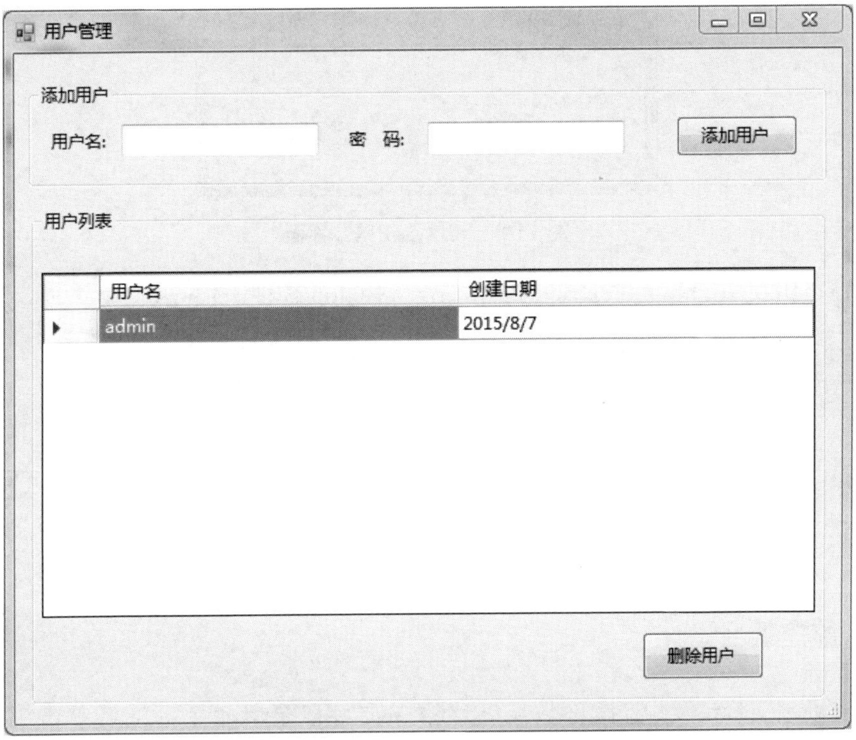

图 11-7　“用户管理”界面

在该窗体中使用了两个 TextBox 控件、一个 Button 控件。代码如下所示：

```
//例 11-5：用户管理窗体的控件代码
private System.Windows.Forms.TextBox txtUserName;   //“用户名”文本框
private System.Windows.Forms.TextBox txtPassword;   //“密码”文本框
private System.Windows.Forms.DataGridView dgvUsers; //“用户列表”数据表格
private System.Windows.Forms.Button btnAddUser;     //“添加用户”按钮
private System.Windows.Forms.Button btnDeleteUser;  //“删除用户”按钮
```

2. 修改密码界面

选择“系统管理”→“修改密码”菜单命令，即可进入“修改密码”界面，如图 11-8 所示。用户可以在这里修改用户密码。输入需要修改密码的用户信息和新密码信息，单击

“确定”按钮，如果所填信息无误，则显示修改成功，否则修改失败。

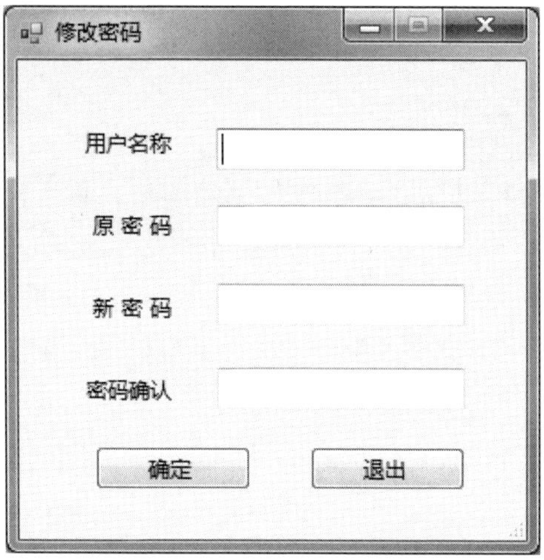

图 11-8　“修改密码”界面

在该窗体中使用了 4 个 TextBox 控件、两个 Button 控件。代码如下所示：

```
//例 11-6：修改密码窗体的控件代码
private System.Windows.Forms.TextBox txtUserName; //用户名文本框
private System.Windows.Forms.TextBox txtPwd;      //原密码文本框
private System.Windows.Forms.TextBox txtNewPwd;   //新密码文本框
private System.Windows.Forms.TextBox txtNewPwd2;  //新密码确认文本框
private System.Windows.Forms.Button btnSave;      //“确定”按钮
private System.Windows.Forms.Button btnClose;     //“退出”按钮
```

11.3.5　监控项目设计

在主界面中，选择“监控项目”→“添加项目”菜单命令，或者单击工具栏中的  增加监控项目 按钮，即可呈现添加监控项目界面，添加项目的界面属于主界面中的一部分，默认初始情况下不呈现，即高度为 0，执行添加项目命令后更改高度才可见。

在该区域填写完整的监控项目信息后，单击“添加项目”按钮，则将该监控项目信息写入数据库，同时，在监控项目列表中显示，并且隐藏添加项目区域，将高度重置为 0。具体界面如图 11-9 所示。

在添加项目区域中使用了两个 TextBox 控件、一个 ComboBox 控件、一个 Button 控件。代码如下所示：

```
//例 11-7：添加监控项目部分控件的代码
private System.Windows.Forms.TextBox txtWebName; //监控项目名称
private System.Windows.Forms.TextBox txtWebSite; //监控项目地址/IP
private System.Windows.Forms.ComboBox cbType;    //监控类型
private System.Windows.Forms.Button btnAddItem;  //“添加项目”按钮
```

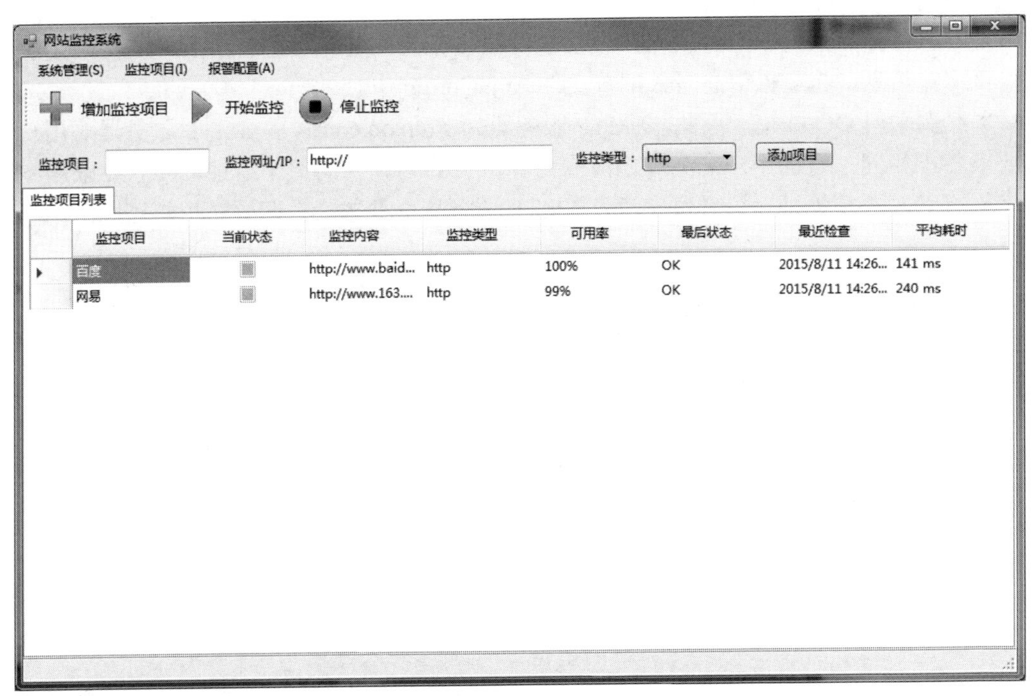

图 11-9　执行“添加项目”命令后的主界面

11.3.6　报警配置设计

在主界面中选择“报警配置”菜单命令，进入“报警配置”界面，如图 11-10 所示。

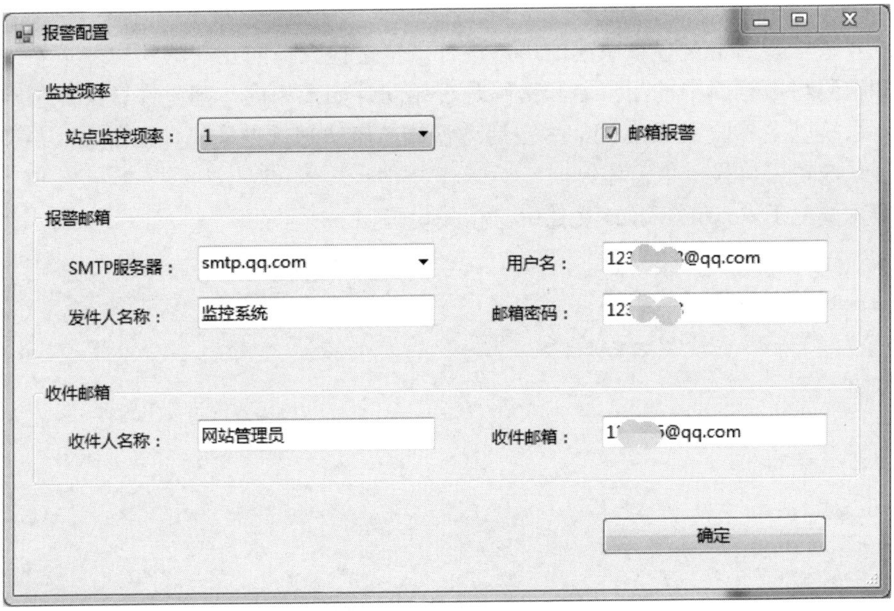

图 11-10　“报警配置”界面

用户可以在这里设置监控频率和是否启用邮箱报警。若启用邮箱报警，则需要填写报警邮箱的服务器和用户信息，同时，需要填写接收报警的邮箱信息，然后单击“确定”按钮保存配置信息，将配置信息写入配置文件 App.Config 中。

本案例采用 QQ 邮箱，因此，SMTP 服务器为 smtp.qq.com，各 SMTP 服务器对用户名的要求各不相同，有的用户名为@之前的内容，有的为完整的邮箱地址，QQ 要求用户名为完整的 QQ 邮箱地址。读者可参考各 SMTP 服务器的要求，在配置时填写正确的用户名信息。

在该窗体中设计了两个 ComboBox 控件、一个 CheckBox 控件、5 个 TextBox 控件、一个 Button 控件。代码如下所示：

```
//例 11-8：报警配置窗体的控件代码
private System.Windows.Forms.ComboBox cbMinutes;    //监控频率
private System.Windows.Forms.ComboBox cbSmtp;       //SMTP 服务器
private System.Windows.Forms.CheckBox cbAlert;      //邮箱报警复选框
private System.Windows.Forms.TextBox txtUserName;   //报警邮箱用户名
private System.Windows.Forms.TextBox txtPwd;        //报警邮箱密码
private System.Windows.Forms.TextBox txtNickName;   //报警邮箱发件人名称
private System.Windows.Forms.TextBox txtReciveEmail; //收件邮箱
private System.Windows.Forms.TextBox txtRecive;      //收件人名称
private System.Windows.Forms.Button btnSave;         //“确定”按钮
```

11.4 系统程序设计

11.4.1 登录界面编码

系统登录主要用于对登录系统的用户进行安全性检查，防止非法用户登录系统。判断用户名和密码与数据库中的用户名和密码是否相同，如果相同，则允许登录，否则不允许登录。本系统以主界面 FormMain 为主启动窗体，启动时首先呈现登录窗体，并且隐藏主窗体；登录成功后再显示主窗体。

代码主要位于 FormLogin.cs 文件中。相关代码如下所示：

```
//例 11-9：登录界面部分代码
//program.cs 文件：
static void Main()
{
   Application.Run(new FormMain()); //在程序入口函数中呈现主窗体
}

//FormMain.cs 文件：
/// <summary>
/// 主窗体加载事件
/// </summary>
private void FormMain_Load(object sender, EventArgs e)
{
   if (System.Configuration.ConfigurationManager
```

```
    .AppSettings["Alert"].ToString() == "1")
      IsAlert = true;
   this.Visible = false; //隐藏主窗体
   ShowLoginForm();      //呈现登录窗体
}

/// <summary>
/// 显示登录窗口，并初始化主窗口
/// </summary>
private void ShowLoginForm()
{
   FormLogin fl = new FormLogin();
   fl.ShowDialog();
   if (fl.DialogResult == DialogResult.OK)
   {
      this.Visible = true;   //显示主窗体
      panelAdd.Height = 0;   //隐藏添加项目区域
      cbType.DropDownStyle = ComboBoxStyle.DropDownList;
      cbType.SelectedIndex = 0;
      bindsite();     //绑定监控项目列表信息
      getSettings();  //从配置文件中读取配置信息
   }
   else
      Application.Exit();
}

//FormLogin.cs 文件：
private void btnLogin_Click(object sender, EventArgs e)
{
   if (txtUserName.Text.Trim() == "" || txtPassword.Text.Trim() == "")
   {
      MessageBox.Show("请输入用户名和密码！", "提示");
   }
   else
   {
      string sql =
       "SELECT COUNT(*) FROM Users WHERE [UserName]=? AND [Password]=?";
      OleDbConnection conn =
        new OleDbConnection(Database.dbConnection.connection);
      OleDbCommand cmd = new OleDbCommand(sql, conn);
      cmd.Parameters.AddWithValue("UserName", txtUserName.Text.Trim());
      cmd.Parameters.AddWithValue("Password", txtPassword.Text.Trim());
      string result = "0";
      try
      {
         conn.Open();
```

```
            result = cmd.ExecuteScalar().ToString();
            conn.Close();
        }
        catch (Exception ex)
        {
            MessageBox.Show(ex.Message);
        }
        if (result != "0")
        {
            this.DialogResult = DialogResult.OK;  //设定对话框的返回值
            this.Close();
        }
        else
        {
            MessageBox.Show("用户名或密码错误！", "警告");
        }
    }
}
```

11.4.2 主界面编码

主界面的编码主要是在 FromMain.cs 文件中。

主界面的作用，就是显示本系统所有的功能菜单项，然后，当用户选择相应的菜单命令或单击工具条的按钮时，打开对应的模块窗口。

在界面加载的时候，首先调用登录界面，显示登录界面。登录成功后初始化主窗体。代码如下所示：

```
//例 11-10：主界面加载代码
// 主窗体加载事件
private void FormMain_Load(object sender, EventArgs e)
{
    if (System.Configuration
      .ConfigurationManager.AppSettings["Alert"].ToString() == "1")
        IsAlert = true;
    this.Visible = false; //隐藏主窗体
    ShowLoginForm();      //呈现登录窗体
}

//调用登录界面
private void ShowLoginForm()
{
    FormLogin fl = new FormLogin();
    fl.ShowDialog();
    if (fl.DialogResult == DialogResult.OK)
    {
```

```
        this.Visible = true;    //显示主窗体
        panelAdd.Height = 0;    //隐藏添加项目区域
        cbType.DropDownStyle = ComboBoxStyle.DropDownList;
        cbType.SelectedIndex = 0;
        bindsite();       //绑定监控项目列表信息
        getSettings();  //从配置文件中读取配置信息
    }
    else
        Application.Exit();
}
```

在主界面中定义了两个函数，用来得到主界面上的菜单栏和状态栏。代码如下所示：

```
//例 11-11：部分菜单栏的代码
private void 用户管理ToolStripMenuItem_Click(object sender, EventArgs e)
{
    FormUsers fu = new FormUsers();
    fu.ShowDialog(); //调用用户管理界面
}

private void 修改密码toolStripMenuItem_Click(object sender, EventArgs e)
{
    FormEditPwd fep = new FormEditPwd();
    fep.ShowDialog(); //调用修改密码界面
}

private void 添加项目ToolStripMenuItem_Click(object sender, EventArgs e)
{
    panelAdd.Height = 48; //展开添加项目区域
}
private void 邮箱配置ToolStripMenuItem_Click(object sender, EventArgs e)
{
    FormSetting fs = new FormSetting();
    fs.ShowDialog();  //调用邮箱配置界面
}
```

主界面中的工具栏的代码如下所示：

```
//例 11-12：工具栏功能的代码
private void tsbAddItem_Click(object sender, EventArgs e)
{
    panelAdd.Height = 48; //展开添加项目区域
}

private void tsbStart_Click(object sender, EventArgs e)
{
    start();  //调用开始监控功能
}
```

```
private void tsbStop_Click(object sender, EventArgs e)
{
    stop(); //调用停止监控功能
}
```

在主界面中定义了一些全局变量，代码如下所示：

```
//例 11-13：部分全局变量定义代码
//全局变量
DataTable dtsite = new DataTable();                    //监控项目列表数据视图
HttpStatusCode code;                                   //HTTP 状态码
System.Net.NetworkInformation.PingReply reply;  //Ping 返回
Thread mythread = null;                                //监控线程
Int32 Minutes = 5;                                     //监控频率
bool IsAlert = false;                                  //是否邮件提醒标志
```

在主界面中定义了获得软件配置信息的函数 getSettings()，代码如下所示：

```
//例 11-14：工具栏功能代码
//获得软件配置信息
public void getSettings()
{
    Minutes = Convert.ToInt32(System.Configuration.ConfigurationManager
      .AppSettings["Minutes"].ToString());
    if (System.Configuration
      .ConfigurationManager.AppSettings["Alert"].ToString() == "1")
        IsAlert = true;
}
```

在主界面中定义了绑定监控项目列表的函数 bindsite()，代码如下所示：

```
//例 11-15：绑定监控项目列表功能的代码
//绑定监控项目列表
private void bindsite()
{
    OleDbConnection conn =
      new OleDbConnection(Database.dbConnection.connection);
    dtsite.Rows.Clear();
    dgvSite.DataSource = null;
    OleDbDataAdapter oda = new OleDbDataAdapter(
      "SELECT * FROM WebSite Where IsDelete=0 ORDER BY ID ", conn);
    try
    {
        conn.Open();
        oda.Fill(dtsite);
        conn.Close();
    }
    catch {}
```

```
    DataTable table = new DataTable();
    dgvSite.AllowUserToAddRows = false;
    table.Columns.Add("监控项目", typeof(String));
    table.Columns.Add("当前状态", typeof(Image));
    table.Columns.Add("监控内容", typeof(String));
    table.Columns.Add("监控类型", typeof(String));
    table.Columns.Add("可用率", typeof(String));
    table.Columns.Add("最后状态", typeof(String));
    table.Columns.Add("最近检查", typeof(String));
    table.Columns.Add("平均耗时", typeof(String));
    foreach (DataRow dr in dtsite.Rows)
    {
        table.Rows.Add(new object[] { dr["SiteName"].ToString(),
          Image.FromFile(dr["SiteState"].ToString() + ".gif"),
          dr["SiteUrl"].ToString(), dr["SiteType"].ToString(),
          dr["AvailableRate"].ToString(), dr["StateCode"].ToString(),
          dr["CheckDate"].ToString(), dr["UsedTime"].ToString() });
    }
    BindingSource bs = new BindingSource(table, null);
    dgvSite.DataSource = bs;
}
```

在主界面中定义了 HTTP 检测的函数 http()，代码如下所示：

```
//例 11-16：HTTP 检测功能的代码
//HTTP 检测
public bool http(string ip)
{
    System.Net.ServicePointManager.DefaultConnectionLimit = 80;
    HttpWebRequest request =
      (HttpWebRequest)WebRequest.CreateDefault(new Uri(ip));
    request.Method = "HEAD";
    request.Timeout = 8000;
    try
    {
        HttpWebResponse response = (HttpWebResponse)request.GetResponse();
        code = response.StatusCode;
        response.Close();
        request.Abort();
        if (code==HttpStatusCode.OK || code==HttpStatusCode.Found)
            return true;
        else
            return false;
    }
    catch
    {
        request.Abort();
```

```
        return false;
    }
}
```

在主界面中定义了 Ping 检测的函数 ping()，代码如下所示：

```
//例 11-17：Ping 检测功能的代码
//Ping 检测
public bool ping(string ip)
{
    System.Net.NetworkInformation.Ping p =
      new System.Net.NetworkInformation.Ping();
    System.Net.NetworkInformation.PingOptions options =
      new System.Net.NetworkInformation.PingOptions();
    options.DontFragment = true;
    string data = "Test Data!";
    byte[] buffer = Encoding.ASCII.GetBytes(data);
    int timeout = 1000; // Timeout 时间，单位：毫秒
    reply = p.Send(ip, timeout, buffer, options);
    if (reply.Status == System.Net.NetworkInformation.IPStatus.Success)
        return true;
    else
        return false;
}
```

在主界面中定义了发送邮件提醒的函数 sendmail()，代码如下所示：

```
//例 11-18：发送邮件功能的代码
private void sendmail(string subject, string body)
{
    string SMTP = System.Configuration
      .ConfigurationManager.AppSettings["SMTP"].ToString();
    string FROM = System.Configuration
      .ConfigurationManager.AppSettings["SMTP_UserName"].ToString();
    string PWD = System.Configuration
      .ConfigurationManager.AppSettings["SMTP_Password"].ToString();
    string FROMNICKNAME = System.Configuration
      .ConfigurationManager.AppSettings["SMTP_NickName"].ToString();
    string TO = System.Configuration
      .ConfigurationManager.AppSettings["Email"].ToString();
    string TONICKNAME = System.Configuration
      .ConfigurationManager.AppSettings["EmailName"].ToString();
    try
    {
        //确定 SMTP 服务器地址。实例化一个 SMTP 客户端
        System.Net.Mail.SmtpClient client =
          new System.Net.Mail.SmtpClient(SMTP);
        //生成一个发送地址
```

```
        string FromEmail = FROM;
        if (!FROM.Contains("@"))
            FromEmail = FROM + "@" + SMTP.Substring(SMTP.IndexOf('.') + 1);
        //构造一个发件人地址对象
        System.Net.Mail.MailAddress from = new System.Net.Mail
          .MailAddress(FromEmail, FROMNICKNAME, Encoding.UTF8);
        //构造一个收件人地址对象
        System.Net.Mail.MailAddress to =
          new System.Net.Mail.MailAddress(TO, TONICKNAME, Encoding.UTF8);
        //构造一个 E-mail 的 Message 对象
        System.Net.Mail.MailMessage message =
          new System.Net.Mail.MailMessage(from, to);
        //添加邮件主题和内容
        message.Subject = subject;
        message.SubjectEncoding = Encoding.UTF8;
        message.Body = body;
        message.BodyEncoding = Encoding.UTF8;
        //设置邮件的信息
        client.DeliveryMethod = System.Net.Mail.SmtpDeliveryMethod.Network;
        message.BodyEncoding = System.Text.Encoding.UTF8;
        message.IsBodyHtml = false;
        client.EnableSsl = false;
        //设置用户名和密码
        client.UseDefaultCredentials = false;
        //用户登录信息
        NetworkCredential myCredentials = new NetworkCredential(FROM, PWD);
        //QQ 邮箱要求是完整的邮箱地址作为登录名
        client.Credentials = myCredentials;
        //发送邮件
        client.Send(message);
    }
    catch (Exception ex)
    {
    }
}
```

在主界面中定义了增加监控项目状态和修改项目数据的函数 addstatus()、updatesite()、getrate()和 gettime()，代码如下所示：

```
//例 11-19：增加项目状态和修改项目数据功能的代码
//增加项目检测状态
private void addstatus(string id, string statuscode, TimeSpan timespan)
{
    OleDbConnection conn =
      new OleDbConnection(Database.dbConnection.connection);
    OleDbCommand cmd = new OleDbCommand(
      "INSERT INTO Status (SiteID,StatusCode,TimeSpan) VALUES (?,?,?)",
```

```
        conn);
    cmd.Parameters.AddWithValue("SiteID", id);
    cmd.Parameters.AddWithValue("StatusCode", statuscode);
    cmd.Parameters.AddWithValue(
      "TimeSpan", timespan.TotalMilliseconds.ToString());
    try
    {
        conn.Open();
        int result = cmd.ExecuteNonQuery();
        conn.Close();
    }
    catch {}
}

//更新监控项目最后检测时间和状态码
private void updatesite(
  string id, string state, DateTime date, string code)
{
    OleDbConnection conn =
      new OleDbConnection(Database.dbConnection.connection);
    OleDbCommand cmd = new OleDbCommand("UPDATE WebSite SET SiteState='"
      + state + "', StateCode='" + code + "', CheckDate=#"
      + date.ToString() + "# WHERE ([ID]=" + id + ") ", conn);
    try
    {
        conn.Open();
        cmd.ExecuteNonQuery();
        conn.Close();
    }
    catch (Exception ex) { MessageBox.Show(ex.Message); }
}

//更新监控项目最后可用率和平均耗时
private void updatesite(string id, string rate, string time)
{
    OleDbConnection conn =
      new OleDbConnection(Database.dbConnection.connection);
    OleDbCommand cmd = new OleDbCommand(
      "UPDATE WebSite SET AvailableRate='" + rate + "', UsedTime='"
      + time + "' WHERE ([ID]=" + id + ") ", conn);
    try
    {
        conn.Open();
        cmd.ExecuteNonQuery();
        conn.Close();
    }
```

```
    catch (Exception ex) { MessageBox.Show(ex.Message); }
}

//计算监控项目可用率
private string getrate(string id)
{
    string good = "0";
    string all = "0";
    OleDbConnection conn =
      new OleDbConnection(Database.dbConnection.connection);
    OleDbCommand cmd = new OleDbCommand(
      "SELECT COUNT(1) FROM Status WHERE Date()=TestDate AND [SiteID]="
      + id, conn);
    try
    {
        conn.Open();
        all = cmd.ExecuteScalar().ToString();
        conn.Close();
    }
    catch (Exception ex)
    {
        MessageBox.Show(ex.Message);
    }
    if (all == "0")
        return "100%";
    cmd = new OleDbCommand("SELECT COUNT(1) FROM Status  WHERE
Date()=TestDate AND StatusCode='1' AND  [SiteID]=" + id, conn);
    try
    {
        conn.Open();
        good = cmd.ExecuteScalar().ToString();
        conn.Close();
    }
    catch (Exception ex)
    {
        MessageBox.Show(ex.Message);
    }
    return
      (Convert.ToInt32(good)*100/Convert.ToInt32(all)).ToString() + "%";
}

//计算监控项目平均耗时
private string gettime(string id)
{
    string time = "0";
    OleDbConnection conn =
```

```
        new OleDbConnection(Database.dbConnection.connection);
    OleDbCommand cmd = new OleDbCommand("SELECT Round(Avg(TimeSpan),0)
FROM Status WHERE Date()=TestDate AND [SiteID]=" + id, conn);
    try
    {
        conn.Open();
        time = cmd.ExecuteScalar().ToString();
        conn.Close();
    }
    catch (Exception ex)
    {
        MessageBox.Show(ex.Message);
    }
    return time + " ms";
}
```

在主界面中定义了检测线程执行函数 sitetest()，代码如下所示：

```
//例 11-20：线程执行检测功能代码
//检测线程子方法
private void sitetest()
{
    while (true && dtsite.Rows.Count>0)
    {
        DataTable table = dtsite.Copy();
        foreach (DataRow dr in table.Rows)
        {
            DateTime now = DateTime.Now;
            string siteid = dr["ID"].ToString();
            string url = dr["SiteUrl"].ToString();
            string type = dr["SiteType"].ToString();
            string sitestate = dr["SiteState"].ToString();
            if (type == "http")
            {
                string currentstate = "bad";
                string status = "0";
                if (http(url))
                {
                    currentstate = "good";
                    status = "1";
                }
                TimeSpan ts = now.Subtract(DateTime.Now).Duration();
                updatesite(siteid, currentstate, now, code.ToString());
                addstatus(siteid, status, ts);
                if (currentstate!=sitestate && IsAlert)
                {
                    string sitename = dr["SiteName"].ToString();
```

```
            string subject = "";
            string body = "";
            if (currentstate == "good")
            {
                subject = "[网站监控系统提醒您] 监控项目 \""
                  + sitename + "\" 当前已经恢复! ";
                body = "亲爱的用户您好，您的 Http 监控项目 \""
                  + sitename + "\" 已经在时间: "
                  + DateTime.Now.ToString() + " 恢复可用! ";
            }
            else
            {
                subject = "[网站监控系统提醒您] 监控项目 \""
                  + sitename + "\" 当前不可用! ";
                body = "亲爱的用户您好，您的 Http 监控项目 \""
                  + sitename + "\" 在时间: " + DateTime.Now.ToString()
                  + " 中断，请及时关注! ";
            }
            sendmail(subject, body);
        }
    }
    else
    {
        string currentstate = "bad";
        string status = "0";
        if (ping(url.Replace("http://", "")))
        {
            currentstate = "good";
            status = "1";
        }
        TimeSpan ts = now.Subtract(DateTime.Now).Duration();
        updatesite(
          siteid, currentstate, now, reply.Status.ToString());
        addstatus(siteid, status, ts);
        if (currentstate!=sitestate && IsAlert)
        {
            string sitename = dr["SiteName"].ToString();
            string subject = "";
            string body = "";
            if (currentstate == "good")
            {
                subject = "[网站监控系统提醒您] 监控项目 \""
                  + sitename + "\" 当前已经恢复! ";
                body = "亲爱的用户您好，您的 Ping 监控项目 \""
                  + sitename + "\" 已经在时间: "
                  + DateTime.Now.ToString() + " 恢复可用! ";
```

```
                    }
                    else
                    {
                        subject = "[网站监控系统提醒您] 监控项目 \""
                          + sitename + "\" 当前不可用! ";
                        body = "亲爱的用户您好，您的 Ping 监控项目 \""
                          + sitename + "\" 在时间: "
                          + DateTime.Now.ToString() + " 中断，请及时关注! ";
                    }
                    sendmail(subject, body);
                }
            }
            updatesite(siteid, getrate(siteid), gettime(siteid));
            Thread.Sleep(5000);
        }
        this.Invoke(new MethodInvoker(() =>
        {
            bindsite();
        })); //跨线程操作控件需采用委托
        Thread.Sleep(Minutes * 60 * 1000);
    }
}
```

主界面中还定义了监控线程的开始与停止。代码如下所示：

```
//例 11-21：启动与停止监控线程功能的代码
//启动监控线程
private void start()
{
    mythread = new Thread(new ThreadStart(sitetest));
    tsbStart.Enabled = false;
    mythread.Start();
}
//停止监控线程
private void stop()
{
    if (mythread!=null && mythread.IsAlive)
    {
        mythread.Abort();
        tsbStart.Enabled = true;
    }
}
```

11.4.3 用户管理编码

用户管理的编码主要是在 FromUsers.cs 文件中。

1. 显示用户列表的编码

用户管理窗体呈现时，需要在窗体中显示系统中的用户列表。该部分代码如下所示：

```
//例 11-22：显示用户列表功能的代码
private void FormUsers_Load(object sender, EventArgs e)
{
    bindUsers();
}
private void bindUsers()
{
    OleDbConnection conn =
      new OleDbConnection(Database.dbConnection.connection);
    DataSet ds = new DataSet();
    OleDbDataAdapter oda = new OleDbDataAdapter("SELECT UserName AS 用户名,
CreateDate AS 创建日期 FROM Users WHERE IsDelete =0 ", conn);
    oda.Fill(ds);
    dgvUsers.DataSource = ds.Tables[0].DefaultView;
}
```

2. 添加用户的编码

单击“添加用户”按钮时，需要判断信息是否填写完整。该部分代码如下所示：

```
//例 11-23：“添加用户”按钮的代码
private void btnAddUser_Click(object sender, EventArgs e)
{
    if (txtUserName.Text!="" && txtPassword.Text!="")
    {
        OleDbConnection conn =
          new OleDbConnection(Database.dbConnection.connection);
        OleDbCommand cmd = new OleDbCommand(
          "INSERT INTO [Users] ([UserName], [Password]) VALUES (?,?)",
          conn);
        cmd.Parameters.AddWithValue("UserName", txtUserName.Text);
        cmd.Parameters.AddWithValue("Password", txtPassword.Text);
        try
        {
            conn.Open();
            int result = cmd.ExecuteNonQuery();
            conn.Close();
            if (result > 0)
            {
                MessageBox.Show("添加成功！", "提示");
                bindUsers();
            }
            else
                MessageBox.Show("添加失败！", "提示");
```

```
        }
        catch (Exception ex)
        {
            MessageBox.Show(ex.Message);
        }
    }
}
```

3. 删除用户的编码

单击“删除用户”按钮时，需要判断是否选中待删除用户行。该部分代码如下所示：

```
//例 11-24：“删除用户”按钮的代码
private void btnDeleteUser_Click(object sender, EventArgs e)
{
    if (dgvUsers.SelectedRows.Count > 0)
    {
        string uname = dgvUsers.CurrentRow.Cells["用户名"].Value.ToString();
        if (uname != "admin")
        {
            OleDbConnection conn =
              new OleDbConnection(Database.dbConnection.connection);
            OleDbCommand cmd = new OleDbCommand(
              "UPDATE Users SET IsDelete=1 WHERE [UserName]=?", conn);
            cmd.Parameters.AddWithValue("UserName", uname);
            try
            {
                conn.Open();
                int result = cmd.ExecuteNonQuery();
                conn.Close();
                if (result > 0)
                {
                    MessageBox.Show("删除成功！", "提示");
                    bindUsers();
                }
                else
                    MessageBox.Show("删除失败！", "提示");
            }
            catch (Exception ex)
            {
                MessageBox.Show(ex.Message);
            }
        }
        else
            MessageBox.Show("admin用户不能删除！", "提示");
    }
    else
```

```
        MessageBox.Show("请先选中要删除的行！", "提示");
}
```

11.4.4　修改密码编码

修改密码的编码主要是在 FromEditPwd.cs 文件中。

在“修改密码”的界面中单击“确定”按钮后，把用户信息保存到数据库中，代码如下所示(修改完成后，关闭修改密码窗体)：

```
//例 11-25：“确定”按钮的代码
private void btnSave_Click(object sender, EventArgs e)
{
    if (txtUserName.Text.Trim()=="" || txtPwd.Text.Trim()==""
      || txtNewPwd.Text.Trim()=="" || txtNewPwd2.Text.Trim()=="")
    {
        MessageBox.Show("输入信息不完整！", "提示");
    }
    else
    {
        if (txtNewPwd.Text != txtNewPwd2.Text)
        {
            MessageBox.Show("两次新密码不一致！", "提示");
        }
        else
        {
            OleDbConnection conn =
              new OleDbConnection(Database.dbConnection.connection);
            OleDbCommand cmd = new OleDbCommand(
              "UPDATE Users SET [Password]='" + txtNewPwd.Text.Trim()
              + "' WHERE [UserName]='" + txtUserName.Text.Trim()
              + "' AND [Password]='" + txtPwd.Text.Trim() + "'", conn);
            try
            {
                conn.Open();
                int result = cmd.ExecuteNonQuery();
                conn.Close();
                if (result > 0)
                {
                    MessageBox.Show("修改成功！", "提示");
                    this.Close();
                }
                else
                    MessageBox.Show(
                      "修改失败，可能用户不存在或原密码输入错误！", "提示");
            }
            catch (Exception ex)
```

```
            {
                MessageBox.Show(ex.Message);
            }
        }
    }
}
```

11.4.5 监控项目编码

监控项目的添加编码主要是在 FromMain.cs 文件中。

在主界面中选择“监控项目”→“添加项目”菜单命令或单击工具栏中的“添加监控项目”按钮后，展开添加监控项目区域，填写完整项目信息后，单击“添加”按钮，即可将监控项目信息存入数据库，并刷新监控项目列表。代码如下所示：

```
//例 11-26：“添加项目”按钮的代码
private void btnAddItem_Click(object sender, EventArgs e)
{
    if (txtWebName.Text != string.Empty && txtWebSite.Text !=
string.Empty)
    {
        OleDbConnection conn = new
OleDbConnection(Database.dbConnection.connection);
        OleDbCommand cmd = new OleDbCommand("INSERT INTO WebSite
(SiteName,SiteUrl,SiteType) VALUES (?,?,?)", conn);
        cmd.Parameters.AddWithValue("SiteName", txtWebName.Text);
        cmd.Parameters.AddWithValue("SiteUrl", txtWebSite.Text);
        cmd.Parameters.AddWithValue("SiteType", cbType.Text);
        try
        {
            conn.Open();
            int result = cmd.ExecuteNonQuery();
            conn.Close();
            if (result > 0)
            {
                txtWebName.Text = "";
                txtWebSite.Text = "http://";
                panelAdd.Height = 0;
                bindsite();
                MessageBox.Show("添加成功！");
            }
            else
            {
                panelAdd.Height = 0;
                MessageBox.Show("添加失败！");
            }
        }
```

```
        catch (Exception ex)
        {
            MessageBox.Show(ex.Message);
        }
    }
}
```

11.4.6　报警配置编码

播报设置的编码主要是在 FormSetting.cs 文件中。

在主界面菜单中选择“报警配置”命令后，打开报警配置窗体，该部分功能主要是对系统的配置文件 App.Config 进行读写操作，窗体加载时，从配置文件中读取监控频率和邮箱设置等配置信息，修改后，再将这些信息写回配置文件。

配置文件的代码如下所示：

```
<!--例 11-27：配置文件 App.Config-->
<?xml version="1.0" encoding="utf-8" ?>
<configuration>
    <startup>
        <supportedRuntime version="v4.0"
          sku=".NETFramework,Version=v4.5" />
    </startup>
    <appSettings>
        <add key="Minutes" value="1" />  <!--监控频率-->
        <add key="Alert" value="1" />    <!--邮件提醒标志-->
        <add key="SMTP" value="smtp.qq.com" />
        <add key="SMTP_UserName" value="12345678@qq.com" /><!--发件邮箱-->
        <add key="SMTP_NickName" value="网站监控系统" />
        <add key="SMTP_Password" value="12345678" />    <!--发件邮箱密码-->
        <add key="Email" value="888888@qq.com" />       <!--收件邮箱-->
        <add key="EmailName" value="网站管理员" />
    </appSettings>
</configuration>
```

读写配置文件功能的代码如下所示：

```
//例 11-28：读写配置文件功能的代码
//窗体加载事件
private void FormSetting_Load(object sender, EventArgs e)
{
    getSettings();
}
//读取配置信息的方法
public void getSettings()
{
    string alert = System.Configuration
      .ConfigurationManager.AppSettings["Alert"].ToString();
```

```
    if (alert == "1")
        cbAlert.Checked = true;
    else
        cbAlert.Checked = false;
    cbMinutes.Text = System.Configuration
      .ConfigurationManager.AppSettings["Minutes"].ToString();
    cbSmtp.Text = System.Configuration
      .ConfigurationManager.AppSettings["SMTP"].ToString();
    txtUserName.Text = System.Configuration
      .ConfigurationManager.AppSettings["SMTP_UserName"].ToString();
    txtNickName.Text = System.Configuration
      .ConfigurationManager.AppSettings["SMTP_NickName"].ToString();
    txtPwd.Text = System.Configuration
      .ConfigurationManager.AppSettings["SMTP_Password"].ToString();
    txtReciveEmail.Text = System.Configuration
      .ConfigurationManager.AppSettings ["Email"].ToString();
    txtRecive.Text = System.Configuration
      .ConfigurationManager.AppSettings ["EmailName"].ToString();
}
//保存设置按钮事件
private void btnSave_Click(object sender, EventArgs e)
{
    try
    {
        System.Configuration.Configuration config = System.Configuration
          .ConfigurationManager.OpenExeConfiguration(System.Configuration
          .ConfigurationUserLevel.None);
        config.AppSettings.Settings["Minutes"].Value = cbMinutes.Text;
        if (cbAlert.Checked)
            config.AppSettings.Settings["Alert"].Value = "1";
        else
            config.AppSettings.Settings["Alert"].Value = "0";
        config.AppSettings.Settings["SMTP"].Value = cbSmtp.Text;
        config.AppSettings.Settings["SMTP_UserName"].Value =
          txtUserName.Text;
        config.AppSettings.Settings["SMTP_NickName"].Value =
          txtNickName.Text;
        config.AppSettings.Settings["SMTP_Password"].Value = txtPwd.Text;
        config.AppSettings.Settings["Email"].Value = txtReciveEmail.Text;
        config.AppSettings.Settings["EmailName"].Value = txtRecive.Text;
        config.Save();
        MessageBox.Show("保存成功！配置将在下次启动监控时生效。");
    }
    catch (Exception ex)
    {
        MessageBox.Show(ex.Message);
```

```
    }
}
```

11.4.7　编码补充说明

本系统使用了 OleDb 的方式访问 Access 数据库，同时使用了多线程技术和网络协议，部分页面需要引入一些命名空间，代码如下所示：

```
//例 11-29：引入命名空间的代码
using System.Data;
using System.Data.OleDb;
using System.Threading;
using System.Net;
```

本 章 小 结

本章的案例包含了数据库访问技术、多线程编程技术、网络协议的使用、邮件功能的使用，涉及面比较广。该系统虽然是一套非常简单的网站监控系统，但用到的技术比较全面，所需的知识点也比较丰富，非常适合作为 C#语言程序设计的学习案例。读者可以在学习本系统的基础上，添加一些功能模块，并结合 ASP.NET，开发出 Web 网页版的网站监控系统，以适应实际需要。

第 12 章

PM2.5 模拟采集系统

本 PM2.5 模拟采集系统具有以下特点：

- 实现采集设备的管理和信息的维护。
- 根据所采集的 PM2.5 数据在地图上进行呈现。
- 界面设计简单、操作方便。

本系统的后台数据库采用 Microsoft Access，前台采用 Visual Studio 2013 作为主要开发工具，开发语言采用 C#。使用 ADO 技术连接 Access 数据库，使用 Socket 网络通信技术实现采集服务端与 PM2.5 采集终端的连接和数据采集，通过百度地图提供的接口实现 PM2.5 数据在地图上的呈现。本系统按照面向对象的思想设计和进行程序开发，程序结构条理清楚。

12.1 系统概述

随着通信技术、物联网和互联网的发展，以这些信息化技术手段为基础的应用系统彻底改变了人们的生活。物联网用途广泛，遍及智能交通、环境保护、政府工作、公共安全、平安家居、智能消防、工业监测、环境监测、路灯照明管控、景观照明管控、楼宇照明管控、广场照明管控、老人护理、个人健康、花卉栽培、水系监测、食品溯源、敌情侦查和情报搜集等多个领域。

2012 年 5 月 24 日，我国环境保护部公布了《空气质量新标准第一阶段监测实施方案》，要求全国 74 个城市在 10 月底前完成 PM2.5“国控点”监测的试运行。本 PM2.5 模拟采集系统是基于物联网开发的环境监测应用系统，可实现对城市 PM2.5 的动态监测。

12.1.1 系统功能

本 PM2.5 模拟采集系统包含采集服务端和模拟采集终端，采集终端将采集的 PM2.5 数据通过无线网络发送至采集服务器，采集服务端再将数据整理，写入数据库，并对 PM2.5 的数据进行呈现。

服务端是本系统中最重要的部分，承担着数据的接收、处理和呈现，并对采集终端设备进行管理，包含了系统管理和设备管理两个功能模块。采集终端模拟 PM2.5 数据，并定时将数据通过 Socket 通信发送至服务端，功能相对简单。这两个子系统共同组成了 PM2.5 模拟采集系统，这种模式在生活中随处可见，如车载 GPS 定位系统、360 儿童卫士智能手表等。

12.1.2 系统预览

图 12-1 所示为虚拟检测终端界面。设定接收服务端 IP 和端口、设备标识 ID 后，可定时向服务端发送检测数据(随机产生的数值，模拟数据)。

图 12-2 所示为 PM2.5 模拟采集系统界面。选择“系统”→“开始采集”菜单命令后，即可通过指定端口接收来自检测终端传过来的 PM2.5 数据，并在地图上显示该数据。

图 12-1　虚拟检测终端界面

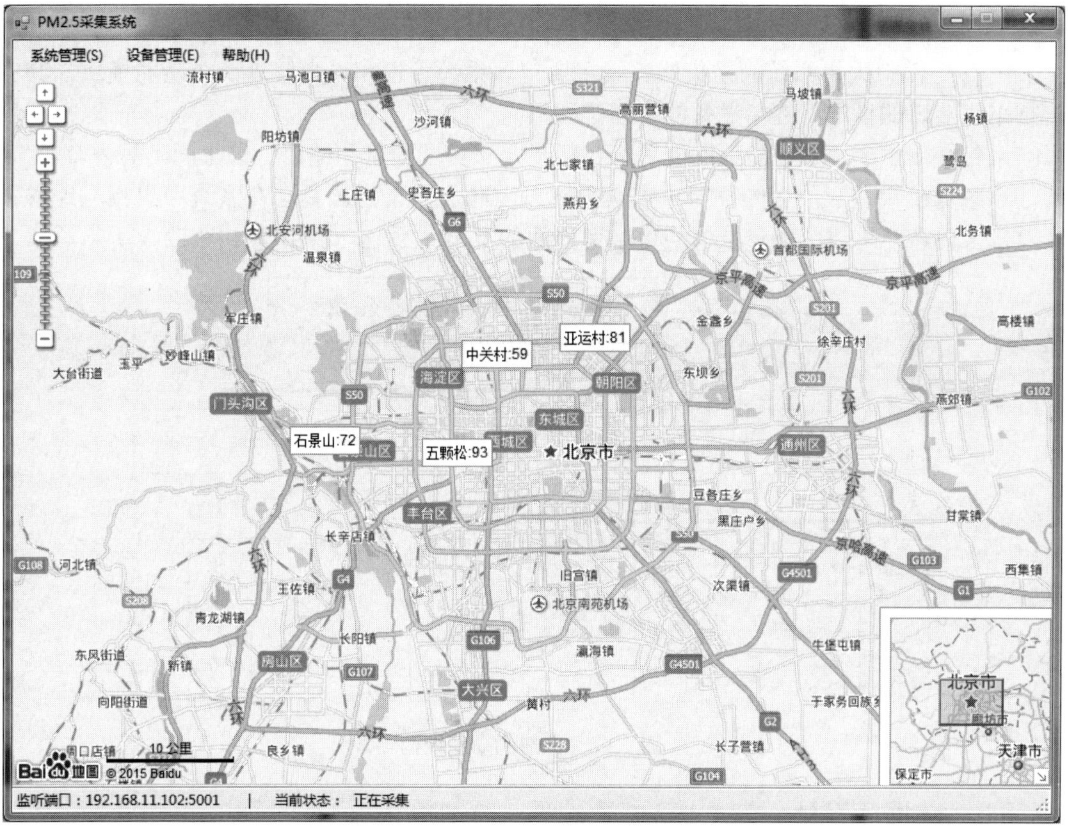

图 12-2　PM2.5 模拟采集系统的主界面

12.2 系统概要设计

12.2.1 系统设计思想

PM2.5 采集系统应至少由采集服务端和采集终端两部分组成：采集终端可以是位置固定不变的固定检测点设备(不需要采集 GPS 位置数据，直接取系统中设定的位置信息)，也可以是位置四处移动的手持设备(同步采集 GPS 位置数据)；服务端运行于互联网中的一台服务器中，能随时随地访问。

终端检测设备将 PM2.5 检测传感器采集到的数据通过 GPRS/3G/Wi-Fi 等通信网络发送至服务端(本系统为模拟数据)，服务端时刻在设定的端口进行监听，当有数据传入时，首先对传入数据进行分析与处理，再将处理好的数据写入数据库，最后通过百度地图接口在地图中进行标识。

所以，本系统分为两个项目，一个为采集服务端项目(PM2.5Monitor)，另一个为虚拟终端项目(VT)。两个项目编译后的应用程序之间通过 Socket 连接进行数据通信，仿真实现 PM2.5 数据采集。

12.2.2 系统功能模块设计

PM2.5 模拟采集系统的采集服务端主要包含系统管理和设备管理两个功能模块，其中包括采集端口的设定、终端设备的管理等。

采集终端主要是各项参数的配置，包括指定服务端地址和端口、采集间隔等内容。

系统登录模块在前面的章节中多次提到，因此这里不再重复，在系统中也相应地省去了这部分内容，需要了解登录模块可参考前面的章节。系统功能结构如图 12-3 所示。

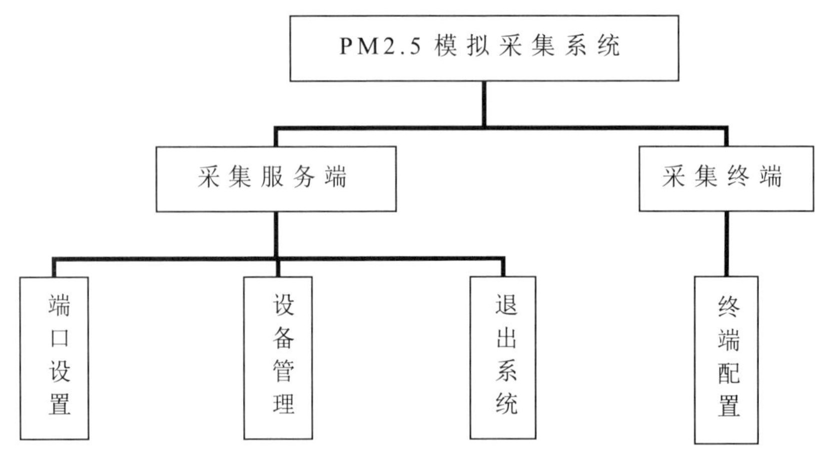

图 12-3　系统的功能结构

12.2.3 数据库设计

根据 PM2.5 模拟采集系统的功能要求，该系统的数据库名称为 PM25，数据表如下。

- 终端设备信息表(Device)：包含终端的 ID、名称、类型和位置等。
- 监测数据历史信息表(Detection)：包含检测信息的来源终端 ID、检测位置等。

下面列出了各个表的数据结构，如表 12-1 和 12-2 所示。

表 12-1　设备信息表(Device)的数据结构

字 段 名	类　型	描　述
DeviceID	文本	设备 ID(主键)
DeviceName	文本	设备名称
DeviceLocation	文本	设备位置
DeviceType	文本	设备类型
DeviceModel	文本	设备型号
CreateDate	日期/时间	添加时间
IsDelete	是/否	是否删除

表 12-2　监测数据历史信息表(Detection)的数据结构

字 段 名	类　型	描　述
ID	自动编号	自动编号(主键)
DeviceID	文本	设备 ID
DetectLocation	文本	检测位置
DetectData	数字	检测数据
DetectDate	日期/时间	检测时间

数据库中，各表之间的关系如图 12-4 所示。

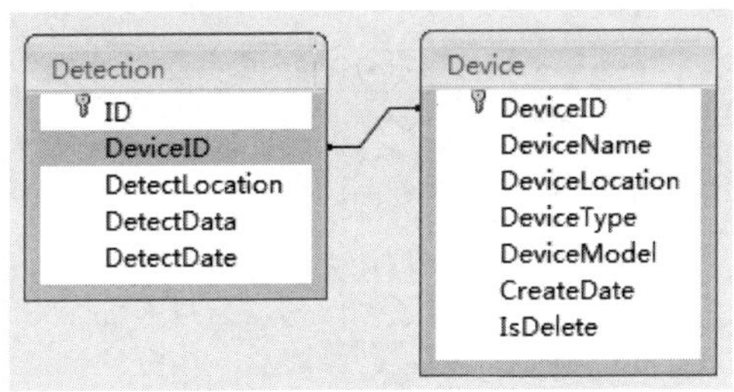

图 12-4　数据表之间的关系

12.3　系统详细设计

12.3.1　数据库连接

本系统是模拟系统，所以采用的数据库为 Access 文件数据库，真实场景则建议使用 SQL Server 等专业数据库。而 Access 数据库操作方便，配置简单，只需要把数据库文件放置到合适的目录下即可。

在本 PM2.5 模拟采集系统中，数据库文件的路径是 ch12\PM2.5Monitor\PM2.5Monitor\bin\Debug\PM25.mdb。

在程序中，专门设计了连接字符串模块 Database\dbConnection.cs，该代码中，除了连接数据库的代码外，还包含了一个 PM2.5 数据检测类，在该类中实现了一个向数据库添加监测数据的方法 Add()，可以在编码过程中帮助服务端调用该方法，快速地添加接收到的监测数据。具体代码如下所示：

```
//例 12-1：数据库连接代码
using System;
using System.Collections.Generic;
using System.Linq;
using System.Text;
using System.Threading.Tasks;

namespace PM2._5Monitor.Database
{
    //数据库连接类
    public class dbConnection
    {
        public dbConnection()
        {
            // TODO: 在此处添加构造函数逻辑
        }
        public static string connection
        {
            get
            {
                return "Data Source= PM25.mdb;Jet OLEDB:Engine
Type=5;Provider=Microsoft.Jet.OLEDB.4.0;";
            }
        }
    }
    //数据检测类，定义了一个添加检测数据的方法 Add
    public class Detection
    {
        public static void Add(
          string deviceid, string location, string data, string date)
        {
            OleDbConnection conn =
              new OleDbConnection(dbConnection.connection);
            OleDbCommand cmd = new OleDbCommand("INSERT INTO Detection
(DeviceID,DetectLocation,DetectData,DetectDate) VALUES (?,?,?,?)", conn);
            cmd.Parameters.AddWithValue("DeviceID", deviceid);
            cmd.Parameters.AddWithValue("DetectLocation", location);
            cmd.Parameters.AddWithValue("DetectData", data);
            cmd.Parameters.AddWithValue("DetectDate", date);
```

```
            try
            {
                conn.Open();
                cmd.ExecuteNonQuery();
                conn.Close();
            }
            catch
            { }
        }
    }
}
```

并在程序中设置变量调用这个连接，代码如下所示：

```
//例 12-2：数据库调用代码
//获得数据库连接
OleDbConnection conn =
  new OleDbConnection(PM2._5Monitor.Database.dbConnection.connection);
```

12.3.2　服务端界面设计

服务端启动后自动获取本地 IP 地址，初始化菜单和内嵌浏览器中的内容，如图 12-5 所示。

图 12-5　系统初始化主界面

在主界面中选择“系统管理”→“开始采集”菜单命令后，系统将加载数据库中的 PM2.5 历史监测数据，并在地图中进行呈现，如图 12-6 所示。

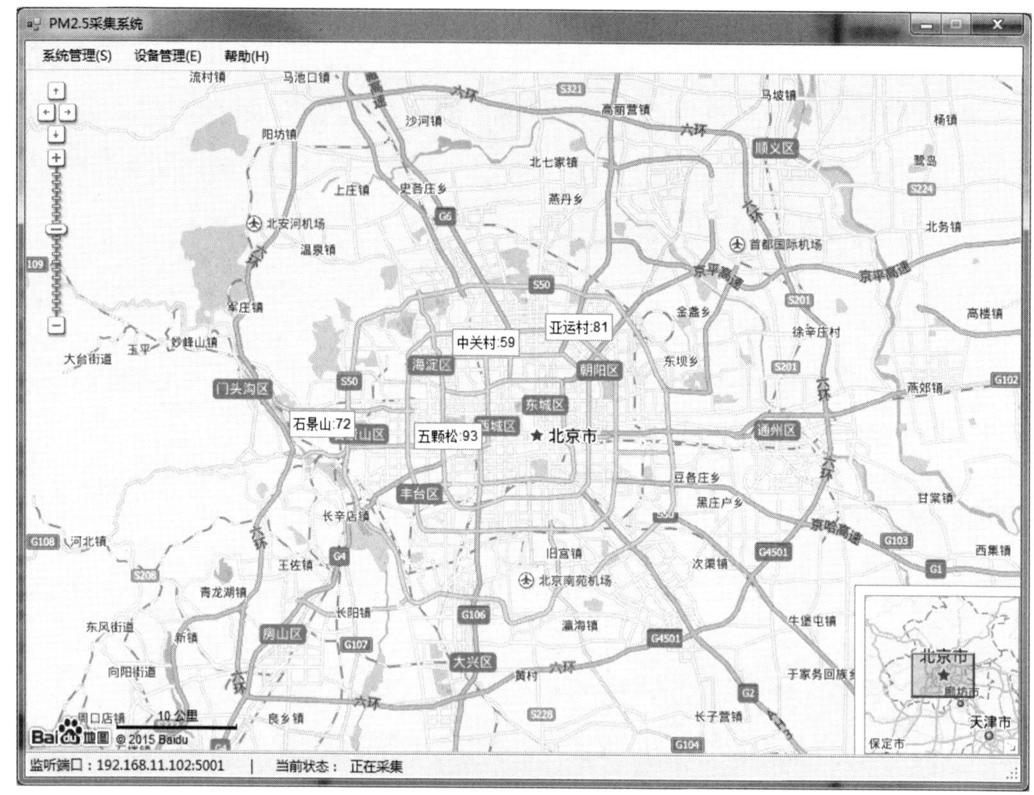

图 12-6　开始采集后的主界面

在该窗体中，使用了 9 个 ToolStripMenuItem 控件、一个 WebBrowser 控件、3 个 ToolStripStatusLabel 控件。代码如下所示：

```
//例 12-3：采集服务端主窗体的控件代码
private System.Windows.Forms.ToolStripMenuItem 系统管理 ToolStripMenuItem;
private System.Windows.Forms.ToolStripMenuItem 设备管理 ToolStripMenuItem;
private System.Windows.Forms.ToolStripMenuItem 采集端口 SToolStripMenuItem;
private System.Windows.Forms.ToolStripMenuItem 开始采集 SToolStripMenuItem;
private System.Windows.Forms.ToolStripMenuItem 停止采集 TToolStripMenuItem;
private System.Windows.Forms.ToolStripMenuItem 退出系统 XToolStripMenuItem;
private System.Windows.Forms.ToolStripMenuItem 添加设备 AToolStripMenuItem;
private System.Windows.Forms.ToolStripMenuItem 设备列表 LToolStripMenuItem;
private System.Windows.Forms.ToolStripMenuItem 帮助 HToolStripMenuItem;
private System.Windows.Forms.WebBrowser webBrowser;          //内嵌浏览器
private System.Windows.Forms.ToolStripStatusLabel tsslInfo;   //监听 IP 和端口
private System.Windows.Forms.ToolStripStatusLabel tsslStatus; //当前状态
private System.Windows.Forms.ToolStripStatusLabel tsslResult; //采集结果
```

12.3.3　系统管理设计

系统管理中主要是采集端口的设定、开始或停止采集工作、退出系统。

在主界面中选择“系统管理”→“采集端口”菜单命令，即可进入采集端口配置界面，如图 12-7 所示。用户可以在这里设定采集端口。输入采集端口号，单击“确定”按钮，设定成功后，会在主界面中的状态栏中更新当前端口信息。

图 12-7　采集端口配置界面

在该窗体中使用了一个 TextBox 控件、一个 Button 控件。代码如下所示：

```
//例 12-4：采集端口配置窗体的控件代码
private System.Windows.Forms.TextBox txtPort;   //“采集端口”文本框
private System.Windows.Forms.Button btnSet;     //“设置”按钮
```

12.3.4　设备管理设计

在主界面中选择“设备管理”→“添加设备”菜单命令，即可进入“添加设备”界面，如图 12-8 所示。

图 12-8　“添加设备”界面

用户可以在这里添加采集终端设备信息。输入设备的基本信息内容后，单击“添加设备”按钮，则设备信息录入成功。

在该窗体中，使用了 4 个 TextBox 控件、一个 ComboBox 控件、一个 Button 控件。代码如下所示：

```
//例 12-5：添加设备窗体的控件代码
private System.Windows.Forms.TextBox txtDeviceId;      //终端设备标识 ID 文本框
private System.Windows.Forms.TextBox txtDeviceName;      //终端设备名称文本框
private System.Windows.Forms.TextBox txtDeviceLocation; //终端设备位置文本框
private System.Windows.Forms.TextBox txtDeviceModel;    //终端设备型号文本框
private System.Windows.Forms.ComboBox txtDeviceType;    //终端设备类型选择框
private System.Windows.Forms.Button btnSave;           //“添加设备”按钮
```

在主界面中选择“设备管理”→“设备列表”菜单命令，即可出现终端设备列表界面，如图 12-9 所示。用户可以在这里修改、删除设备信息。双击设备信息的字段内容，修改后，选中该条信息，右击后，选择“保存”菜单命令，即可保存刚才的修改。选中需要删除的设备信息，右击后，选择“删除”菜单命令，则可删除该条设备信息。

设备列表

设备列表

设备标识	设备名称	设备位置	设备类型	设备型号	添加时间
1001	中关村	116.323066|39....	固定监测		2015/8/11 14:26
1002	亚运村	116.418921|40....	固定监测		2015/8/11 14:26
1003	石景山	116.152992|39....	固定监测		2015/8/13
1004	五颗松	116.283214|39....	固定监测		2015/8/13

图 12-9　“设备列表”界面

在该窗体中，使用了一个 DataGridView 控件、一个 ContextMenuStrip 控件、两个 ToolStripMenuItem 控件。

代码如下所示：

```
//例 12-6：设备列表窗体的控件代码
private System.Windows.Forms.DataGridView dgvDevices; //终端设备列表数据表
private System.Windows.Forms.ContextMenuStrip CMenuStrip; //右键菜单
private System.Windows.Forms.ToolStripMenuItem 删除 ToolStripMenuItem;
private System.Windows.Forms.ToolStripMenuItem 保存 ToolStripMenuItem;
```

12.3.5　虚拟终端设计

虚拟终端界面如图 12-10 所示。用户可以在这里设定终端标识 ID 和服务端信息，模拟位置信息和 PM2.5 数据。单击“连接”按钮连接服务端，连接后，勾选“定时发送”选项，即可按设定的时间间隔，定时向服务端发送 PM2.5 模拟数据。

图 12-10　虚拟终端界面

在该窗体中使用了 6 个 TextBox 控件、一个 CheckBox 控件、一个 ListBox 控件、5 个 Button 控件。代码如下所示：

```
//例 12-7：虚拟终端窗体的控件代码
private System.Windows.Forms.TextBox txtClientID;   //终端设备标识 ID 文本框
private System.Windows.Forms.TextBox txtServerIP;   //服务端 IP 文本框
private System.Windows.Forms.TextBox txtServerPort; //服务端端口文本框
private System.Windows.Forms.TextBox txtGPS;        //模拟位置信息文本框
private System.Windows.Forms.TextBox txtInterval;   //定时间隔文本框
private System.Windows.Forms.TextBox txtData;       //模拟 PM2.5 数据文本框
private System.Windows.Forms.CheckBox cbTimed;      //定时发送选择框
private System.Windows.Forms.ListBox lbMsg;         //消息列表框
private System.Windows.Forms.Button btnLogin;       //“连接”按钮
private System.Windows.Forms.Button btnLogout;      //“断开”按钮
private System.Windows.Forms.Button btnExit;        //“退出”按钮
private System.Windows.Forms.Button btnClear;       //“清除”按钮
private System.Windows.Forms.Button btnSend;        //“发送”按钮
```

12.4 系统程序设计

12.4.1 Socket 调用编码

为了实现快捷方便地使用 Socket 功能，本系统实现了一个对 Socket 进行操作的功能模块 MySocket\SocketManager.cs。代码如下所示：

```
//例 12-8：Socket 操作模块代码
using System;
using System.Collections.Generic;
using System.Linq;
using System.Text;
using System.Threading.Tasks;
using System.Net;
using System.Net.Sockets;
using System.Threading;

namespace PM2._5Monitor.MySocket
{
    public class SocketManager
    {
        Socket _socket = null;
        EndPoint _endPoint = null;
        bool _isListening = false;
        Thread acceptServer = null;
        public SocketManager(string ip, int port)
        {
            IPAddress _ip = IPAddress.Parse(ip);
            _endPoint = new IPEndPoint(_ip, port);
            _socket = new Socket(AddressFamily.InterNetwork,
              SocketType.Dgram, ProtocolType.Udp);
        }

        public void Start()
        {
            _socket.Bind(_endPoint); //绑定端口
            //开启新线程处理监听
            acceptServer = new Thread(new ThreadStart(AcceptWork));
            acceptServer.IsBackground = true;
            _isListening = true;
            acceptServer.Start();
        }

        public void AcceptWork()
        {
```

```
            while (_isListening)
            {
                if (_socket == null || _socket.Available < 1)
                {
                    Thread.Sleep(50);
                    continue;
                }
                //跨线程调用控件
                try
                {
                    int recv;
                    byte[] data = new byte[1024];
                    IPEndPoint sender = new IPEndPoint(IPAddress.Any, 0);
                    EndPoint Remote = (EndPoint)(sender);
                    recv = _socket.ReceiveFrom(data, ref Remote);
                    var msg = Encoding.UTF8.GetString(data, 0, recv);
                    FormMain.pCurrentWin.SetResult = msg;
                    if (msg.Contains("::"))
                    {
                        string[] split = msg.Split(new string[] { "::" },
                          StringSplitOptions.None);
                        Database.Detection.Add(
                          split[0], split[1], split[3], split[2]);
                    }
                    byte[] response = Encoding.UTF8.GetBytes("OK");
                    _socket.SendTo(response, Remote);
                }
                catch {}
                Thread.Sleep(50);
            }
        }

        public void Stop()
        {
            try
            {
                acceptServer.Abort();
            }
            catch { }
            _socket.Close();
            _isListening = false;
        }
    }
}
```

12.4.2 主服务端编码

主服务端编码主要是在 PM2.5Monitor 项目的 FormMain.cs 文件中。

在服务端主界面中显示功能菜单项、状态栏信息和 PM2.5 地图。

其中，地图调用代码如下所示：

```
//例 12-9：服务端主窗体地图数据调用代码
<!DOCTYPE html PUBLIC '-//W3C//DTD XHTML 1.0 Transitional//EN'>
<html xmlns=""http://www.w3.org/1999/xhtml"">
<head>
<meta http-equiv='Content-Type' content='text/html; charset=utf-8' />
<meta name='keywords' content='百度地图' />
<meta name='description' content='百度地图 API 生成百度地图' />
<title>pm2.5</title>

<!--引用百度地图 API-->
<style type='text/css'>
   html,body { margin:0; padding:0; }
   .iw_poi_title {
      color:#CC5522;
      font-size:14px;
      font-weight:bold;
      overflow:hidden;
      padding-right:13px;
      white-space:nowrap
   }
   .iw_poi_content {
      font:12px arial,sans-serif;
      overflow:visible;
      padding-top:4px;
      white-space:-moz-pre-wrap;
      word-wrap:break-word
   }
</style>
<script type='text/javascript'
  src='http://api.map.baidu.com/api?key=&v=1.1&services=true'>
</script>
</head>
<body>
<!--百度地图容器-->
<div style='width:900px;height:600px;border:#ccc solid 1px;'
  id='dituContent'> </div>
</body>
<script type='text/javascript'>
//创建和初始化地图的函数
```

```
function initMap() {
    createMap(); //创建地图
    setMapEvent(); //设置地图事件
    addMapControl(); //向地图添加控件
    addRemark(); //向地图中添加文字标注
}
//创建地图的函数
function createMap() {
    var map = new BMap.Map('dituContent'); //在百度地图容器中创建一个地图
    var point = new BMap.Point(116.39852,39.929986); //定义一个中心点坐标
    map.centerAndZoom(point,11); //设定地图的中心点和坐标并显示
    window.map = map; //将 map 变量存储在全局
}
//地图事件设置函数
function setMapEvent() {
    map.enableDragging(); //启用地图拖拽事件，默认启用(可不写)
    map.enableScrollWheelZoom(); //启用地图滚轮放大缩小
    map.enableDoubleClickZoom(); //启用鼠标双击放大，默认启用(可不写)
    map.enableKeyboard(); //启用键盘上下左右键移动地图
}
//地图控件添加函数
function addMapControl() {
    //向地图中添加缩放控件
    var ctrl_nav = new BMap.NavigationControl(
      {anchor:BMAP_ANCHOR_TOP_LEFT,type:BMAP_NAVIGATION_CONTROL_LARGE});
    map.addControl(ctrl_nav);
    //向地图中添加缩略图控件
    var ctrl_ove = new BMap.OverviewMapControl(
      {anchor:BMAP_ANCHOR_BOTTOM_RIGHT,isOpen:1});
    map.addControl(ctrl_ove);
    //向地图中添加比例尺控件
    var ctrl_sca = new BMap.ScaleControl(
      {anchor:BMAP_ANCHOR_BOTTOM_LEFT});
    map.addControl(ctrl_sca);
}
//文字标注数组
var lbPoints = [##PMDATA##]; //此处数据将在程序中进行替换
//向地图中添加文字标注的函数
function addRemark() {
    for(var i=0; i<lbPoints.length; i++) {
        var json = lbPoints[i];
        var p1 = json.point.split(""|"")[0];
        var p2 = json.point.split(""|"")[1];
        var label = new BMap.Label(""<div style='padding:2px;'>""
          + json.content + ""</div>"",
          {point:new BMap.Point(p1,p2), offset:new BMap.Size(3,-6)});
```

```
        map.addOverlay(label);
        label.setStyle({borderColor:""#999""});
    }
}
initMap(); //创建和初始化地图
</script>
</html>
```

开始采集后，内嵌浏览器控件将对该代码中的特殊标记替换后再进行解析与呈现，有关百度地图 API，可参考百度开放平台：http://developer.baidu.com/map/jsdemo.htm#a1_2。

在主界面中定义了部分全局变量和属性。代码如下所示：

```
//例 12-10：全局变量与属性代码
//全局变量
string html;   //地图 HTML 代码，赋值参考例 12-9
public static FormMain pCurrentWin = null; //主窗体
string ip = "127.0.0.1";             //默认 IP
string port = "5001";                //默认端口
MySocket.SocketManager _sm = null; //Socket
Thread webref = null;                //网页内容刷新线程
//属性
public string ServerPort      //端口
{
    get { return port; }
    set {
        port = value;
        this.tsslInfo.Text = "监听端口: " + ip + ":" + port;
    }
}

public string SetResult      //采集内容
{
    set
    {
        this.Invoke(new MethodInvoker(() =>
        {
            this.tsslResult.Text = "采集内容: " + value;
        }));
    }
}
```

主界面初始化、页面加载方法及部分菜单功能的代码如下所示：

```
//例 12-11：初始化、加载及菜单功能的代码
//初始化
public FormMain()
{
    InitializeComponent();
```

```
    pCurrentWin = this;
}

//页面加载
private void FormMain_Load(object sender, EventArgs e)
{
    ip = GetLocalIpv4()[0]; //获取服务端的 IPv4 地址
    tsslInfo.Text = "监听端口: " + ip + ":" + port;
    tsslStatus.Text = "停止采集";
    //获取程序运行的目录
    string curpath = System.AppDomain.CurrentDomain.BaseDirectory;
    //在 WebBrowser 中显示主界面默认图片 pm25.jpg
    webBrowser.DocumentText = "<html><body style='text-align:center'><div
style='width:500px;height:600px; line-height:600px; margin:0 auto;'><img
src='" + curpath
     + "/pm25.jpg' style=' margin-top:100px;'></div></body></html>";
}

//菜单功能代码
private void 采集端口 SToolStripMenuItem_Click(object sender, EventArgs e)
{
     FormPort fp = new FormPort();
     fp.ShowDialog();
}
private void 开始采集 SToolStripMenuItem_Click(object sender, EventArgs e)
{
     _sm = new MySocket.SocketManager(ip, Convert.ToInt32(port));
     _sm.Start();  //开启监听
     tsslStatus.Text = "正在采集";
     _start();
}
private void 停止采集 TToolStripMenuItem_Click(object sender, EventArgs e)
{
     _sm.Stop();
     _stop();
     tsslStatus.Text = "停止采集";
     tsslResult.Text = "";
}
private void 添加设备 AToolStripMenuItem_Click(object sender, EventArgs e)
{
     FormAdd fa = new FormAdd();
     fa.ShowDialog();
}
private void 设备列表 LToolStripMenuItem_Click(object sender, EventArgs e)
{
     FormDevices fd = new FormDevices();
```

```
    fd.ShowDialog();
}
private void 帮助HToolStripMenuItem_Click(object sender, EventArgs e)
{
    FormHelp fh = new FormHelp();
    fh.ShowDialog();
}
```

在主界面中定义了获取IPv4地址、处理线程的方法等自定义方法。代码如下所示：

```
//例12-12：自定义方法的代码
//获取本机IPv4地址
private string[] GetLocalIpv4()
{
    //IP个数不明确，数组长度未知，因此用StringCollection储存
    IPAddress[] localIPs;
    localIPs = Dns.GetHostAddresses(Dns.GetHostName());
    StringCollection IpCollection = new StringCollection();
    foreach (IPAddress ip in localIPs)
    {
        //根据AddressFamily判断是否为IPv4，如果是InterNetWorkV6则为IPv6
        if (ip.AddressFamily == AddressFamily.InterNetwork)
            IpCollection.Add(ip.ToString());
    }
    string[] IpArray = new string[IpCollection.Count];
    IpCollection.CopyTo(IpArray, 0);
    return IpArray;
}
// 刷新地图数据
private void refresh()
{
    while (true)
    {
        //从数据库中获取设备监测点信息
        OleDbConnection conn =
          new OleDbConnection(Database.dbConnection.connection);
        DataTable table = new DataTable();
        OleDbDataAdapter oda = new OleDbDataAdapter("SELECT a.*,
b.DeviceName,b.DeviceLocation FROM Detection as a,Device as b WHERE
exists (SELECT 1 FROM Detection where a.DeviceID=DeviceID GROUP BY
DeviceID  having max(id)=a.id) AND a.DeviceID=b.DeviceID", conn);
        try
        {
            conn.Open();
            oda.Fill(table);
            conn.Close();
        }
```

```
        catch
        { }
        string pmdata = "";
        if (table.Rows.Count > 0)
        {
            //如果数据库中存在设备监测点，则遍历监测点
            foreach (DataRow dr in table.Rows)
            {
                if (pmdata != "")
                    pmdata += ",";
                pmdata += "{point:\"";
                if (dr["DetectLocation"].ToString() != string.Empty)
                    pmdata += dr["DetectLocation"].ToString();
                else
                    pmdata += dr["DeviceLocation"].ToString();
                pmdata += "\",content:\"";
                pmdata += dr["DeviceName"].ToString();
                pmdata += ":";
                pmdata += dr["DetectData"].ToString();
                pmdata += "\"}";
            }
        }
        else
        {
            pmdata =
              "{point:\"116.323066|39.989956\",content:\"中关村:106\"}";
                //如果数据库中无记录，则显示一条默认数据
        }
        this.Invoke(new MethodInvoker(() =>
        {
            webBrowser.ScriptErrorsSuppressed = false;
            //替换数据并显示地图
            webBrowser.DocumentText = html.Replace("##PMDATA##", pmdata);
        })); //跨线程操作控件采用委托方式
        Thread.Sleep(15000);
    }
}
// 地图线程开始
private void _start()
{
    //开启新线程处理刷新
    webref = new Thread(refresh);
    webref.IsBackground = true;
    webref.Start();
}
```

```
// 地图线程停止
private void _stop()
{
    if(webref!=null && webref.IsAlive)
        try
        {
            webref.Abort();
        }
        catch
        { }
}
```

12.4.3 采集端口编码

采集端口编码主要是在 PM2.5Monitor 项目的 FormPort.cs 文件中。

在主界面中单击“系统管理”→“采集端口”菜单命令，即可进入采集端口界面，在该界面中填入合适端口信息后，单击“确定”按钮，端口设定成功后，将会在主界面中的状态栏中更新当前端口信息，代码如下所示：

```
//例 12-13：采集端口功能的代码
//窗体加载时，从主窗体中获取当前端口号
private void FormPort_Load(object sender, EventArgs e)
{
    txtPort.Text = FormMain.pCurrentWin.ServerPort;
}
//设置按钮单击事件
private void btnSet_Click(object sender, EventArgs e)
{
    FormMain.pCurrentWin.ServerPort = txtPort.Text;
    if (MessageBox.Show("设置成功") == DialogResult.OK)
        this.Close();
}
```

12.4.4 设备管理编码

1. 添加设备编码

添加设备编码主要是在 PM2.5Monitor 项目的 FormAdd.cs 文件中。

在主界面中选择“设备管理”→“添加设备”菜单命令，即可进入添加设备界面，在该界面中填入终端设备信息后，单击“添加设备”按钮，将设备信息写入数据库。代码如下所示：

```
//例 12-14：添加设备功能的代码
//窗体加载时使设备类型选择框默认显示第一个类型
private void FormAdd_Load(object sender, EventArgs e)
```

```
{
    txtDeviceType.SelectedIndex = 0;
}
//“添加设备”按钮的单击事件
private void btnSave_Click(object sender, EventArgs e)
{
    if (txtDeviceId.Text!=string.Empty
      && txtDeviceName.Text!=string.Empty)
    {
        OleDbConnection conn =
          new OleDbConnection(Database.dbConnection.connection);
        OleDbCommand cmd = new OleDbCommand("INSERT INTO Device
(DeviceID,DeviceName,DeviceLocation,DeviceType,DeviceModel) VALUES
(?,?,?,?,?)", conn);
        cmd.Parameters.AddWithValue("DeviceID", txtDeviceId.Text);
        cmd.Parameters.AddWithValue("DeviceName", txtDeviceName.Text);
        cmd.Parameters.AddWithValue(
          "DeviceLocation", txtDeviceLocation.Text);
        cmd.Parameters.AddWithValue("DeviceType", txtDeviceType.Text);
        cmd.Parameters.AddWithValue("DeviceModel", txtDeviceModel.Text);
        try
        {
            int result = 0;
            conn.Open();
            result = cmd.ExecuteNonQuery();
            conn.Close();
            if (MessageBox.Show("添加成功！") == DialogResult.OK)
                this.Close();
        }
        catch (Exception ex)
        {
            MessageBox.Show(ex.Message);
        }
    }
    else
    {
        MessageBox.Show("请填写设备的完整信息！");
    }
}
```

2. 设备列表编码

设备列表编码主要是在 PM2.5Monitor 项目的 FormDevices.cs 文件中。

在主界面中选择“设备管理”→“设备列表”菜单命令，即可进入设备列表界面，在该界面中显示所有终端设备信息，在设备信息上双击，可进行修改，右击后，选择“保存”或“删除”菜单命令，可保存对该设备的修改或删除该设备信息。代码如下所示：

```
//例 12-15：设备列表功能的代码
//窗体加载时绑定设备列表
private void FormDevices_Load(object sender, EventArgs e)
{
   binddevice();
}
//绑定设备列表自定义方法
private void binddevice()
{
   DataTable dt = new DataTable();
   OleDbConnection conn =
     new OleDbConnection(Database.dbConnection.connection);
   OleDbDataAdapter oda = new OleDbDataAdapter("SELECT DeviceID as 设备标
识, DeviceName AS 设备名称, DeviceLocation AS 设备位置, DeviceType AS 设备类
型, DeviceModel as 设备型号, CreateDate AS 添加时间 FROM Device WHERE
IsDelete=0", conn);
   try
   {
      conn.Open();
      oda.Fill(dt);
      conn.Close();
   }
   catch(Exception ex)
   {
      MessageBox.Show(ex.Message);
   }
   dgvDevices.DataSource = dt;
   dgvDevices.Columns["设备标识"].ReadOnly = true;
}
//保存 - 右键命令菜单方法
private void 保存ToolStripMenuItem_Click(object sender, EventArgs e)
{
   if (dgvDevices.SelectedRows.Count > 0)
   {
      DataRow dr =
        (dgvDevices.CurrentRow.DataBoundItem as DataRowView).Row;
      OleDbConnection conn =
        new OleDbConnection(Database.dbConnection.connection);
      OleDbCommand cmd = new OleDbCommand(
        "UPDATE Device SET DeviceName='" + dr["设备名称"].ToString()
        + "' , DeviceLocation='" + dr["设备位置"].ToString()
        + "' , DeviceType='" + dr["设备类型"].ToString()
        + "' , DeviceModel='" + dr["设备型号"].ToString()
        + "' WHERE DeviceID='" + dr["设备标识"].ToString()
        + "'", conn);
      int n = 0;
```

```
        try
        {
            conn.Open();
            n = cmd.ExecuteNonQuery();
            conn.Close();
        }
        catch(Exception ex)
        {
            MessageBox.Show(ex.Message);
        }
        if (n > 0)
            MessageBox.Show("保存成功！");
        else
            MessageBox.Show("保存失败！");
    }
}
//删除 - 右键命令菜单方法
private void 删除ToolStripMenuItem_Click(object sender, EventArgs e)
{
    if (dgvDevices.SelectedRows.Count > 0)
    {
        if (MessageBox.Show("确定要删除当前行吗？", "重要提示",
          MessageBoxButtons.OKCancel, MessageBoxIcon.Warning)
          == DialogResult.OK)
        {
            DataRow dr =
              (dgvDevices.CurrentRow.DataBoundItem as DataRowView).Row;
            OleDbConnection conn =
              new OleDbConnection(Database.dbConnection.connection);
            OleDbCommand cmd = new OleDbCommand(
              "UPDATE  Device SET IsDelete =1  WHERE DeviceID='"
              + dr["设备标识"].ToString() + "'", conn);
            int n = 0;
            try
            {
                conn.Open();
                n = cmd.ExecuteNonQuery();
                conn.Close();
            }
            catch (Exception ex)
            {
                MessageBox.Show(ex.Message);
            }
            if (n > 0)
            {
                MessageBox.Show("删除成功！");
```

```
            binddevice();
        }
        else
            MessageBox.Show("删除失败！");
    }
  }
}
```

12.4.5 虚拟终端编码

虚拟终端编码主要是在 VT 项目的 FormMain.cs 文件中。

虚拟终端的功能主要是设置服务端连接方式，包括 IP 地址和端口号；设置终端的标识 ID 和位置信息；模拟产生 PM2.5 数据并定时或手动发送至服务端。其代码如下所示：

```
//例 12-16：虚拟终端代码
using System;
using System.Collections.Generic;
using System.ComponentModel;
using System.Data;
using System.Drawing;
using System.Linq;
using System.Text;
using System.Threading;
using System.Threading.Tasks;
using System.Windows.Forms;
using System.Net;
using System.Net.Sockets;

namespace VT
{
    public partial class FormMain : Form
    {
        bool link = false;
        Socket c;
        Thread sendth = null;
        int interval = 5000;

        public FormMain()
        {
            InitializeComponent();
        }
        private void FormMain_Load(object sender, EventArgs e)
        {
            btnSend.Enabled = false;
            cbTimed.Enabled = false;
            btnLogout.Enabled = false;
```

```
}
private void btnLogin_Click(object sender, EventArgs e)
{
    if (!link)
    {
        try
        {
            int port = Convert.ToInt32(txtServerPort.Text);
            string host = txtServerIP.Text;
            ///创建终节点 EndPoint
            IPAddress ip = IPAddress.Parse(host);
            //把 IP 和端口转化为 IPEndpoint 实例
            IPEndPoint ipe = new IPEndPoint(ip, port);
            ///创建 Socket 并连接到服务器
            c = new Socket(AddressFamily.InterNetwork,
              SocketType.Dgram, ProtocolType.Udp); //创建 Socket
            msg("正在连接…");
            c.Connect(ipe); //连接到服务器
            string check = "connecting";
            byte[] bs = Encoding.UTF8.GetBytes(check);
            c.Send(bs, bs.Length, 0);
            string recvStr = "";
            byte[] recvBytes = new byte[1024];
            int bytes;
            //从服务器端接受信息
            bytes = c.Receive(recvBytes, recvBytes.Length, 0);
            recvStr += Encoding.UTF8.GetString(recvBytes, 0, bytes);
            if (recvStr == "OK")
            {
                msg("连接成功！");
                btnLogin.Enabled = false;
                btnLogout.Enabled = true;
                btnSend.Enabled = true;
                cbTimed.Enabled = true;
                link = true;
            }
        }
        catch (Exception ex)
        {
            msg("连接失败！");
            msg(ex.Message);
        }
    }
}
private void btnLogout_Click(object sender, EventArgs e)
{
```

```
        if (link)
        {
            try
            {
                c.Close();
                msg("连接已断开！");
                link = false;
                btnLogout.Enabled = false;
                btnSend.Enabled = false;
                cbTimed.Enabled = false;
                cbTimed.Checked = false;
                btnLogin.Enabled = true;
            }
            catch (Exception ex)
            {
                lbMsg.Items.Add(ex.Message);
            }
        }
    }
    private void btnSend_Click(object sender, EventArgs e)
    {
        if (link)
        {
            sendmsg();
        }
    }
    private void sendmsg()
    {
        while (true)
        {
            try
            {
                //随机生成 PM2.5
                Random rnd = new Random(DateTime.Now.Millisecond);
                txtData.Text = rnd.Next(50, 100).ToString();
                //向服务器发送信息
                string sendStr = txtClientID.Text + "::" + txtGPS.Text
                  + "::" + DateTime.Now.ToString()
                  + "::" + txtData.Text;
                //把字符串编码为字节
                byte[] bs = Encoding.ASCII.GetBytes(sendStr);
                msg("发送消息：" + sendStr);
                c.Send(bs, bs.Length, 0); //发送信息
                //接受从服务器返回的信息
                string recvStr = "";
                byte[] recvBytes = new byte[1024];
```

```
            int bytes;
            //从服务器端接受返回信息
            bytes = c.Receive(recvBytes, recvBytes.Length, 0);
            recvStr += Encoding.UTF8.GetString(recvBytes, 0, bytes);
            msg("接收消息：" + recvStr); //显示服务器返回信息
            if (recvStr != "OK")
                link = false;
        }
        catch (Exception ex)
        {
            msg(ex.Message);
        }
        Thread.Sleep(interval);
    }
}
private void msg(string str)
{
    this.Invoke(new MethodInvoker(() =>
    {
        lbMsg.Items.Add(DateTime.Now.ToString() + "  " + str);
        lbMsg.SetSelected(lbMsg.Items.Count - 1, true);
    }));
}

private void cbTimed_CheckedChanged(object sender, EventArgs e)
{
    if (!Int32.TryParse(txtInterval.Text, out interval))
        interval = 5000;
    if (cbTimed.Checked)
    {
        sendth = new Thread(sendmsg);
        sendth.IsBackground = true;
        sendth.Start();
        btnSend.Enabled = false;
    }
    else
    {
        if (sendth.IsAlive)
        {
            try
            { sendth.Abort(); }
            catch
            { }
        }
        btnSend.Enabled = true;
    }
```

```
        }
        private void btnClear_Click(object sender, EventArgs e)
        {
            lbMsg.Items.Clear();
        }

        private void btnExit_Click(object sender, EventArgs e)
        {
            Application.Exit();
        }
    }
}
```

12.4.6 编码补充说明

本系统使用了 OleDb 的方式访问 Access 数据库，同时使用了多线程技术和 Socket 通信，部分页面需要引入一些命名空间。代码如下所示：

```
//例 12-17：引入命名空间的代码
using System.Data;
using System.Data.OleDb;
using System.Threading;
using System.Net;
using System.Net.Sockets;
```

本 章 小 结

PM2.5 模拟采集系统运用了数据库技术、多线程技术、Socket 网络通信技术、百度 API 等多种技术，并同时实现了 PM2.5 模拟采集系统的服务端和终端，使得本系统具有可用性好、适用性强、界面美观、参考价值高、易学易懂等特点，可作为物联网企业的参考解决方案。

读者在本案例的基础上，可以结合硬件和移动通信网络，实现简单的物联网系统。

参 考 文 献

[1] (美)Andrew Troelsen. C#与.NET 4 高级程序设计[M]. 5 版. 朱晔，等，译. 北京：人民邮电出版社，2011.

[2] (美)Griffiths, Ian. Programming C# 5.0[M]. 美国：O'Reilly Media，2012.

[3] (美)RB Whitaker. The C# Player's Guide[M]. 美国：Starbound Software，2012.

[4] (美)Jeffrey Richter. CLR via C#[M]. 4 版. 周靖，译. 北京：清华大学出版社，2014.

[5] (美)Karli Watson, Jacob Vibe Hammer, Jon D Reid. C#入门经典[M]. 6 版. 齐立波，黄俊伟，译. 北京：清华大学出版社，2014.

[6] (美)Christian Nagel, Jay Glynn, Morgan Skinner. C#高级编程[M]. 9 版. 李铭，译. 北京：清华大学出版社，2015.